信息安全 培训用书

信息安全培训教程

（原理篇）

李 剑 编著

北京邮电大学出版社
·北京·

内容简介

本书以作者在全国100多期信息安全培训的经验为基础编写而成，并与《信息安全培训教程(实验篇)》一起构成了一套完整的信息安全培训教材。

书中共14章内容，包括信息安全概述，网络攻击原理与技术，密码学基础与应用，防火墙技术，入侵检测技术，虚拟专用网技术，Windows、Linux/Unix操作系统安全配置，计算机病毒与恶意软件，信息系统安全管理、风险管理与评估、应急响应，计算机常见安全故障诊断与排除，信息安全整体解决方案。本书配合《信息安全培训教程(实验篇)》一起使用效果更佳。

本书适合于各企事业单位普通计算机使用者进行信息安全培训。

图书在版编目(CIP)数据

信息安全培训教程(原理篇)/李剑编著. —北京:北京邮电大学出版社,2008(2009.1重印)

ISBN 978-7-5635-1563-9

Ⅰ.信… Ⅱ.李… Ⅲ.信息系统—安全技术—技术培训—教材 Ⅳ.TP309

中国版本图书馆CIP数据核字(2007)第189378号

书　　名：信息安全培训教程(原理篇)
编　　著：李　剑
责任编辑：崔　珞
出版发行：北京邮电大学出版社
社　　址：北京市海淀区西土城路10号(邮编:100876)
发 行 部：电话:010-62282185　传真:010-62283578
E-mail：publish@bupt.edu.cn
经　　销：各地新华书店
印　　刷：北京源海印刷有限责任公司
开　　本：787 mm×1 092 mm
印　　张：17.75
字　　数：415千字
版　　次：2008年3月第1版　2009年1月第2次印刷

ISBN 978-7-5635-1563-9　　定　价:29.00元

· 如有印装质量问题，请与北京邮电大学出版社发行部联系 ·

前　　言

根据 CNNIC 在 2007 年 1 月的第 19 次《中国互联网络发展状况统计报告》统计，中国互联网网民总人数为 13 700 万人，其中仅有 8.4%的网民对于网络内容的健康性非常满意。也就是说，有 91.6%的网民(12 550 万人)都或多或少对于网络的安全性不满意。想必有许多人对于“CIH”、“震荡波”、“冲击波”等病毒的威力还心有余悸；还有人在为自己计算机上的“流氓软件”头痛不已；甚至有人因为不小心泄露单位重要机密信息而身陷囹圄。

为了解决这些问题，达到“普及信息安全知识”这一目的，作者以在全国进行的 100 多期信息安全培训经验为基础，编写了《信息安全培训教程(原理篇)》和《信息安全培训教程(实验篇)》这两本书。本书中包含了普通计算机使用者在使用计算机的时候经常要用的一些安全原理与技术，适合对各企事业单位的员工进行信息安全方面的培训。在讲解时，可以根据所要教的学员对象来选择要教的内容以及内容的深度。对于那些没有学过计算机网络课程的学员，可以在课前适当加一些计算机网络的知识。

本书内容全面，介绍了信息安全培训过程中用到的许多实用的知识与技巧。全书共分为 6 个部分。

第 1 部分为总论，包括 3 章：第 1 章是信息安全概述，主要是对信息安全领域的一些安全技术、模型、方法做以概述；第 2 章是网络攻击原理与技术，主要讲述了目前流行的黑客攻击技术方法等；第 3 章是密码学基础与应用，包括对称密码学、公钥密码学、Hash 算法、数字签名等。

第 2 部分为网络层安全，包括 3 章：第 4 章是防火墙技术，讲述了防火墙的作用、防火墙的技术实现、防火墙的结构、国内外防火墙主要产品、防火墙的产品选择标准、防火墙的发展等；第 5 章是入侵检测技术，讲述了入侵检测技术方法、入侵检测产品、国内外入侵检测主要产品、入侵检测产品选择标准、入侵检测的发展等；第 6 章是虚拟专用网技术，讲述了虚拟专用网(VPN)原理与技术、VPN 产品、VPN 产品选择标准等。

第 3 部分为系统层安全，包括 2 章：第 7 章是 Windows 操作系统安全配置，讲述了 Windows 操作系统安全常用配置；第 8 章是 Linux/Unix 操作系统安全，讲述了 Linux/Unix 操作系统的常用安全配置。

第 4 部分为应用层安全，包括 1 章：第 9 章是计算机病毒与恶意软件，讲述了计算机病毒的原理以及常用防病毒的方法，除此之外，还讲述了恶意软件的定义以及防恶意软件的方法。

第5部分为管理层安全，包括5章：第10章是信息系统安全管理，包括信息安全管理标准、企业信息安全管理策略、无线局域网安全管理、信息安全法律法规等；第11章是信息系统风险管理与评估，包括风险评估的标准、过程、方法等；第12章是信息系统应急响应，包括应急响应方法和步骤、Windows操作系统应急响应、Unix操作系统应急响应、Linux操作系统应急响应、计算机犯罪取证等；第13章是计算机常见安全故障诊断与排除，包括常用的网络安全命令、几个常见的安全问题及解决方法；第14章是信息安全整体解决方案，介绍了制定企业信息安全整体解决方案的方法、步骤等。

最后一部分是附录，包括5点内容：附录1是北京某公司信息安全整体解决方案；附录2是某公司员工安全培训课程内容；附录3是BS 7799-1的内容；附录4是BS 7799-2的内容；附录5是常用信息安全网站。

感谢北京邮电大学信息安全中心杨义先教授、钮心忻教授、罗群副教授、徐国爱副教授、张茹副教授、崔宝江副教授、谷利泽副教授、李辉副教授、周亚健博士、马兆丰博士、辛阳博士、郑康锋博士、李丽香博士、杨榆博士、张淼博士、黄正权博士、郑世慧博士、王励诚博士等，他们对本书的出版提出了宝贵的意见和建议。感谢中国电信研究院的赵阳博士、中国移动公司的冯玉波博士、西门子(中国)有限公司的李明柱博士、中科院计算技术研究所的谭建龙博士、北京交通大学的姚正林博士，他们对本书的出版给予了很大的支持。其他参与本书审阅编写等工作的还有景博、李景加浩、景绍达、白小梅、李胜斌、陈彦侠、益德全、李美丽、李建龙、李建保、李保民、杨芬珍、李胜武、李磊、李凯、马一帆、姚正林、黄正全、郑世慧、赵阳、王励成等，这里一并感谢！

本书也是国家信息产业部重点课题项目“基于互联网内容安全的关键问题研究”(课题编号:2007-R-103)资助的成果。

由于本书作者水平有限，书中疏漏与错误之处在所难免，恳请广大同行和读者指正。我的电子邮箱是 lijian@bupt.edu.cn，电话(010)86212346。

李　剑

目　　录

第1部分　总　　论

第 2 部分　网络层安全

第3部分 系统层安全

第4部分　应用层安全

第5部分　管理层安全

附　　录

第1部分 总 论

第 1 章 信息安全概述

随着互联网的飞速发展，信息作为一种无形的资源被广泛应用于政治、军事、经济、科研等各行业，其重要性与日俱增。然而，随之所带来的安全性问题也越来越多，这就需要对企业的员工进行信息安全培训。

1.1 信息安全培训的意义

在计算机问世之初，计算机的数量还相当少，懂得计算机技术的人也不多，那时的计算机应用的安全性问题不十分突出。20 世纪 80 年代以后，分布式网络日益普及，跨国的计算机网络逐渐建立起来，最明显的例子是因特网在全球的迅速普及和发展。根据美国国家科学基金会(U. S. National Science Foundation)的统计，从 1995 年到 2003 年，因特网的用户数从 3 000 万增加到了 10 亿以上，为今天的计算机犯罪的产生和发展提供了温床。图 1.1 中所示为 CERT/CC 统计到的近年来信息安全事件分析，1998 年到 2003 年安全事件增加了将近 37 倍(1998 年为 3 734 次，2003 年为 137 529 次)。

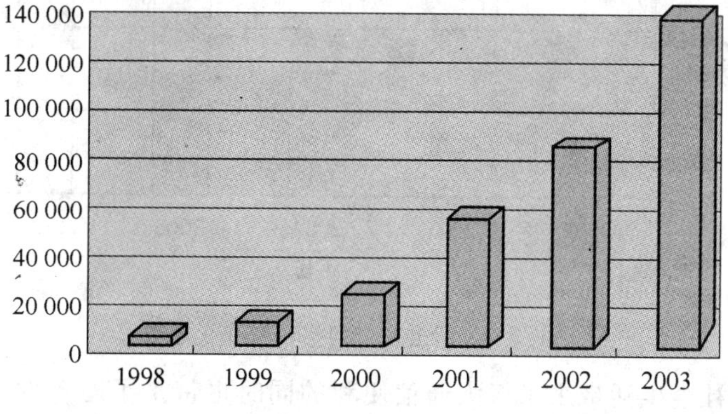

图 1.1 信息安全事件发展趋势

以下是几个计算机犯罪的例子。1988 年 11 月 2 日，美国康奈尔大学的学生罗伯特・莫里斯释放多个蠕虫病毒，造成因特网上近 6 000 台主机瘫痪，据称损失高达几千万美元。

1989 年 3 月 2 日凌晨,3 名德国黑客因涉嫌向苏联出售机密情报被捕,他们在两年多的时间内,闯入了许多北约和美国的计算机系统,窃取了许多高度机密的信息。

1996 年 9 月,美国中央情报局的主页被一群远在瑞典的少年黑客改为中央笨蛋局(Central Stupidity Agency)。

2000 年 10 月,黑客入侵微软公司并获取微软新开发产品的机密源代码事件披露,震动了微软公司高层,其中包括比尔·盖茨。有的媒体冠以“黑客太黑,微软太软”的大标题,讽刺微软这样的著名公司都无法挡住黑客凶猛的攻击。

在中国,互联网技术的不断成熟与发展为人们的生产生活带来了通信上的巨大便利,也为社会的发展注入了新的动力。随着各种新网络应用的产生,人们对于网络的依赖性越来越强,同时也对网络提出了更高的要求。为了进一步提高工作的效率和获得更丰富的网络应用体验,网络速度是人们首先追求的目标。自 20 世纪 90 年代以来,宽带网络技术的许多难题有了重大突破并很快得到应用,网络带宽不断增长 。图 1.2 是根据中国互联网信息中心公布的《中国互联网发展统计报告》中的带宽统计绘制的中国互联网出入口带宽增长趋势图。2002 年 12 月我国出入口总带宽为 9.3 Gbit/s,2003 年 12 月我国出入口总带宽达到 27.2 Gbit/s,2005 年 12 月我国出入口总带宽达到 74.4 Gbit/s,到 2006 年底出入口带宽总量达到接近 260 Gbit/s。从增长趋势上看,我国出入口带宽正在以每年 3 倍以上的速度增长。

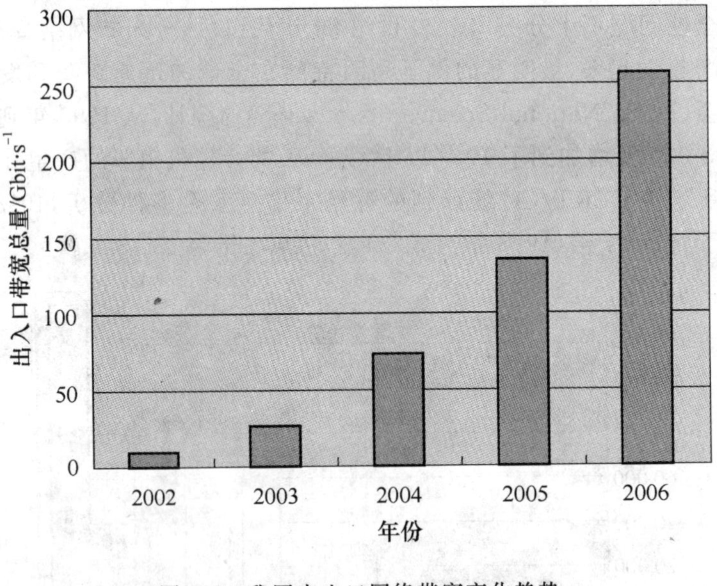

图 1.2　我国出入口网络带宽变化趋势

宽带技术为社会生活带来了极大通信便利的同时也带来了隐含的危机,高速网络为合法应用带来便利的同时也为各种非法应用提供了方便。人们发现网络变得越来越快,而其安全性也变得越来越重要。这其中之一就是互联网内容的安全性,例如互联网上经常会出现“法轮功信息”、“黄色信息”、“国外反动信息”、“恶意攻击我们国家领导人信息”

等有害信息。

根据 CNNIC 在 2007 年 1 月的第 19 次《中国互联网络发展状况统计报告》统计，中国网民总人数为 13 700 万人，这其中仅有 8.4%的网民对于网络内容的健康性非常满意。也就是说有 91.6%的网民(12 550 万人)都或多或少地对于网络内容的健康性不满意。

上述事实说明，在信息时代，信息系统的安全性已经成为非常重要的研究课题。利用计算机进行信息犯罪已经侵入到政府机关、军事部门、企业等单位。如果不加以遏制，轻则干扰人们的日常生活，重则造成巨大的经济损失，甚至威胁到国家的安全，所以信息安全已经引起许多国家，尤其是发达国家的高度重视，他们不惜在此领域投入大量的人力、物力和财力，以达到提高计算机信息系统安全的目的。但是不幸的是，我们绝大多数人对于信息安全的知识知之甚少，需要通过信息安全培训来了解信息安全技术，特别是一些具体的操作，所以信息安全培训就显得尤为重要了。

1.2 信息安全简介

1.2.1 什么是信息安全

信息安全本身包括的范围很大，大到国家军事政治等机密安全，小范围的当然还包括防范商业企业机密泄露，防范青少年对不良信息的浏览，个人信息的泄露等。网络环境下的信息安全体系是保证信息安全的关键，包括计算机安全操作系统、各种安全协议、安全机制(数字签名、信息认证、数据加密等)，直至安全系统，其中任何一个安全漏洞都可以威胁全局安全。信息安全服务至少应该包括支持信息网络安全服务的基本理论，以及基于新一代信息网络体系结构的网络安全服务体系结构。

信息安全是指信息网络的硬件、软件及其系统中的数据受到保护，不因偶然的或者恶意的原因而遭到破坏、更改、泄露，系统连续、可靠、正常地运行，信息服务不中断。

信息安全是一门涉及计算机科学、网络技术、通信技术、密码技术、信息安全技术、应用数学、数论、信息论等多种学科的综合性学科。

总的来说，凡是涉及保密性、完整性、可用性、可追溯性、真实性和可靠性保护等方面的技术和理论，都是信息安全所要研究的范畴，也是信息安全所要实现的目标。

1.2.2 信息安全的威胁

1. 传统信息安全威胁

信息安全的威胁是指某个人、物、事件或概念对信息资源的保密性、完整性、可用性或合法使用所造成的危胁。攻击就是对安全威胁的具体体现。传统的信息安全威胁主要包括以下几个方面：

- 窃取:非法用户通过数据窃听的手段获得敏感信息。
- 截取:非法用户首先获得信息,再将此信息发送给真实接收者。
- 伪造:将伪造的信息发送给接收者。
- 篡改:非法用户对合法用户之间的通信信息进行修改,再发送给接收者。
- 拒绝服务攻击:攻击服务系统,造成系统瘫痪,阻止合法用户获得服务。
- 行为否认:合法用户否认已经发生的行为。
- 非授权访问:未经系统授权而使用网络或计算机资源。
- 传播病毒:通过网络传播计算机病毒,其破坏性非常高,而且用户很难防范。

2. 我国信息安全所面临的主要威胁

信息产业部组织的专家在经过大量调查研究后指出,我国信息安全在六大方面面临严峻形势:

- 信息与网络的安全防护能力差;
- 对引进技术和设备缺乏安全检测;
- 基础信息产业严重依赖国外;
- 信息安全管理机构缺乏权威;
- 信息犯罪有快速蔓延之势;
- 全社会的信息安全意识淡薄。

1.2.3 信息安全威胁的来源

信息系统安全威胁的主要来源有许多方面。大到国家之间的信息战,小到人为编程的错误等都可能对信息的安全性带来威胁。具体来说,信息安全威胁的来源主要包括以下内容:

- 自然灾害、意外事故;
- 计算机犯罪;
- 人为错误,如使用不当、安全意识差等;
- “黑客”行为;
- 内部泄密;
- 外部泄密;
- 信息丢失;
- 电子谍报,如信息流量分析、信息窃取等;
- 信息战;
- 网络协议自身缺陷,如 TCP/IP 协议的安全问题等;
- 计算机硬件系统、操作系统、应用系统等的漏洞。

现在的漏洞越来越多,如图 1.3 所示为 CERT/CC 对信息系统漏洞的统计。

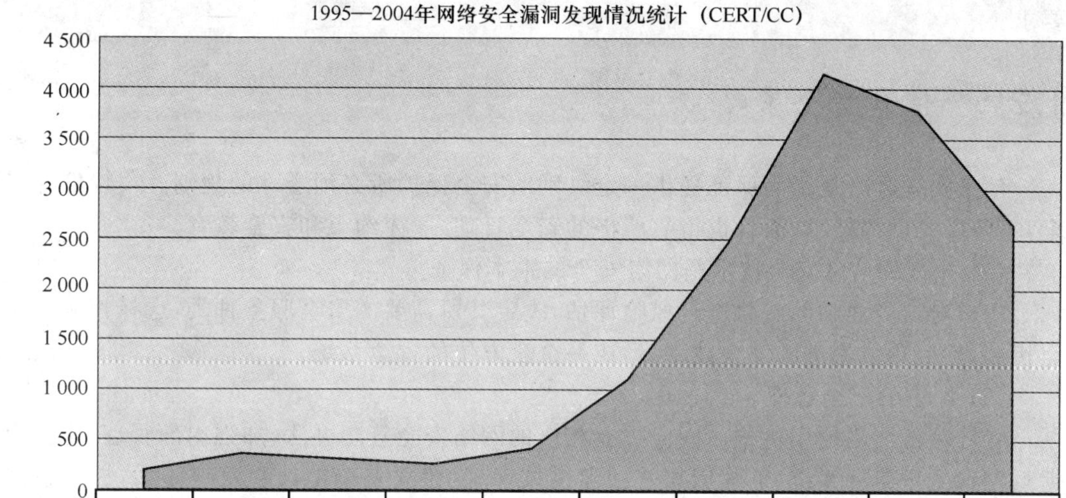

	1995	1996	1997	1998	1999	2000	2001	2002	2003	2004 (1~3季度)
报告数	171	345	311	262	417	1 090	2 437	4 129	3 784	2 683

图 1.3 信息系统漏洞的统计

1.2.4 信息安全的属性

信息安全通常强调所谓 CIA 三元组的目标，即保密性、完整性和可用性。CIA 概念的阐述源自信息技术安全评估标准(Information Technology Security Evaluation Criteria，ITSEC)，它也是信息安全的基本要素和安全建设所应遵循的基本原则。后来，人们对 CIA 进行了扩展，加入了真实性、不可抵赖性、可控制性、可审查性和可靠性等。

(1) 保密性(Confidentiality)——确保信息在存储、使用、传输过程中不会泄露给非授权用户或实体。

(2) 完整性(Integrity)—— 确保信息在存储、使用、传输过程中不会被非授权用户篡改，同时还要防止授权用户对系统及信息进行不恰当篡改，保持信息内、外部表示的一致性。

(3) 可用性(Availability)—— 确保授权用户或实体对信息及资源的正常使用不会被异常拒绝，允许其可靠而及时地访问信息及资源。

(4) 真实性(Authenticity) ——对信息的来源进行判断，能对伪造来源的信息予以鉴别。

(5) 不可抵赖性(Non-Repudiation) ——建立有效的责任机制，防止用户否认其行为，这一点在电子商务中是极其重要的。

(6) 可控制性(Controllable)——对信息的传播及内容具有控制能力。

(7) 可审查性(Accountability) ——对出现的网络安全问题提供调查的依据和手段。

(8) 可靠性(Reliability)——信息用户认可的质量连续服务于用户的特征(信息的迅速、准确和连续地转移等)，但也有人认为可靠性是人们对信息系统而不是信息本身的要求。

1.2.5 信息安全策略

信息安全策略是指为保证提供一定级别的安全保护所必须遵守的规则。实现信息安全,不但靠先进的技术,而且也得靠严格的安全管理、法律约束和安全教育。

(1) 先进的信息安全技术是网络安全的根本保证

用户对自身面临的威胁进行风险评估,决定其所需要的安全服务种类,选择相应的安全机制,然后集成先进的安全技术,形成一个全方位的安全系统。

(2) 严格的安全管理

各计算机网络使用机构之间应建立相应的网络安全管理办法,加强内部管理,建立合适的网络安全管理系统,加强用户管理和授权管理,建立安全审计和跟踪体系,提高整体网络安全意识。

(3) 制定严格的法律、法规

计算机网络是一种新生事物。它的许多行为无法可依,无章可循,导致网络上计算机犯罪处于无序状态。面对日趋严重的网络上犯罪,必须建立与网络安全相关的法律、法规,使非法分子慑于法律,不敢轻举妄动。

1.3 信息安全模型与层次结构

1.3.1 P^2DR^2 安全模型

基于闭环控制的动态信息安全理论模型在1995年开始逐渐形成并得到了迅速发展,学术界先后提出了PDR、P^2DR^2 等多种动态风险模型,随着互联网技术的飞速发展,企业网的应用环境千变万化,现有模型存在诸多待发展之处。

P^2DR^2 动态安全模型研究的是基于企业网对象、依时间及策略特征的(Policy, Protection, Detection, Response, Restore)动态安全模型结构,由策略、防护、检测、响应和恢复等要素构成,是一种基于闭环控制、主动防御的动态安全模型,通过区域网络的路由及安全策略分析与制定,在网络内部及边界建立实时检测、监测和审计机制,采取实时、快速动态响应安全手段,应用多样性系统灾难备份恢复、关键系统冗余设计等方法,构造多层次、全方位和立体的区域网络安全环境,如图1.4所示。

一个良好的网络安全模型应在充分了解网络系统安全需求的基础上,通过安全模型表达安全体系架构,通常具备以下性质:精确、无歧义、简单和抽象,具有一般性,充分体现安全策略。

该理论的最基本原理认为,信息安全相关的所有活动,不管是攻击行为、防护行为、检测行为还是响应行为等都要消耗时间。因此可以用时间来衡量一个体系的安全性和安全能力。

作为一个防护体系，当入侵者要发起攻击时，每一步都需要花费时间。当然攻击成功花费的时间就是安全体系提供的防护时间 Pt；在入侵发生的同时，检测系统也在发挥作用，检测到入侵行为也要花费时间——检测时间 Dt；在检测到入侵后，系统会做出应有的响应动作，这也要花费时间——响应时间 Rt。

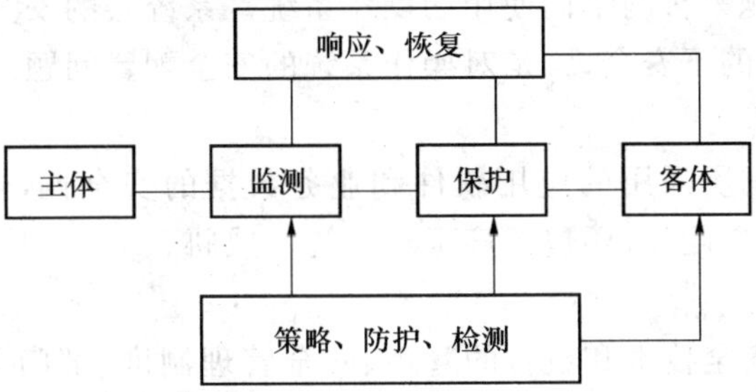

图 1.4 P^2DR^2 动态安全模型

这样，就可以用一些典型的数学公式来表达 P^2DR^2 模型安全的要求：

公式 1：Pt > Dt + Rt

Pt 代表系统为了保护安全目标设置各种保护后的防护时间，或者理解为在这样的保护方式下，黑客（入侵者）攻击安全目标所花费的时间。Dt 代表从入侵者发动入侵开始，系统能够检测到入侵行为所花费的时间。Rt 代表从发现入侵行为开始，系统能够做出足够的响应，将系统调整到正常状态的时间。那么，针对于需要保护的安全目标，如果上述数学公式满足防护时间大于检测时间与响应时间的和，也就是在入侵者危害安全目标之前就能被检测到并及时进行处理。

公式 2：Et＝Dt + Rt（假设 Pt＝0）

公式的前提是假设防护时间为 0。Dt 代表从入侵者破坏了安全目标系统开始，系统能够检测到破坏行为所花费的时间。Rt 代表从发现遭到破坏开始，系统能够做出足够的响应，将系统调整到正常状态的时间。例如，对 Web Server 被破坏的页面进行恢复。那么，Dt 与 Rt 的和就是该安全目标系统的暴露时间 Et。针对于需要保护的安全目标，Et 越小系统就越安全。

通过上面两个公式的描述，实际上给出了安全一个全新的定义："及时的检测和响应就是安全，及时的检测和恢复就是安全"。而且，这样的定义为安全问题的解决给出了明确的方向：提高系统的防护时间 Pt，降低检测时间 Dt 和响应时间 Rt。

1.3.2 信息安全层次体系

从信息安全的层次体系考虑，可以将信息安全划分为如下 5 个层次。

(1) 物理层安全

物理层安全主要从以下 3 个方面来考虑：机房建设安全、环境安全和物理安全控制。具体来说物理层安全要做到五防，即防盗、防火、防静电、防雷击和防电磁泄露。

(2) 网络层安全

网络层的安全问题主要体现在网络设备及信息的安全性。包括网络层身份认证,网络资源的访问控制,数据传输的保密与完整性,远程接入的安全,域名系统的安全,路由系统的安全,入侵检测的手段等。

(3) 系统层安全

系统层的安全问题来自网络内使用的操作系统。系统层的安全性问题表现在两个方面:一是操作系统本身的不安全;二是对操作系统的安全配置问题。

(4) 应用层安全

应用层的安全考虑所采用的应用软件和业务数据的安全性,包括数据库软件、Web服务、电子邮件系统等。此外,还包括病毒对系统的威胁。

(5) 管理层安全

管理层安全包括安全技术和设备的管理、安全管理制度、部门与人员的组织规则等。管理的制度化程度极大地影响着整个证券网络的安全,严格的安全管理制度、明确的部门安全职责划分、合理的人员角色定义都可以在很大程度上减少其他层次的安全漏洞。

人们常说,信息安全是三分技术七分管理,可见管理对于信息安全的重要性。从概念上讲,信息安全管理(Information Security Management,ISM)作为组织完整的管理体系中一个重要的环节,构成了信息安全具有能动性的部分,是指导和控制组织的关于信息安全风险的相互协调的活动,其针对对象就是组织的信息资产。

思 考 题

1. 中国现在有多少互联网网民?
2. 为什么要进行信息安全培训?
3. 为什么信息社会里,信息安全会引起人们的普遍关注?
4. 信息安全的威胁主要有哪些?
5. 信息安全可以分为哪 5 个层次?

第2章
网络攻击原理与技术

网络攻击是当前信息系统面临的主要安全威胁。据不完全统计,全球目前大约有 26 万个网站在介绍网络攻击的方法。本章通过对黑客攻击的概念、攻击过程和攻击方法来全面介绍黑客攻击技术。

2.1 黑客概述

根据我国现行法律的有关规定,对黑客可以给出两个定义:一是广义的黑客,是指利用计算机技术,非法侵入或者擅自操作他人(包括国家机关、社会组织及个人,下同)计算机信息系统,对电子信息交流安全具有不同程度的威胁性和危害性的人;二是狭义的黑客,是指利用计算机技术,非法侵入并擅自操作他人计算机信息系统,对系统功能、数据或者程序进行干扰、破坏,或者非法侵入计算机信息系统并擅自利用系统资源,实施金融诈骗、盗窃、贪污、挪用公款、窃取国家秘密或者其他犯罪的人。狭义的黑客包括在广义的黑客之中,前者基本上是计算机犯罪的主体,后者的行为不一定都构成犯罪。

下面介绍一个典型黑客的例子。1964 年出生于美国洛杉矶的凯文·米特尼克(Kevin David Mitnick)如图 2.1 所示,有评论称他为"世界头号黑客"。他在 15 岁时就成功破解北美空中防务指挥系统,在他 16 岁时被逮捕,他也因此而成为了全球第一名网络少年犯。

他破译太平洋电话公司的密码,修改上万美国家庭的电话号码,被计算机信息跟踪机跟踪并第一次被逮捕,出狱后又修改了不少公司的财务账单,导致他又被逮捕,入狱一年。

不过释放后的米特尼克并未收手,在后来他又成功入侵了诺基亚、摩托罗拉、升阳以及富士通等公司的计算机,盗取企业重要资料,据 FBI 统计,他给这些公司带来的损失高达 4 亿美元。

图 2.1 凯文·米特尼克

1994年,米特尼克向圣地亚哥超级计算机中心进行入侵与攻击,并戏弄了在此工作的日裔美籍计算机安全专家下村务,盗走了他计算机中的文件,还使用会话劫持技术盗走了他的网站的流量。后来下村务使用蜜罐技术设立了“蜜罐”让米特尼克中计引诱他上钩,用“电子隐形化”技术进行跟踪,结果1995年米特尼克再次被逮捕。

2000年1月21日,米特尼克入狱期满被释放,但被禁止在以后3年内再接触计算机以及手机等数码产品,以戒其网瘾并防止其利用技术再搞破坏。

2.2 攻击的一般流程

黑客入侵一般完整的模式为:隐藏自己→踩点→扫描→查点→分析并入侵→获取权限→提升权限→扩大范围→安装后门→清除日志,黑客入侵行为模型如图2.2所示。

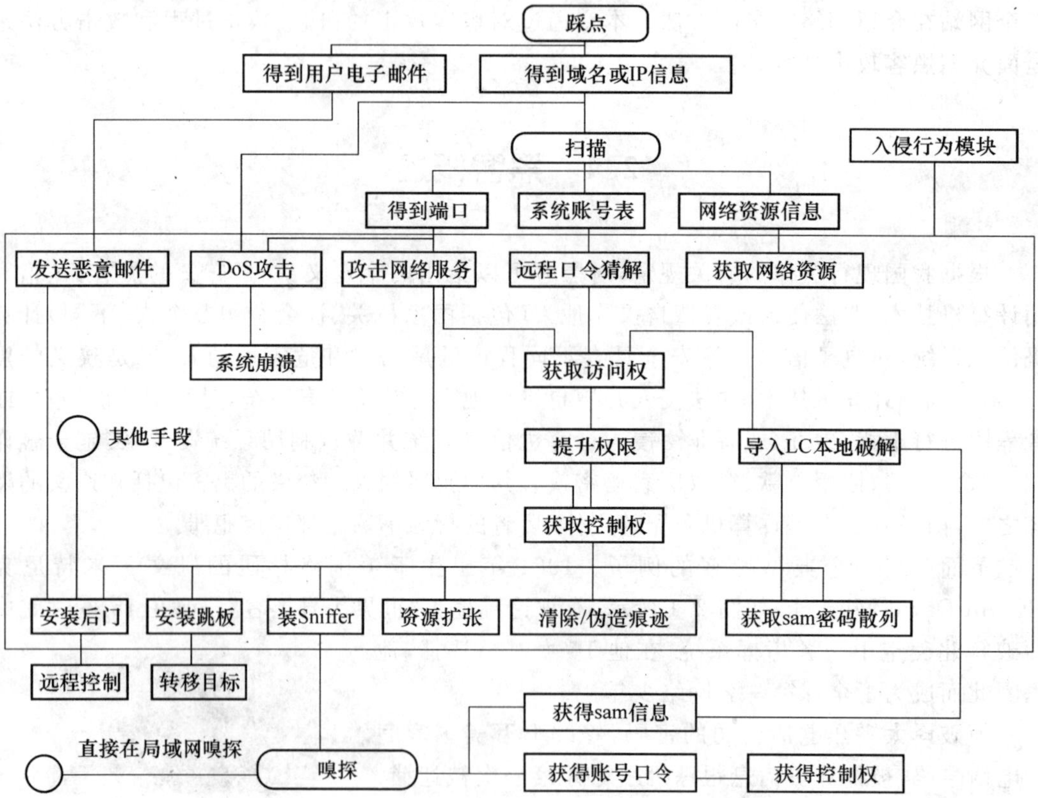

图2.2 黑客入侵行为模型

一般完整的攻击过程都是先隐藏自己,在隐藏好自己后再进行踩点或预攻击探测,检测目标计算机的各种属性和具备的被攻击条件,然后采取相应的攻击方法进行破坏,达到自己的目的,之后攻击者会删除自己的行为日志。

1. 隐藏自己

常见的攻击者隐藏自己的方式有以下几种:

- 从已经取得控制权的主机上通过 telnet 或 rsh 跳跃；
- 从 Windows 主机上通过 Wingates 等服务进行跳跃；
- 利用配置不当的代理服务器进行跳跃；
- 利用电话交换技术先通过拨号找寻并连入某台主机，然后通过这台主机再连入因特网。

2. 踩点或预攻击探测

踩点：大多数的 DNS 服务器允许用户获取域名记录文件内容，这样就可以了解到网站的详细网络分布结构。另外网络服务商可以查询得到公司地址及人员内容邮件、电话，以及单位注册的 IP 范围等重要信息。有时这一步骤会比扫描还重要。

资源扩张：指利用已经获得的密码尝试登录其他主机或者其他服务。

其他手段：指类似于发送恶意电子邮件的方式，比如通过恶意网页等其他欺骗方式。还包括近来一些利用 Windows NT 或 Windows 2000 会话缺陷在远程嗅探其密码的新攻击方法。

这一步的主要任务是收集有关要攻击目标的有用的信息。这些信息包括目标计算机的硬件信息、目标计算机的用户信息、存在的漏洞等。

通常是从已经攻入的系统中的 rhosts 和 netrc 文件中将所列的计算机挑选出来，从系统的/etc/hosts 文件中可以得到一个很全的主机列表。但大多数情况下，选定一个攻击目标是一个比较盲目的过程，除非攻击者有很明确的目的和动机。攻击者也可能找到 DNS 表，通过 DNS 可以知道计算机名、IP 地址、计算机类型等，甚至还可以知道计算机的主人和单位。

3. 采取攻击行为

在攻击探测中如果攻击者发现目标计算机系统有可以被利用的漏洞或弱点，则立即采取攻击行为。在此过程中具体采用的攻击行为要视目标计算机系统而定，目前较流行的手段有暴力破解、缓冲区溢出、跨站脚本、拒绝服务、欺骗等。

4. 清除痕迹

攻击者清除攻击痕迹的方法主要是清除系统和服务日志。有些工具可以清除日志，如 THC 提供的 cleara. c。cleara. c 可以清除 utmp/utmpx，wtmp/wtmpx，修复 lastlog，让其仍然显示该用户的上次登录信息。有时攻击者会自己对日志文件进行修改，不同的 Unix 版本的日志存储位置不同。

在 Windows 操作系统里面主要是清除 C:\Windows\system32\config 目录下的 log 文件。

2.3 预攻击探测

预攻击探测技术主要可以分为 ping 扫描、操作系统识别扫描、端口扫描以及漏洞扫描(Vulnerability Scan)等。ping 扫描用于发现攻击目标；操作系统识别扫描就是对目标主机运行的操作系统进行识别；而端口扫描用于查看攻击目标处于监听或运行状态的服务；漏洞扫描就是扫描对方系统有什么漏洞可以利用。目前主流的扫描工具包括流光、

Nmap、Nessus、SSS(Shadow Security Scanner)等都实现了这些技术。这些技术既可以作为安全管理员检验安全措施是否有效的方法,也会被黑客利用作为发动攻击的探测手段。下面介绍主要的预攻击探测技术。

2.3.1 ping 扫描实例

使用 ping 命令来进行扫描是平时最常用的方法。ping 扫描使用网络层的 ICMP 协议,用于搜寻对 ICMP 请求做出响应的计算机。

通常,ping 一个公司的 Web 服务器可帮助人们获得该公司所使用的 IP 地址范围。一旦得知了 HTTP 服务器的 IP 地址,可以使用 ping 扫描工具 ping 该子网的所有 IP 地址,这有助于得到该网络的地址图。

Windows 下的 ping 工具很多,比如 pinger、ping Sweep、WS_ping ProPack 等。还有一些综合扫描工具如 SuperScan、流光等也可以实现 ping 扫描的功能。如图 2.3 所示为通过 SuperScan 扫描工具进行的 ping 扫描实例。

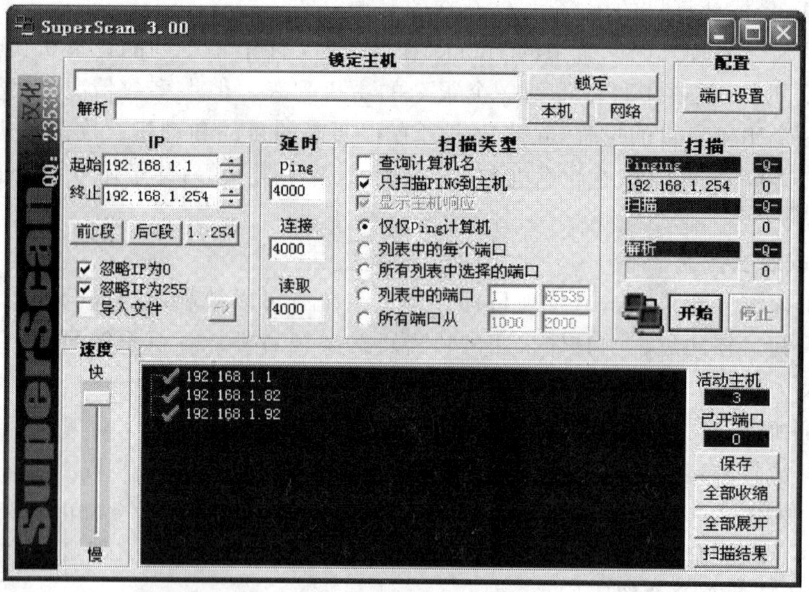

图 2.3 SuperScan 实现 ping 扫描功能

2.3.2 操作系统识别扫描实例

进行主机识别有两个主要作用:第一很多系统漏洞是同操作系统密切相关的;第二就是社会学(Social Engineering)问题,能够在非常了解对方的系统之后,冒充软件提供商给目标发送"补丁"。

关于操作系统识别扫描有许多种方法和工具可以实现,甚至采用简单的 DOS 命令就可以判断。如图 2.4 所示是采用 SSS(Shadow Security Scanner)安全扫描工具扫描的操作系统信息实例。

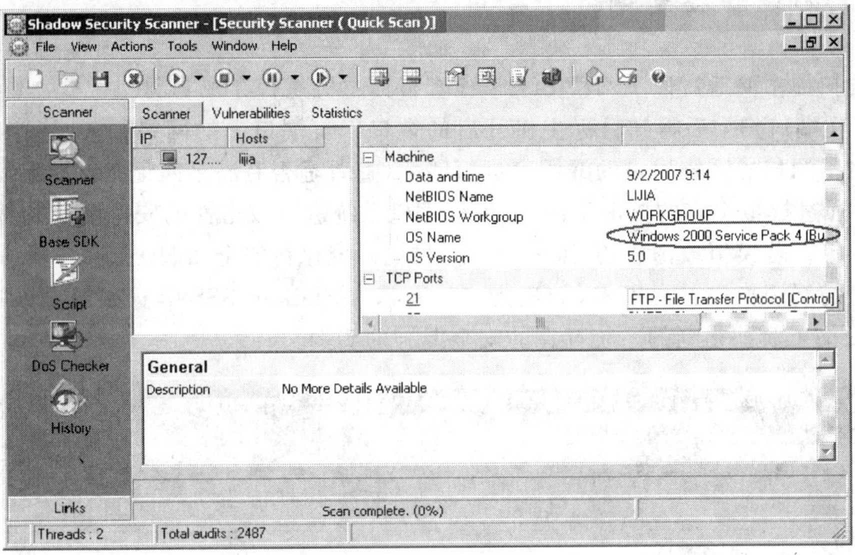

图 2.4 SSS 扫描到的操作系统信息

2.3.3 端口扫描实例

端口是主机与外部通信的途径,一个端口就是一个潜在的通信通道,也可能是一个入侵通道。对目标主机进行端口扫描,能得到许多有用的信息。

有许多安全扫描工具如流光、Nessus、SuperScan、SSS 等都可以实现端口扫描的功能,如图 2.5 所示为采用 SSS 扫描工具扫描到的主机开放端口信息的实例。

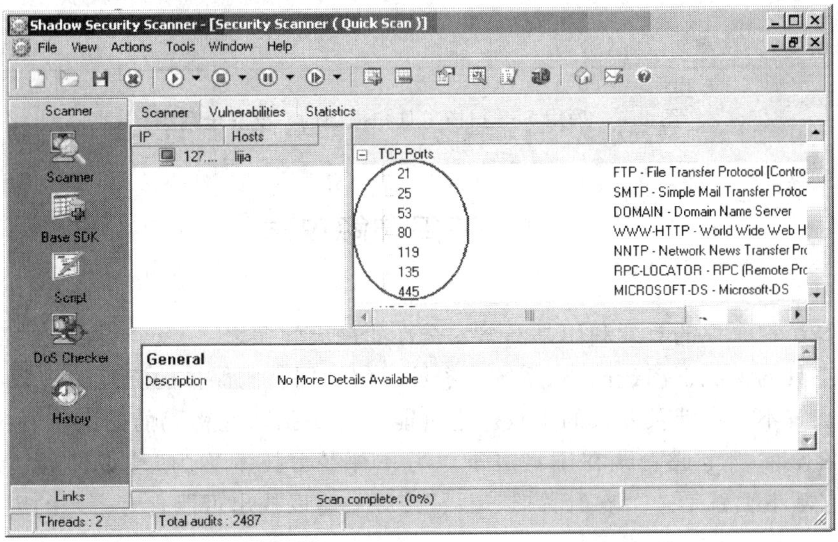

图 2.5 SSS 扫描工具扫描到的主机端口信息

2.3.4 漏洞扫描实例

漏洞扫描主要通过以下两种方法来检查目标主机是否存在漏洞：

(1) 在端口扫描后得知目标主机开启的端口以及端口上的网络服务，将这些相关信息与网络漏洞扫描系统提供的漏洞库进行匹配，查看是否有满足匹配条件的漏洞存在。

(2) 通过模拟黑客的攻击手法，对目标主机系统进行攻击性的安全漏洞扫描，如测试弱势口令等。若模拟攻击成功，则表明目标主机系统存在安全漏洞。

典型的漏洞扫描工具很多，如流光、Nessus、N-Stalker、SSS 等。如图 2.6 所示是采用 SSS 扫描工具扫描到的系统存在的安全漏洞的实例。

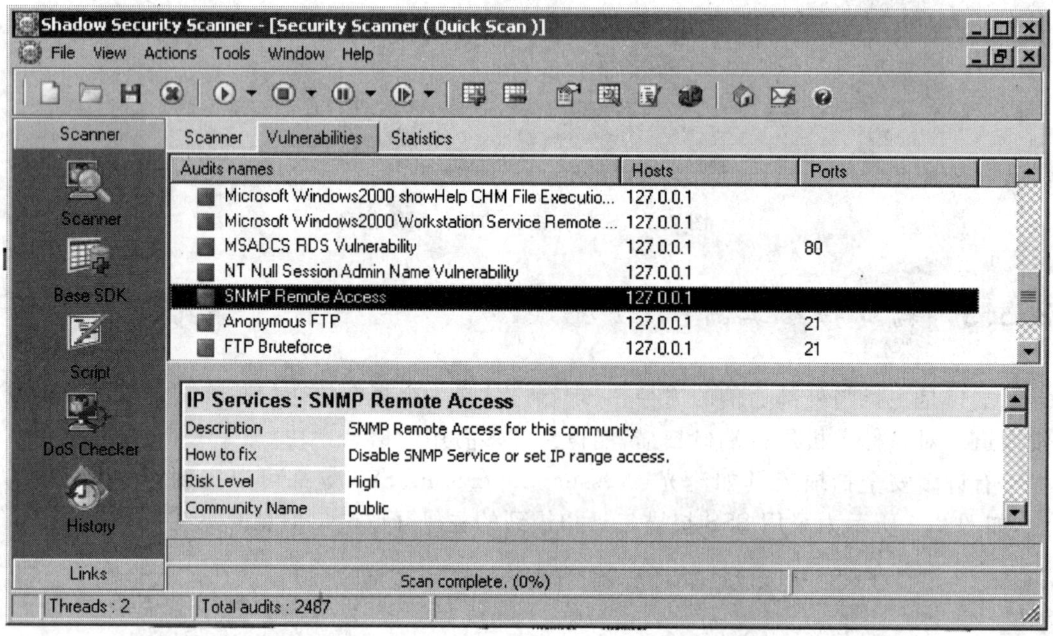

图 2.6 采用 SSS 扫描工具扫描到的系统安全漏洞

2.4 密码破解攻击

密码与用户账户的有效利用是网络安全性的最大问题之一。密码破解是描述在使用或不使用工具的情况下渗透网络、系统或资源以解锁用密码保护的资源的一个术语。

密码破解不一定涉及复杂的工具。它可能与找一张写有密码的贴纸一样简单，而这张纸就贴在显示器上或者藏在键盘底下。另一种暴力技术称为“垃圾搜寻”(Dumpster Diving)，它基本上就是一个攻击者把“垃圾”搜寻一遍以找出可能含有密码的废弃文档。

2.4.1 密码破解攻击原理

当然，攻击者可以涉及更高级的复杂技术。这里介绍一些在密码破解中使用的更常见的技术。

1. 字典攻击

到目前为止，一个简单的字典攻击(Dictionary Attack)是闯入计算机的最快方法。字典文件(一个充满字典文字的文本文件)被装入破解应用程序(如 L0phtCrack)，它是根据由应用程序定位的用户账户运行的。因为大多数密码通常是简单的，所以运行字典攻击通常就可以达到目的。

2. 混合攻击

另一个众所周知的攻击形式是混合攻击(Hybrid Attack)。混合攻击将数字和符号添加到文件名以成功破解密码。许多人只通过在当前密码后加一个数字来更改密码。其模式通常采用这一形式：第一个月的密码是“cat”；第二个月的密码是“cat1”；第三个月的密码是“cat2”，依此类推。

3. 暴力攻击

暴力攻击(Brute Force Attack)是最全面的攻击形式，虽然它通常需要很长的时间工作，这取决于密码的复杂程度。根据密码的复杂程度，某些暴力攻击可能花费一个星期的时间。

2.4.2 密码破解攻击实例

这里介绍两种常用的攻击工具，L0phtCrack 和网络嗅探器。

1. L0phtCrack

L0phtCrack(现在称为 LC5)是最常用的工具之一。L0phtCrack 是允许攻击者获取加密的 Windows NT/2000 密码并将它们转换成纯文本的一种工具。Windows NT/2000 密码是密码散列格式，如果没有诸如 L0phtCrack 之类的工具就无法读取。它的工作方式是通过尝试每个可能的字母数字组合试图破解密码，如图 2.7 所示。

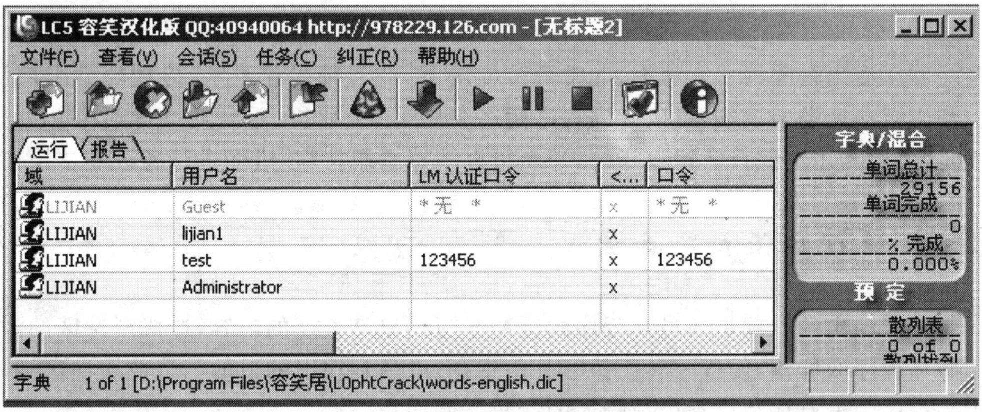

图 2.7 利用 LC5 进行密码破解

2. 网络嗅探器

另一个常用的工具是网络嗅探器(或称为协议分析器,如 Sniffer Pro 或 Etherpeek),它能够捕获它所连接的网段上的每块数据。当以混杂方式运行这种工具时,它可以"嗅探"该网段上发生的每件事,如登录和数据传输。正如稍后将会看到的,这可能严重地损害网络安全性,使攻击者捕获密码和敏感数据。如图 2.8 所示为 Sniffer 探测到的密码。

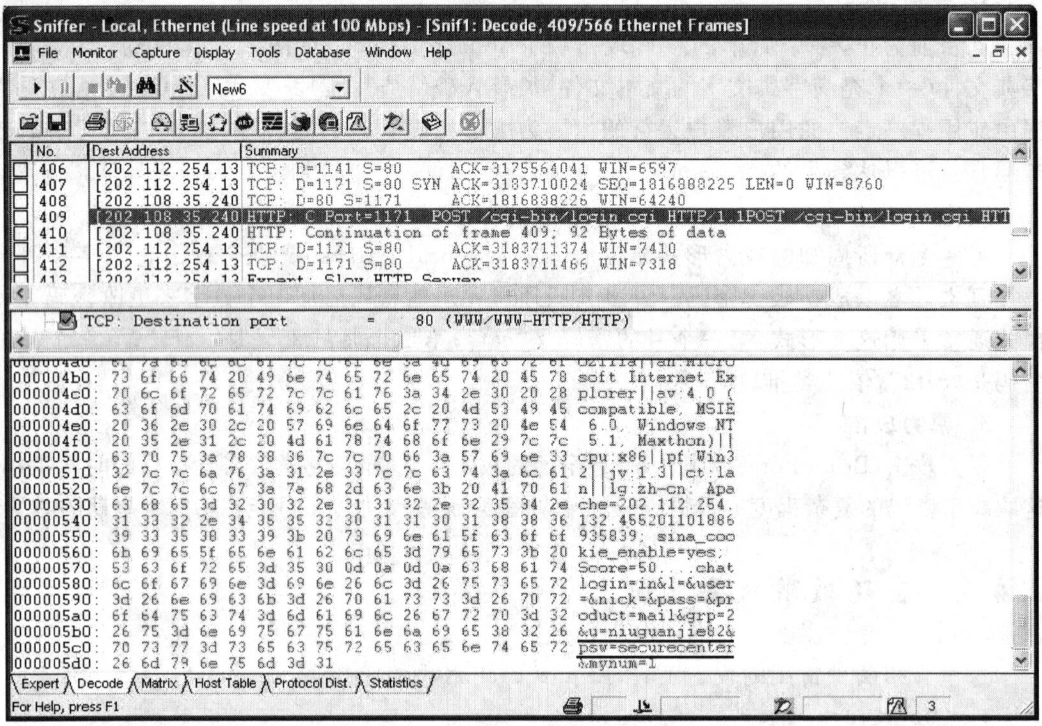

图 2.8 Sniffer 探测到的密码

2.5 缓冲区溢出攻击

缓冲区溢出是一种非常普遍、非常危险的漏洞,在各种操作系统、应用软件中广泛存在。利用缓冲区溢出攻击,可以导致程序运行失败、系统死机、重新启动等后果。更为严重的是,可以利用它执行非授权指令,甚至可以取得系统特权,进而进行各种非法操作。

2.5.1 缓冲区溢出攻击原理

缓冲区溢出的原理是通过往程序的缓冲区写超出其长度的内容,造成缓冲区的溢出,从而破坏程序的堆栈,使程序转而执行其他指令,以达到攻击的目的。造成缓冲区溢出的原因是程序中没有仔细检查用户输入的参数。例如:

```
void function(char * str) {
char buffer[16];
strcpy(buffer,str);
}
```

上面的 strcpy()将直接把 str 中的内容复制到 buffer 中。这样只要 str 的长度大于16,就会造成 buffer 的溢出,使程序运行出错。存在像 strcpy 这样的问题的标准函数还有 strcat()、sprintf()、vsprintf()、gets()、scanf()等。

当然,随便往缓冲区中添东西造成它溢出一般只会出现"分段错误"(Segmentation Fault),而不能达到攻击的目的。最常见的手段是通过制造缓冲区溢出使程序运行一个用户 shell,再通过 shell 执行其他命令。如果该程序属于 root 且有 suid 权限,攻击者就获得了一个有 root 权限的 shell,可以对系统进行任意操作。

缓冲区溢出攻击之所以成为一种常见的安全攻击手段,其原因在于缓冲区溢出漏洞非常普遍,并且攻击易于实现。而且,缓冲区溢出成为远程攻击的主要手段其原因在于缓冲区溢出漏洞给予了攻击者他所想要的一切:植入并且执行攻击代码。被植入的攻击代码以一定的权限运行有缓冲区溢出漏洞的程序,从而得到被攻击主机的控制权。

2.5.2 缓冲区溢出攻击实例

下面以 IIS 中 ASP 文件缓冲区溢出漏洞攻击为例,来说明缓冲区溢出攻击的危害。

在 Microsoft IIS 4.0 的 ASP 文件解析机制中存在一个缓冲区溢出漏洞,利用该漏洞将可以获得 SYSTEM 水平的访问权限。该漏洞是一个本地漏洞,但如果攻击者可以上传 ASP 文件,它将被远程利用。

在对 Script 中 LANGUAGE 变量的处理中,如果提供一个超长的字符串给 LANGUAGE 变量,将导致 IIS 解析时 inetinfo.exe 产生溢出。下面是一个 ASP 文件的例子:

```
…
<SCRIPT LANGUAGE = "[buffer]" RUNAT = "Server">
</SCRIPT>
…
```

在[buffer]中包含 2 220 个或者更多的字符,将导致溢出发生。这可能使攻击者获取 SYSTEM 级别的权限。攻击者进行远程攻击可以通过下列方法:

(1) 对于提供虚拟主机或者 ASP 上传的站点。攻击者只需上传一个恶意的 ASP 文件就可以远程获取 SYSTEM 权限。

(2) 某些留言板或者 BBS 程序允许用户输入 Java Script 脚本。攻击者就可以在留言中输入包含恶意代码的 Script 语句,远程入侵系统。

(3) 利用 IIS Unicode 漏洞,攻击者可以远程在受影响系统上创建恶意 ASP 文件并发动溢出攻击。

2.6　欺骗攻击

2.6.1　IP 欺骗攻击原理与实例

IP 欺骗技术就是通过伪造某台主机的 IP 地址骗取特权从而进行攻击的技术。许多应用程序认为如果数据包能够使其自身沿着路由到达目的地,而且应答包也可以回到源地址,那么源 IP 地址一定是有效的,而这正是使源 IP 地址欺骗攻击成为可能的前提。

假设同一网段内有两台主机 A、B,另一网段内有主机 X。B 授予 A 某些特权。X 为获得与 A 相同的特权,所作欺骗攻击如下:首先,X 冒充 A,向主机 B 发送一个带有随机序列号的 SYN 包。主机 B 响应,回送一个应答包给 A,该应答号等于原序列号加 1;然而,此时主机 A 已被主机 X 利用拒绝服务攻击"淹没"了,导致主机 A 服务失效。结果,主机 A 将 B 发来的包丢弃。为了完成 3 次握手,X 还需要向 B 回送一个应答包,其应答号等于 B 向 A 发送数据包的序列号加 1。此时主机 X 并不能检测到主机 B 的数据包(因为不在同一网段),只有利用 TCP 顺序号估算法来预测应答包的顺序号并将其发送给目标机 B。如果猜测正确,B 则认为收到的 ACK 来自内部主机 A。此时,X 即获得了主机 A 在主机 B 上所享有的特权,并开始对这些服务实施攻击。IP 欺骗攻击的原理图如图 2.9所示。

图 2.9　IP 欺骗攻击的原理图

要防止源 IP 地址欺骗行为,可以采取以下措施来尽可能地保护系统免受这类攻击。

(1) 抛弃基于地址的信任策略:阻止这类攻击的一种非常容易的办法就是放弃以地址为基础的验证,不允许 r 类远程调用命令的使用;删除 rhosts 文件;清空/etc/hosts.equiv 文件。这将迫使所有用户使用其他远程通信手段,如 telnet、ssh、skey 等。

(2) 使用加密方法:在包发送到网络上之前,可以对它进行加密。虽然加密过程要求适当改变目前的网络环境,但它将保证数据的完整性和真实性。

(3) 进行包过滤:可以配置路由器使其能够拒绝网络外部与本网内具有相同 IP 地址的连接请求。而且,当包的 IP 地址不在本网内时,路由器不应该把本网主机的包发送出去。

有一点要注意,路由器虽然可以封锁试图到达内部网络的特定类型的包,但它们也是通过分析测试源地址来实现操作的,因此,它们仅能对声称是来自于内部网络的外来包进行过滤。若网络存在外部可信任主机,那么路由器将无法防止别人冒充这些主机进行 IP 欺骗。

2.6.2 ARP 欺骗攻击原理与实例

在局域网中,通信前必须通过 ARP 协议来完成 IP 地址转换为第二层物理地址(即 MAC 地址)。ARP 协议对网络安全具有重要的意义,但是当初 ARP 方式的设计没有考虑到过多的安全问题,给 ARP 留下了很多的隐患,ARP 欺骗就是其中一个例子。ARP 欺骗攻击就是利用该协议漏洞,通过伪造 IP 地址和 MAC 地址实现 ARP 欺骗的攻击技术。

假设有 3 台主机 A、B、C 位于同一个交换式局域网中,监听者处于主机 A,而主机 B、C 正在通信。现在 A 希望能嗅探到 B 发送给 C 的数据,于是 A 就可以伪装成 C 对 B 做 ARP 欺骗——向 B 发送伪造的 ARP 应答包,应答包中 IP 地址为 C 的 IP 地址而 MAC 地址为 A 的 MAC 地址。这个应答包会刷新 B 的 ARP 缓存,让 B 认为 A 就是 C,详细地讲,就是让 B 认为 C 的 IP 地址映射到的 MAC 地址为主机 A 的 MAC 地址。这样,B 想要发送给 C 的数据实际上却发送给了 A,达到了嗅探的目的。在嗅探到数据后,还必须将此数据转发给 C,这样就可以保证 B、C 的通信不被中断。

以上就是基于 ARP 欺骗的嗅探基本原理,在这种嗅探方法中,嗅探者 A 实际上是插入到了 B→C 中,B 的数据先发送给了 A,然后再由 A 转发给 C,其数据传输关系如下所示:

B→A→C

B←A←C

于是 A 就成功地截获到了 B 发送给 C 的数据。上面这就是一个简单的 ARP 欺骗攻击的例子。

ARP 欺骗攻击有两种可能:一种是对路由器 ARP 表的欺骗;另一种是对内网计算机 ARP 表的欺骗,当然也可能两种攻击同时进行。但不管怎么样,欺骗发送后,计算机和路由器之间发送的数据可能就被送到错误的 MAC 地址上。

防范 ARP 欺骗攻击可以采取如下措施:

- 在客户端使用 ARP 命令绑定网关的真实 MAC 地址命令;
- 在交换机上做端口与 MAC 地址的静态绑定;
- 在路由器上做 IP 地址与 MAC 地址的静态绑定;
- 使用“ARP SERVER”按一定的时间间隔广播网段内所有主机的正确 IP-MAC 映射表。

2.6.3 DNS 欺骗攻击原理与实例

DNS 欺骗(域名信息欺骗)是最常见的 DNS 安全问题。当一个 DNS 服务器掉入陷阱时,使用了来自一个恶意 DNS 服务器的错误信息,那么该 DNS 服务器就被欺骗了。DNS 欺骗会使那些易受攻击的 DNS 服务器产生许多安全问题,如将用户引导到错误的互联网站点,或者发送一个电子邮件到一个未经授权的邮件服务器。网络攻击者通常通过以下几种方法进行 DNS 欺骗。

(1) 缓存感染

黑客会熟练地使用 DNS 请求,将数据放入一个没有设防的 DNS 服务器的缓存中。这些缓存信息会在客户进行 DNS 访问时返回给客户,从而将客户引导到入侵者所设置的运行木马的 Web 服务器或邮件服务器上,然后黑客从这些服务器上获取用户信息。

(2) DNS 信息劫持

入侵者通过监听客户端和 DNS 服务器的对话,通过猜测服务器响应给客户端的 DNS 查询 ID。每个 DNS 报文包括一个相关联的 16 位 ID 号,DNS 服务器根据这个 ID 号获取请求源位置。黑客在 DNS 服务器之前将虚假的响应交给用户,从而欺骗客户端去访问恶意网站。

(3) DNS 重定向

攻击者能够将 DNS 名称查询重定向到恶意 DNS 服务器。这样攻击者可以获得 DNS 服务器的写权限。

防范 DNS 欺骗攻击可采取如下措施:

- 直接用 IP 访问重要的服务,这样至少可以避开 DNS 欺骗攻击,但这需要记住要访问的 IP 地址;
- 加密所有对外的数据流,对服务器来说就是尽量使用 SSH 之类的有加密支持的协议,对一般用户应该用 PGP 之类的软件加密所有发到网络上的数据。

2.6.4 源路由欺骗攻击原理与实例

通过指定路由器,以假冒身份与其他主机进行合法通信或发送假报文,使受攻击主机出现错误动作,这就是源路由攻击。在通常情况下,信息包从起点到终点走过的路径是由位于此两点间的路由器决定的,数据包本身只知道去往何处,但不知道该如何去。源路由可使信息包的发送者将此数据包要经过的路径写在数据包里,使数据包循着一个对方不可预料的路径到达目的主机。下面仍以上述源 IP 欺骗的例子给出这种攻击的形式。

主机 A 享有主机 B 的某些特权,主机 X 想冒充主机 A 从主机 B(假设 IP 为 aaa. bbb. ccc. ddd)获得某些服务。首先,攻击者修改距离 X 最近的路由器,使得到达此路由器且包含目的地址 aaa. bbb. ccc. ddd 的数据包以主机 X 所在的网络为目的地;然后,攻击者 X 利用 IP 欺骗向主机 B 发送源路由(指定最近的路由器)数据包。当 B 回送数据包时,就传送到被更改过的路由器。这就使一个入侵者可以假冒一个主机的名义通过一个特殊的路径来获得某些被保护数据。

为了防范源路由欺骗攻击,一般采用下面两种措施:

- 对付这种攻击最好的办法是配置好路由器,使它抛弃那些由外部网进来的却声称是内部主机的报文;

• 在路由器上关闭源路由，用命令 no ip source-route。

2.6.5 URL 欺骗攻击原理与实例

下面来看 URL 欺骗的惯用招式。

1. URL 结构

仔细看看 URL(Uniform Resource Locators，统一资源定位器)和与其有关的安全含义。一种“有趣”的 URL 利用方式已被垃圾广告投递者发现很长时间了，不过现在“KB”(Knowledge Base)欺骗已经使得 URL 可以做更多的事。

虽然大部分因特网用户把 WWW 地址或 FTP 同 URL 联系起来，但 URL 使用得更普遍一些。URL 的标准在 RFC 1738 中规定，其中最普通的形式定义为

<scheme>:<scheme-specific-part>

<scheme>部分是网络协议名称，<scheme-specific-part>部分被定义为

//<user>:<password>@<host>:<port>/<url-path>

其中只有<host>部分是必需的。“@”字符具有特殊的含义，浏览器一般把该字符前的部分解释为“用户名:密码”。黑客可以利用它进行 URL 欺骗。

2. @标志过滤用户名的解析

本来@标志是 E-mail 地址的用户名与主机的分隔符，但在我 URL 中同样适用，而且功能如出一辙。HTTP(超文本传输协议)规定了 URL 的完整格式是“Http://Name:Password@IP 地址或主机名”，其中的“IP 地址或主机名”是必填项。@标志与其前面的“Name:Password”意为“用户名:密码”，属于可选项。也就是说，在 URL 中真正起解析作用的网址是从@标志后面开始的，这就是欺骗原理。

举例：某 QQ 好友发给一个说是有最新大片免费下载的地址“Http://www.sohu.com@www.Trojan.com.cn/HuiGeZi_Server.exe”，它一眼看上去是 www.sohu.com 搜狐网站的链接，而实际上这儿的“www.sohu.com”只是个写成网址形式的用户名(此处的密码为空)，因为后面有@标志。而真正链接的网址却是“www.Trojan.com.cn/HuiGeZi_Server.exe”(为了好理解，这里杜撰了一个木马网站，其下有“灰鸽子”服务端)，只要点击就会被种下木马。这个发来的 URL 地址其实完全等同于“http:// www.Trojan.com.cn/HuiGeZi_Server.exe”，而与前面的用户名毫无关系，只是迷惑性可就大大提高了。即使没有这个用户名，也完全不影响浏览器对 URL 的解析。大家要是不信，就在地址栏中随便写上个像是“http://www.sina.com.cn@www.sohu.com”之类的地址再回车试试，还是照样儿进入搜狐网站。

3. 十进制的 IP 地址

常见的 IP 地址包括 4 个字节，一般表示形式为“xxx.xxx.xxx.xxx”(x 表示一个十进制数码)，例如“61.135.132.12”。因为纯粹的数字 IP 地址过于抽象、难以记忆，所以采用域名服务 DNS 来与之对应。大家在浏览器地址栏中输入“http://www.sohu.com”与“http://61.135.132.12”的结果完全一样，都是访问搜狐网站，因为 61.135.132.12 就是搜狐域名 www.sohu.com 的 IP 地址。不过，如果再试试“http://1032291340”的话，结

果一定会让许多人吃惊,因为仍然打开了搜狐网站!

为什么一个十进制数“1032291340”等同于一个 IP 地址“61.135.132.12”呢?其实前面已经暗示过了,四位点分十进制形式的 IP 地址“61.135.132.12”代表一组 32 位二进制数码,如果合在一起再转换成一个十进制数的话,答案就是 1 032 291 340。转换方法很简单,就是数制的按权展开:$12\times256^0+132\times256^1+135\times256^2+61\times256^3=12+33\,792+8\,847\,360+1\,023\,410\,176=1\,032\,291\,340$(基数为 256,即 2^8)。

明白了这个道理,再回头看看刚才例子中的“www.Trojan.com.cn/HuiGeZi_Server.exe”。如果说这种字母域名还会露出一截狐狸尾巴的话,那么当把它对应的 IP 地址(假设为“61.135.132.13”)换算成一个十进制数,结果是 1 032 291 341,再结合@标志过滤用户的解析,欺骗性就又上了一个台阶——http://www.sohu.com@1032291341。此时,还会有多少人会怀疑这个 URL 不是搜狐呢?

4. 防范:查源代码法防范 URL 欺骗

虽然如此,但 URL 欺骗还是可以防范的。其实,对付这些利用 URL 去欺骗引诱人上当的恶意网页,只需一个最简单的招数即可奏效,那就是查看网页的源代码。当然,这需要有一点网页代码阅读的能力。

假设有人发给一个的 URL 地址 http://www.…….com,而事先又不知道它是否为 URL 欺骗的话,只需在浏览器地址栏中输入“view-source:http://www.…….com”并回车,系统就会调用记事本来打开这个网页的源代码。接下来就是在其中搜索一下(可使用“编辑→查找”菜单)有没有像是 Format 或者有<iframe src="www.…….htm" name="……"width="0" height="0" frameborder="0">之类的危险编码。如果有,就要拒绝访问。这里需要注意的是:不是所有的操作系统和浏览器都支持“view-source:http://www.…….com”这种方式来查看网页的源代码的(如在 Windows XP SP2 的浏览器当中就看不了)。对于这一点,建议大家使用 Firefox 浏览器,再使用“view-source:http://www.…….com”,就可以了。如图 2.10 所示为采用 Firefox 浏览器和“view-source”所看到的新浪网网页的内容。

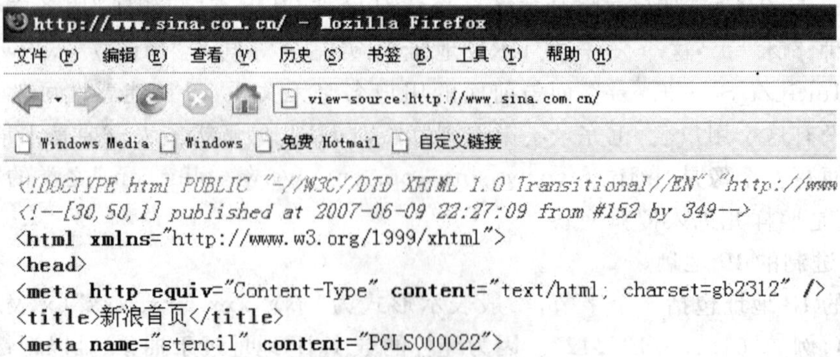

图 2.10 “view-source”所看到的新浪网网页的内容

注意：病毒都是利用浏览器的漏洞进行传播，大家在上网的时候最好用 molliza 公司 Firefox 浏览器浏览网页，这种浏览器最大的好处就是安全！Firefox 浏览器下载地址：http://www.mozilla.com/。

2.7 DoS/DDoS 攻击

2.7.1 拒绝服务攻击

拒绝服务攻击(Denial of Service,DoS)的目的是使计算机或网络无法提供正常的服务。最常见的 DoS 攻击有计算机网络带宽攻击和连通性攻击。带宽攻击指以极大的通信量冲击网络，使得所有可用网络资源都被消耗殆尽，最后导致合法的用户请求无法通过。连通性攻击指用大量的连接请求冲击计算机，使得所有可用的操作系统资源都被消耗殆尽，最终计算机无法再处理合法用户的请求。

DoS 攻击的方法很多，如 SYN Flood、UDP Flood、Land 攻击、死亡之 ping、泪滴(Teardrop)攻击、IP 欺骗 DoS 攻击、带宽 DoS 攻击等。这里以 SYN Flood 为例进行说明。

利用服务器的连接缓冲区(Backlog Queue)，利用特殊的程序，设置 TCP 的头部(Header)，向服务器端不断地成倍发送只有 SYN 标志的 TCP 连接请求。当服务器接收的时候，都认为是没有建立起来的连接请求，于是为这些请求建立会话，排到缓冲区队列中。

如果 SYN 请求超过了服务器能容纳的限度，缓冲区队列满，那么服务器就不再接收新的请求了，其他合法用户的连接都被拒绝掉。可以持续 SYN 请求发送，直到缓冲区中都是的只有 SYN 标记的请求。现在有很多实施 SYN Flood 的工具，这里不再介绍。如图 2.11 所示为一个典型的 SYN Flood 攻击的原理图。

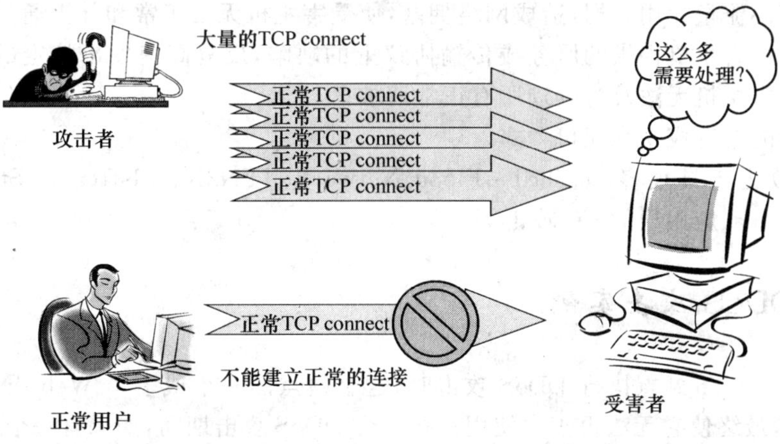

图 2.11 SYN Flood 攻击的原理图

2.7.2 分布式拒绝服务攻击

分布式拒绝服务攻击(Distributed Denial of Service,DDoS)指借助于客户/服务器技术,将多个计算机联合起来作为攻击平台,对一个或多个目标发动 DoS 攻击,从而成倍地提高拒绝服务攻击的威力。通常,攻击者使用一个偷窃账户将 DDoS 主控程序安装在一个计算机上,在一个设定的时间主控程序将与大量代理程序通信,代理程序已经被安装在因特网上的许多计算机上。代理程序收到指令时就发动攻击。利用客户/服务器技术,主控程序能在几秒钟内激活成百上千次代理程序的运行。图 2.12 所示为 DDoS 攻击的原理图。

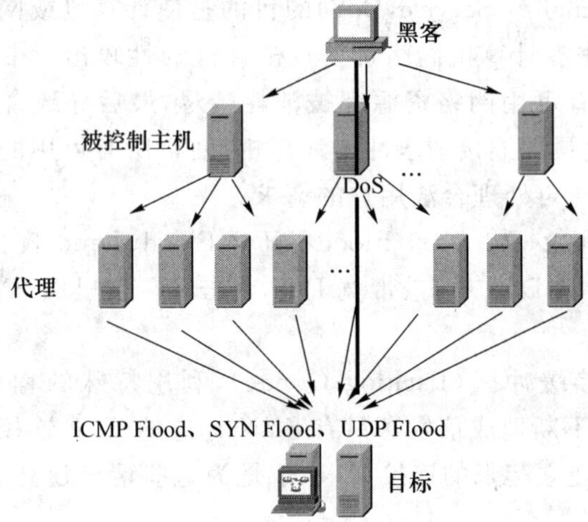

图 2.12　DDoS 攻击原理图

被 DDoS 攻击时的现象如下:

- 被攻击主机上有大量等待的 TCP 连接;
- 网络中充斥着大量的无用的数据包,源地址为假;
- 制造高流量无用数据,造成网络拥塞,使受害主机无法正常和外界通信;
- 利用受害主机提供的服务或传输协议上的缺陷,反复高速发出特定的服务请求,使受害主机无法及时处理所有正常请求;
- 严重时会造成系统死机。

DDoS 攻击工具很多,如 Tribe Flood Network、TFN2K、Mstream、Stacheldraht、Trinoo、Naptha、应用层的 CC 攻击等。

2.7.3 DDoS 攻击实例

当对一个 Web 站点执行 DDoS 攻击时,这个站点的一个或多个 Web 服务会接到非常多的请求,最终使它无法再正常使用。在一个 DDoS 攻击期间,如果有一个不知情的用户发出了正常的页面请求,这个请求会完全失败,或者是页面下载速度变得极其缓慢,看起来就像是站点无法使用。典型的 DDoS 攻击利用许多计算机同时对目标站点发出成千上万个请求。为了避免被追踪，攻击者会闯进网上的一些无保护的计算机内，在这些计算机上藏匿 DDoS 程序，将它们作为同谋和跳板，最后联合起来发动匿名攻击。如图 2.13 所示为某网站受 DDoS 攻击的示意图。

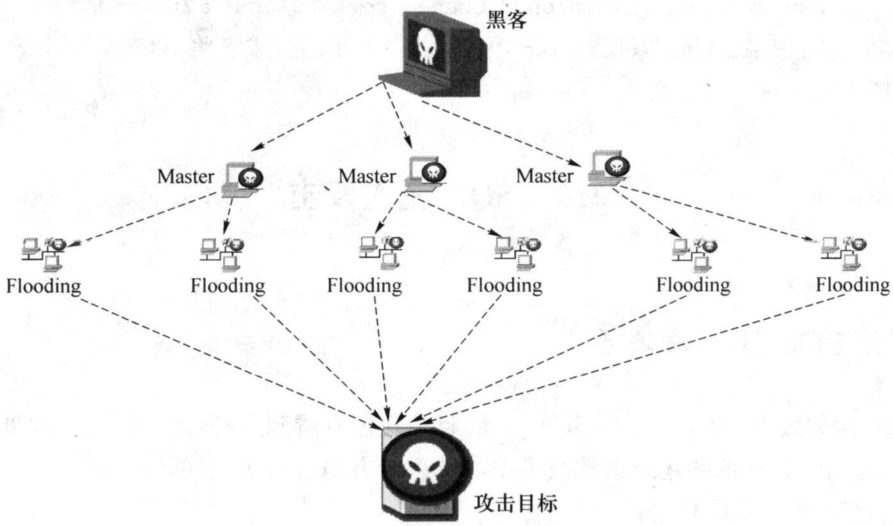

图 2.13 某网站受 DDoS 攻击

2.8 CGI 攻击

2.8.1 CGI 攻击原理

CGI(Common Gateway Interface)是一个用于定 Web 服务器与外部程序之间通信方式的标准，使得外部程序能生成 HTML、图像或者其他内容，而服务器处理的方式与那些非外部程序生成的 HTML、图像或其他内容的处理方式是相同的。因此，CGI 程序不仅使能生成静态内容而且能生成动态内容。使用 CGI 的原因在于它是一个定义良好并被广泛支持的标准，没有 CGI 就不可能实现动态的 Web 页面，除非使用一些服务器中提供的特殊方法(如今，也有除 CGI 之外的其他技术逐渐在成为标准)。

CGI 攻击是利用公共网关接口(CGI)的漏洞或脆弱点而发起的攻击。有许多利用 CGI 漏洞进行攻击的例子，如 phf、wguset.exe、rguset.exe、perl.exe、shtml.exe 等。

2.8.2 CGI 攻击实例

下面以一个著名的利用 CGI 漏洞进行攻击的 phf 攻击为例子，说明这种攻击，并提供安全建议和解决方法，如果服务器存在这些漏洞不及时修补，漏洞就有可能会被入侵者利用,加大服务器被攻击的指数。

攻击描述:在 NCSA 或者 Apache (1.1.1 版本以内)非商业版本的 Web Server 中有一段程序 util.c,允许入侵者以 root 身份执行任何一个指令,如下:

http://www.xxx.com/cgi-bin/phf? Qname = root %0Asome %20command %20here

解决方法:把 Apache Web Server 升级到 1.1.1 以上,或者将 NCSA Web Server 升级到最新版本。

2.9 SQL 注入攻击

2.9.1 SQL 注入攻击原理

SQL 注入攻击(SQL Injection Attack)目前还没有看到一种标准的定义,常见的是对这种攻击形式、特点的描述。微软技术中心从两个方面进行了描述:

(1) 脚本注入式的攻击;

(2) 恶意用户输入用来影响被执行的 SQL 脚本。

Stephen Kost 给出了这种攻击形式的另一个特征——从一个数据库获得未经授权的访问和直接检索。

就其本质而言,SQL 注入攻击利用的工具是 SQL 的语法,针对的是应用程序开发者编程过程中的漏洞。当攻击者能够操作数据,往应用程序中插入一些 SQL 语句时,SQL 注入攻击就发生了。

SQL 注入攻击利用的是 SQL 语法,使得这种攻击具有广泛性。理论上说,对于所有基于 SQL 语言标准的数据库软件都是有效的,包括 MS SQL Server、Oracle、DB2、Sybase、MySQL 等。当然,各种软件有自身的特点,最终的攻击代码可能不尽相同。

SQL 注入攻击的原理相对简单,易于掌握和实施,并且整个因特网上连接有数目惊人的数据库系统(仅在中国,截至 2003 年 3 月的统计就有 82 900 多个),在过去的几年里,SQL 攻击的数量一直在增长。

有人通过 Google 搜索,对寻找到的 1 000 个网站的随机取样测试,检测到其中 11.3%的网站有易受 SQL 注入攻击的可能。这意味着黑客可以远程利用那些网站的数据,获取任何没有 Hashed 或加密的密码或信用卡数据,甚至有以管理员身份登录进这些应用的可能。这不仅对开发网站的开发人员来说很糟糕,对使用网站的消费者或用户来说更糟糕,因为他们给网站提供了数据,认为网站是安全的。

2.9.2 SQL 注入攻击实例

下面列举一个 SQL 注入攻击的例子,考虑下面这个 SQL 查询的编码,其目的是根据由查询字符串提供的社会保险号码(Social Security Number)来查询作者。

```
Dim SSN as String
Dim SqlQuery as String

SSN = Request.QueryString("SSN")
SqlQuery = "SELECT au_lname,au_fname FROM authors WHERE au_id = '" + SSN + "'"
```

如果有像上面这个片段一样的SQL编码,那么整个数据库和应用就可以远程地被黑掉。为什么呢? 在普通情形下,用户会使用一个社会保险号码来访问这个网站,编码如下:

```
'URL to the page containing the above code
http://mysite.com/listauthordetails.aspx? SSN = 172-32-9999

'SQL Query executed against the database
SELECT au_lname, au_fname FROM authors WHERE au_id = '172-32-9999'
```

这是开发人员预期的做法,通过社会保险号码来查询数据库中作者的信息。但因为参数值没有被正确地加码,所以黑客可以很容易地修改查询字符串的值,在要执行的值后面嵌入附加的SQL语句 。例如:

```
'URL to the page containing the above code
http://mysite.com/listauthordetails.aspx? SSN = 172-32-9999';DROP DATABASE pubs --

'SQL Query executed against the database
SELECT au_lname, au_fname FROM authors WHERE au_id = ''; DROP DATABASE pubs --
```

这时注意到,可以在SSN查询字符串值的后面添加“ ';DROP DATABASE pubs --”,通过“;”字符来终止当前的SQL语句,然后添加了恶意的SQL语句,把语句的其他部分用“--”字符串注释掉。由于手工在编码里构造SQL语句,最后把这个字符串传给了数据库,数据库会先对authors表进行查询,然后把pubs数据库删除。这样,数据库就没了。

2.10 木马攻击

2.10.1 木马攻击原理

特洛伊木马(Trojan Horse)是《木马屠城记》中那只木马的名字。古希腊有大军围攻特洛伊城,逾年无法攻下。有人献计制造一只高二丈的大木马假装作战马神,攻击数天后仍然无功,遂留下木马拔营而去。城中得到解围的消息,得到“木马”这个奇异的战利品,全城饮酒狂欢。到午夜时分,全城军民尽入梦乡,匿于木马中的将士开秘门游绳而下,开启城门及四处纵火,城外伏兵涌入,焚屠特洛伊城。后世称这只木马为“特洛伊木马”(如图2.14所示)。现今计算机术语借用其名,意思是“一经进入,后患无穷”。特洛伊

图2.14 特洛伊木马

木马原则上它和 Laplink 、PCanywhere 等程序一样,只是一种远程管理工具。而且本身不具伤害性,也没有感染力,所以不能称之为病毒(也有人称之为第二代病毒);但却常常被视为病毒。原因是如果有人使用不当,破坏力可以比病毒更强。

特洛伊木马是一个程序,它驻留在目标计算机里,可以随计算机自动启动并在某一端口进行侦听,在对接收的数据识别后,对目标计算机执行特定的操作。木马,其实质只是一个通过端口进行通信的网络客户/服务程序。受害者使用的是服务器端,而控制者使用的是客户端。

木马的传染方式主要是通过电子邮件附件发出,捆绑在其他的程序中。病毒特性是修改注册表、驻留内存、在系统中安装后门程序、开机加载附带的木马。木马病毒的破坏性在于其发作时要在用户的计算机里运行客户端程序,一旦发作,就可设置后门,定时地发送该用户的隐私到木马程序指定的地址,一般同时内置可进入该用户计算机的端口,并可任意控制此计算机,进行文件删除、复制、改密码等非法操作。

Windows 下的木马有 Netbus、subseven、BO、冰河、网络神偷等。Unix 下的木马有 Rhost ++、Login 后门、rootkit 等。

2.10.2 木马攻击实例

以“冰河”木马为例,“冰河”在国内一直是不可动摇的领军木马,其目的是远程访问、控制。冰河原作者是黄鑫,冰河的开放端口 7626,据传为其生日号。2.2 版本后均非黄鑫制作,现在冰河版本是 8.0。历代冰河的图标如图 2.15 所示。

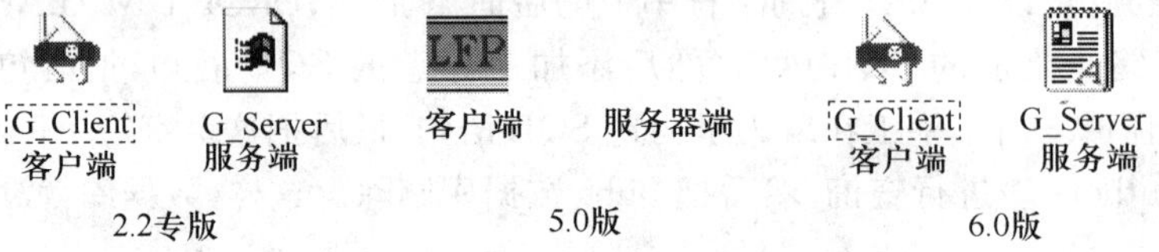

图 2.15 历代“冰河”木马的图标

6.0 版本的“冰河”控制端(或服务器端)如图 2.16 所示。在图 2.16 中可以看到通过木马可以对对方计算机进行许多操作。

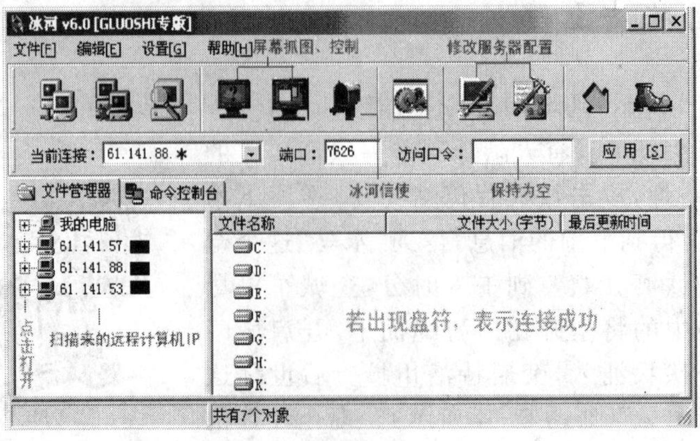

图 2.16 “冰河”6.0 控制端

2.11 网络蠕虫

2.11.1 网络蠕虫原理

医学上的蠕虫(Helminth)是一种借肌肉的伸缩作蠕形运动的多细胞无脊椎动物,如图 2.17 所示。

图 2.17 生物蠕虫

网络中所谓的蠕虫(Worm)可以自我复制,可以够利用电子邮件和网络设施来扩散并且创建新的副本。

蠕虫通过分布式网络来扩散传播特定的信息或错误,进而造成网络服务遭到拒绝并发生死锁。

蠕虫程序常驻于一台或多台计算机中,并有自动重新定位(Autorelocation)的能力。如果它检测到网络中的某台计算机未被占用,它就把自身的一个副本(一个程序段)发送给那台计算机。每个程序段都能把自身的副本重新定位于另一台计算机中,并且能识别它占用的是哪台计算机。

蠕虫程序由两部分组成:一个主程序和一个引导程序。主程序一旦在计算机上建立就会去收集与当前计算机联网的其他计算机的信息。它能通过读取公共配置文件并运行显示当前网上联机状态信息的系统实用程序而做到这一点。随后,它尝试利用计算机的漏洞在远程计算机上建立引导程序。

正是这个一般称作引导程序或“钓鱼”程序的小程序,把“蠕虫”带入了它感染的每一台计算机。

2.11.2 网络蠕虫实例

这里以“爱情森林”蠕虫病毒为例来介绍蠕虫原理。“爱情森林”蠕虫病毒的制作者利用 QQ 聊天机制,向用户发送“http://sckiss. yeah. net 这个你去看看! 很好看”的信息。

如果用户收到此信息，并点击该链接，则会进入一个包含恶性攻击代码的恶意网页，此时蠕虫病毒将会被自动下载并发作。同时，蠕虫病毒还会利用用户的QQ好友名单，继续向外扩散。

该恶意网页用JS脚本语言编写，利用了JAVA EXPLOIT漏洞，所以不经用户的允许，便可以悄悄自动下载“爱情森林”蠕虫病毒并执行。而后此恶意网页会修改用户注册表以进行破坏，并将用户的IE标题和IE默认首页改为：sckiss. yeah. net爱情森林。同时使用户的“运行”菜单项无法使用，并将这个网址也加入注册表中的RUN自启动项。

目前，网络上使用QQ软件的注册人数已经超过1个亿，而从今年蠕虫病毒的发作情况来看，已经有将近100种QQ类型的蠕虫病毒出现。由此可以看出，利用QQ这类通信工具来进行传播的蠕虫病毒已经逐渐成为新病毒的流行趋势。

2.11.3 网络蠕虫的预防

尽管病毒、蠕虫和特洛伊木马各有特点，但减少受它们攻击的主要方法如下：

(1) 绝不打开陌生人的电子邮件附件；

(2) 除非确实知道附件内容，否则绝不打开熟人的电子邮件附件；

(3) 始终保持防病毒软件最新；

(4) 使用联机资源保持Microsoft软件最新。

2.12 社会工程

社会工程学(Social Engineering)是一种通过对受害者心理弱点、本能反应、好奇心、信任、贪婪等心理陷阱进行欺骗、伤害等危害，取得自身利益的手法，近年来已迅速上升甚至有滥用的趋势。那么，什么是社会工程学呢？它并不能等同于一般的欺骗手法，社会工程学尤其复杂，即使自认为最警惕最小心的人，一样会被高明的社会工程学手段损害利益。因为“社会工程学”主导着非传统信息安全，所以通过对它的研究可以提高应对非传统信息安全事件的能力。

在安全领域，社会工程就是黑客们利用人与人之间的交往，取得被害人的信任，然后就是可以为所欲为了。社会工程是一种非技术手段的黑客行为，利用了网络安全体系中最没有办法控制、没有办法打补丁的一个因素——人。这里介绍一个著名的针对Microsoft的社会工程案例，一个黑客给Microsoft的网管发了一封邮件，声称自己是Microsoft的员工，在欧洲出差，但是忘记了密码，大意的网管就发送了新的密码给这个人，黑客由此轻松地完成了入侵。这方面的详细信息，建议大家看美国著名黑客Kevin Mitnick的著作《欺骗的艺术》。

下面是一个典型的利用社会工程学进行攻击的例子。如图2.18所示，某人一天收到一封来自花旗银行(CitiBank)的信。上面说，近来花旗分行的账户不安全，为了保护账户，请到下面的网站上确认一下，并输入相关信息。

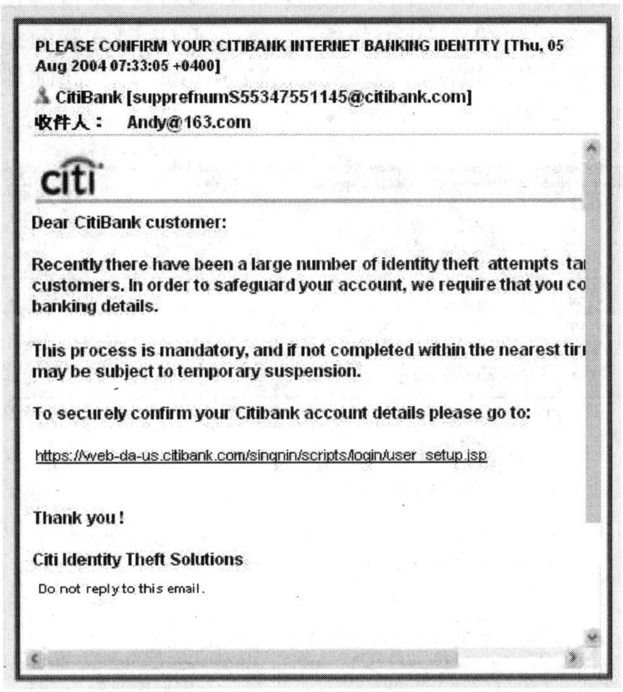
PLEASE CONFIRM YOUR CITIBANK INTERNET BANKING IDENTITY [Thu, 05 Aug 2004 07:33:05 +0400]

CitiBank [supprefnumS55347551145@citibank.com]

收件人： Andy@163.com

citi

Dear CitiBank customer:

Recently there have been a large number of identity theft attempts ta customers. In order to safeguard your account, we require that you co banking details.

This process is mandatory, and if not completed within the nearest tir may be subject to temporary suspension.

To securely confirm your Citibank account details please go to:

https://web-da-us.citibank.com/signin/scripts/login/user_setup.jsp

Thank you !

Citi Identity Theft Solutions

Do not reply to this email.

图 2.18 一个“社会工程学”攻击的例子

这是什么意思呢？其实很简单，邮件里所列的网址不是真正花旗银行的网址，但是上了它的网站后会发现它和花旗银行的网页一模一样。当用户输入账户信息的时候，该信息就被黑客窃取了。

在实际生活中，类似上述例子还有很多。比如听说有人在国外建了一个中国工商银行的网站；还有在玩联众游戏的时候，弹出虚假中奖信息等。

“网络钓鱼”是近来社会工程学的代表应用——利用欺骗性的电子邮件和伪造的网络站点来进行诈骗，专门骗取电子邮件接收者的个人资料，如身份证号、银行密码、信用卡卡号等信息。

目前，网上一些利用“网络钓鱼”手法，如建立假冒网站或发送含有欺诈信息的电子邮件，盗取网上银行、网上证券或其他电子商务用户账户密码，从而窃取用户资金的违法犯罪活动不断增多。公安机关和银行、证券等有关部门提醒网上银行、网上证券和电子商务用户对此提高警惕，防止上当受骗。

2.12.1 “网络钓鱼”的主要手法

1. 发送电子邮件，以虚假信息引诱用户中圈套

诈骗分子以垃圾邮件的形式大量发送欺诈性邮件，这些邮件多以中奖、顾问、对账等内容引诱用户在邮件中填入金融账户和密码，或是以各种紧迫的理由要求收件人登录某网页提交用户名、密码、身份证号、信用卡号等信息，继而盗窃用户资金。

如 2006 年 2 月发现的一种骗取美联邦银行(Smith Barney)用户账户和密码的“网络钓鱼”电子邮件,该邮件利用了 IE 的图片映射地址欺骗漏洞,并精心设计脚本程序,用一个显示假地址的弹出窗口(如图 2.19 中的框)遮挡住了 IE 浏览器的地址栏,使用户无法看到此网站的真实地址。当用户使用未打补丁的 Outlook 打开此邮件时,状态栏显示的链接是虚假的,如图 2.19 所示。

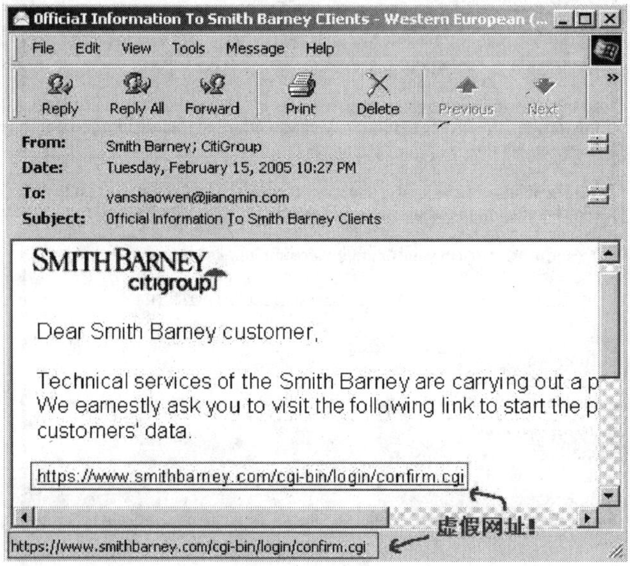

图 2.19　一封可疑邮件

当用户点击链接时,实际连接的是“钓鱼”网站。该网站页面酷似美联邦银行网站的登录界面,如图 2.20 所示。

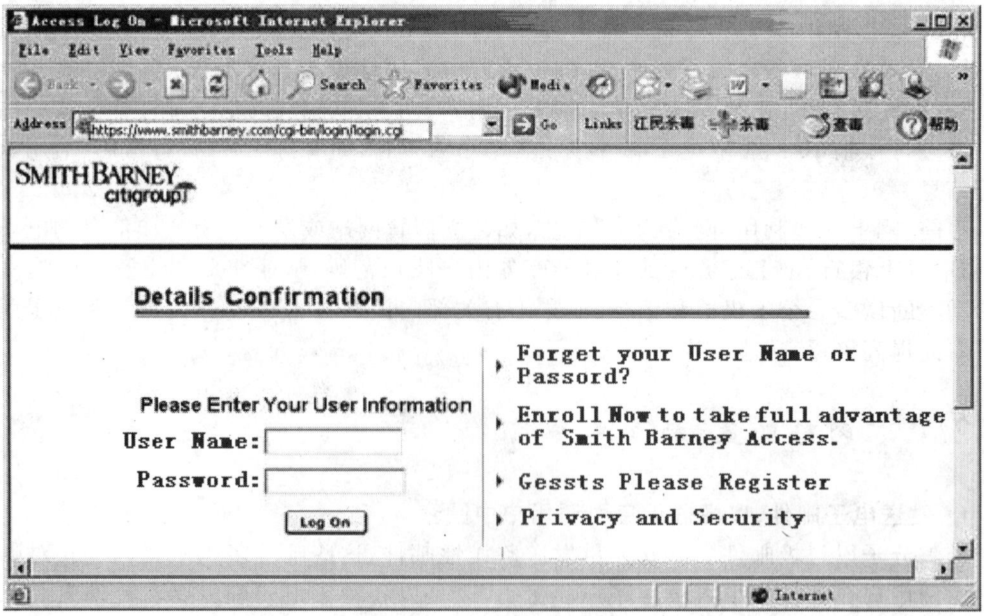

图 2.20　一个“钓鱼”网站

而用户一旦输入了自己的账户和密码，这些信息就会被黑客窃取。

2. 建立假冒网上银行、网上证券网站，骗取用户的账户和密码实施盗窃

犯罪分子建立起域名和网页内容都与真正网上银行系统、网上证券交易平台极为相似的网站，引诱用户输入账户、密码等信息，进而通过真正的网上银行、网上证券系统或者伪造银行储蓄卡、证券交易卡盗窃资金；还有的利用跨站脚本，即利用合法网站服务器程序上的漏洞，在站点的某些网页中插入恶意 html 代码，屏蔽住一些可以用来辨别网站真假的重要信息，利用 cookies 窃取用户信息。

如曾出现过的某假冒银行网站，网址为 http://www.1cbc.com.cn，而真正的银行网站是 http://www.icbc.com.cn，犯罪分子利用数字 1 和字母 i 非常相近的特点企图蒙蔽粗心的用户。

又如 2004 年 7 月发现的某假公司网站(网址为 http://www.1enovo.com)，而真正的网站为 http://www.lenovo.com ，诈骗者利用了小写字母 l 和数字 1 很相近的障眼法。诈骗者通过 QQ 散布“XX 集团和 XX 公司联合赠送 QQ 币”的虚假消息，引诱用户访问，如图 2.21 所示。

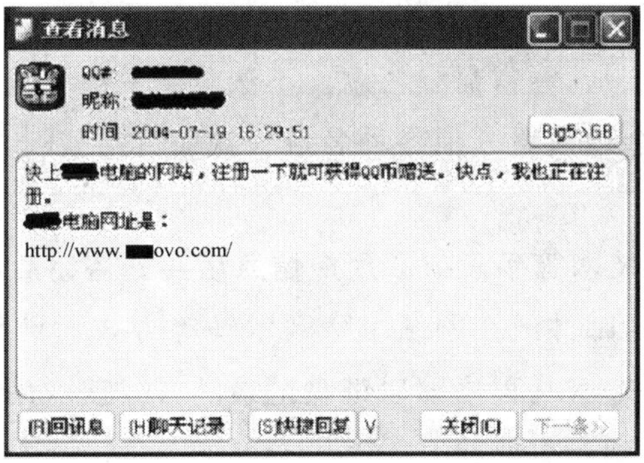

图 2.21 虚假信息

一旦访问该网站，首先生成一个弹出窗口，上面显示“免费赠送 QQ 币”的虚假消息。而就在该弹出窗口出现的同时，恶意网站主页面在后台即通过多种 IE 漏洞下载病毒程序 lenovo.exe(TrojanDownloader.Rlay)，并在 2 秒钟后自动转向到真正网站主页，用户在毫无觉察中就感染了病毒，如图 2.22 所示。

病毒程序执行后，将下载该网站上的另一个病毒程序 bbs5.exe，用来窃取用户的传奇账户、密码和游戏装备。当用户通过 QQ 聊天时，还会自动发送包含恶意网址的消息。

3. 利用虚假的电子商务进行诈骗

此类犯罪活动往往是建立电子商务网站，或是在比较知名、大型的电子商务网站上发布虚假的商品销售信息，犯罪分子在收到受害人的购物汇款后就销声匿迹。如 2003 年罪犯余某建立“奇特器材网”网站，发布出售间谍器材、黑客工具等虚假信息，诱骗顾主将购货款汇入其用虚假身份在多个银行开立的账户，然后转移钱款。

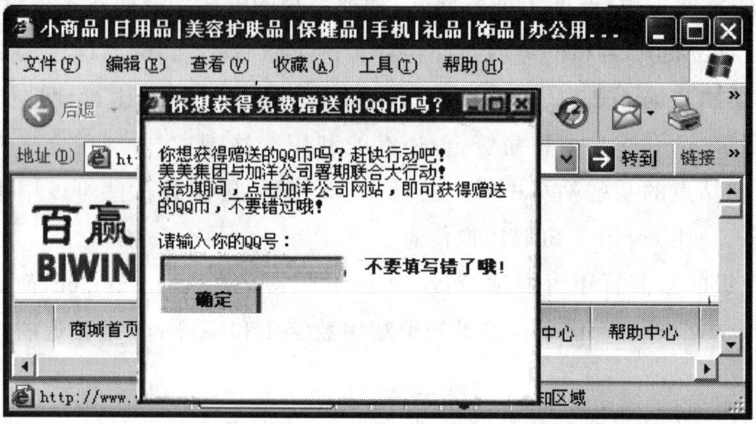

图 2.22　通过网页传播病毒

除少数不法分子自己建立电子商务网站外，大部分人采用在知名电子商务网站上，如“易趣”、“淘宝”、“阿里巴巴”等，发布虚假信息，以所谓“超低价”、“免税”、“走私货”、“慈善义卖”的名义出售各种产品，或以次充好，以走私货充行货，很多人在低价的诱惑下上当受骗。网上交易多是异地交易，通常需要汇款。不法分子一般要求消费者先付部分款，再以各种理由诱骗消费者付余款或者其他各种名目的款项，得到钱款或被识破时，就立即切断与消费者的联系。

4. 利用木马和黑客技术等手段窃取用户信息后实施盗窃活动

木马制作者通过发送邮件或在网站中隐藏木马等方式大肆传播木马程序，当感染木马的用户进行网上交易时，木马程序即以键盘记录的方式获取用户账户和密码，并发送给指定邮箱，用户资金将受到严重威胁。

如 2006 年网上出现的盗取某银行个人网上银行账户和密码的木马 Troj_HidWebmon 及其变种，它甚至可以盗取用户数字证书。又如 2007 年出现的木马“证券大盗”，它可以通过屏幕快照将用户的网页登录界面保存为图片，并发送给指定邮箱。黑客通过对照图片中鼠标的点击位置，就很有可能破译出用户的账户和密码，从而突破软键盘密码保护技术，严重威胁股民网上证券交易安全。

又如 2004 年 3 月陈某盗窃银行储户资金一案，陈通过其个人网页向访问者的计算机种植木马，进而窃取访问者的银行账户和密码，再通过电子银行转账实施盗窃行为。

再以某市新华书店网站（http://www. ** xhsd. com）被植入“QQ 大盗”木马病毒（Trojan/PSW. QQRobber. 14. b）为例。当进入该网站后，页面显示并无可疑之处，如图 2.23 所示。但主页代码却在后台以隐藏方式打开另一个恶意网页 http://www. dfxhsd. com/icyfox. htm（Exploit. MhtRedir），该网页利用 IE 浏览器的 MHT 文件下载执行漏洞，在用户不知情中下载恶意 CHM 文件 http://www. dfxhsd. com/icyfox. js 并运行内嵌其中的木马程序(Trojan/PSW. QQRobber. 14. b)。木马程序运行后,将把自身复制到系统文件夹,如图 2.24 所示。同时添加注册表项,在 Windows 启动时,木马得以自动运行,并将盗取用户 QQ 账户、密码甚至身份信息。

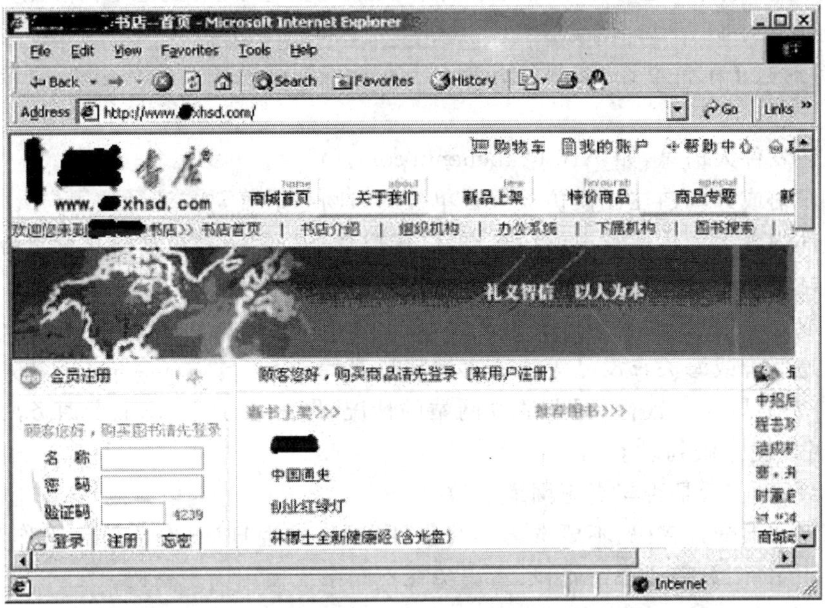

图 2.23 某市新华书店网站

图 2.24 木马病毒

5. 利用用户弱口令等漏洞破解、猜测用户账户和密码

不法分子利用部分用户贪图方便设置弱口令的漏洞,对银行卡密码进行破解。如 2004 年 10 月,3 名犯罪分子从网上搜寻某银行储蓄卡卡号,然后登录该银行网上银行网站,尝试破解弱口令,并屡屡得手。

实际上,不法分子在实施网络诈骗的犯罪活动过程中,经常采取以上几种手法交织、配合进行,还有的通过手机短信、QQ、MSN 进行各种各样的"网络钓鱼"不法活动。

2.12.2 "网络钓鱼"防范知识

针对以上不法分子通常采取的网络欺诈手法,网上电子金融、电子商务用户可采取如下防范措施:

(1) 针对电子邮件欺诈,如收到有带有下面特点的邮件就要提高警惕,不要轻易打开和相信:

- 伪造发件人信息,如 ABC@abcbank.com。
- 问候语或开场白往往模仿被假冒单位的口吻和语气,如"亲爱的用户"。
- 邮件内容多为传递紧迫的信息,如以账户状态将影响到正常使用或宣称正在通过网站更新账户资料信息等。
- 索取个人信息,要求用户提供密码、账户等信息。
- 以超低价或海关查没品等为诱饵诱骗消费者。

(2) 针对假冒网上银行、网上证券网站的情况,网上电子金融、电子商务用户在进行网上交易时要注意做到以下几点:

- 核对网址,看是否与真正网址一致。
- 选妥和保管好密码,不要选诸如身份证号码、出生日期、电话号码等作为密码,建议用字母、数字混合密码,尽量避免在不同系统使用同一密码。
- 做好交易记录,对网上银行、网上证券等平台办理的转账和支付等业务做好记录,定期查看"历史交易明细"和打印业务对账单,如发现异常交易或差错,立即与有关单位联系。
- 管好数字证书,避免在公用的计算机上使用网上交易系统。
- 对异常动态提高警惕,如不小心在陌生的网址上输入了账户和密码,并遇到类似"系统维护"之类提示时,应立即拨打有关客服热线进行确认,万一资料被盗,应立即修改相关交易密码或进行银行卡、证券交易卡挂失。
- 通过正确的程序登录支付网关,通过正式公布的网站进入,不要通过搜索引擎找到的网址或其他不明网站的链接进入。

(3) 针对虚假电子商务信息的情况,应掌握下面诈骗信息特点,不要上当:

- 虚假购物、拍卖网站看上去都比较"正规",有公司名称、地址、联系电话、联系人、电子邮箱等,有的还留有互联网信息服务备案编号和信用资质等。
- 交易方式单一,消费者只能通过银行汇款的方式购买,且收款人均为个人,而非公司,订货方法一律采用先付款后发货的方式。
- 诈取消费者款项的手法如出一辙,当消费者汇出第一笔款后,骗子会来电以各种理由要求汇款人再汇余款、风险金、押金或税款之类的费用,否则不会发货,也不退款,一些消费者迫于第一笔款已汇出,抱着侥幸心理继续再汇。
- 在进行网络交易前,要对交易网站和交易对方的资质进行全面了解。

(4) 其他网络安全防范措施。

- 安装防火墙和防病毒软件,并经常升级。

- 注意经常给系统打补丁，堵塞软件漏洞。
- 禁止浏览器运行 JavaScript 和 ActiveX 代码。
- 不要上一些不太了解的网站，不要执行从网上下载后未经杀毒处理的软件，不要打开 MSN 或者 QQ 上传送过来的不明文件等。
- 提高自我保护意识，注意妥善保管自己的私人信息，如证件号码、账户、密码等，不向他人透露；尽量避免在网吧等公共场所使用网上电子商务服务。

思 考 题

1. 如何防范网上的蠕虫？
2. 如何防范网络钓鱼？
3. 什么是主动攻击？请举例说明。
4. 什么是被动攻击？请举例说明。
5. 信息系统的安全威胁主要有哪些？
6. 简述黑客攻击的一般过程。
7. 什么是预攻击探测？哪些工具可以实现预攻击探测？
8. 在密码破解当中，什么是字典攻击？
9. 为什么会有缓冲区溢出攻击？
10. 说明 DDoS 攻击。

第3章 密码学基础与应用

从传统意义上来说，密码学是研究如何把信息转换成一种隐蔽的方式并阻止其他人得到它。密码学是信息安全的基础和核心，是防范各种安全威胁的最重要的手段。

3.1 密码学概述

密码学是研究编制密码和破译密码的技术科学。研究密码变化的客观规律，应用于编制密码以保守通信秘密的，称为编码学；应用于破译密码以获取通信情报的，称为破译学，总称密码学。密码学的发展可以分为以下3个阶段：

(1) 第一阶段为从古代到1949年

这一时期可以看成是科学密码学的前夜时期，这阶段的密码技术可以说是一种艺术，而不是一种科学，密码学专家常常是凭知觉和信念来进行密码设计和分析，而不是推理和证明。

这个时期发明的密码算法在现代计算机技术条件下都是不安全的。但是，其中的一些算法思想，例如代换、置换，是分组密码算法的基本运算模式。

(2) 第二阶段为从1949年到1975年

1949年香农发表的《保密系统的信息理论》为私钥密码系统建立了理论基础，从此密码学成为一门科学，但密码学直到今天仍具有艺术性，是具有艺术性的一门科学。这段时期密码学理论的研究工作进展不大，公开的密码学文献很少。

在20世纪70年代，在IBM沃森公司工作的菲斯特提出了一种被称为菲斯特密码的密码体制，成为当今著名的数据加密标准DES的基础。在1976年，菲斯特和美国国家安全局一起制定了DES标准，是一个具有深远影响的分组密码算法。

(3) 第三阶段为从1976年至今

1976年Diffie和Hellman发表的文章《密码学的新动向》一文导致了密码学上的一场革命。他们首先证明了在发送端和接收端无密钥传输的保密通信是可能的，从而开创了公钥密码学的新纪元。从此，密码开始充分发挥它的商用价值和社会价值，普通人才能够接触到前沿的密码学。

1978年，在ACM通信中，Rivest、Shamir和Adleman公布了RSA密码体制，是第一

个真正实用的公钥密码体制，可以用于公钥加密和数字签名。由于 RSA 算法对计算机安全和通信的巨大影响，该算法的 3 个发明人因此获得了计算机界的诺贝尔奖——图灵奖。

总的来说，在实际应用方面，古典密码算法有替代加密、置换加密；对称加密算法包括 DES 和 AES；非对称加密算法包括 RSA、背包密码、McEliece 密码、Rabin、椭圆曲线等。目前在数据通信中使用最普遍的算法有 DES 算法和 RSA 算法等。

3.2 古典密码学

3.2.1 代替密码

代替密码(Substitution Cipher)又叫替换密码，就是明文中的每一个字符被替换成密文中的另一个字符。接收者对密文做反向替换就可以恢复出明文。典型的代替密码包括凯撒密码、rot13 密码等。

1. 凯撒密码

这是一种古老的加密方法，当年凯撒大帝行军打仗时用这种方法进行通信，因此得名。它的原理很简单，其实就是单字母的替换。来看一个简单的例子："This is Caesar Code"。用凯撒密码加密后字符串变为"Vjku ku Ecguct Eqfg"。看起来似乎加密得很"安全"。可是只要把这段很难懂的东西每一个字母换为字母表中前移 2 位的字母，结果就出来了。

凯撒密码的字母对应关系如下：

a b c d e f g h i … x y z

c d e f g hi j k… z a b

2. 代替密码的破解

如何破解包括凯撒密码在内的单字母替换密码呢？方法是字母频度分析。尽管不知道是谁发现了字母频度的差异可以用于破解密码。

以英文为例，首先以一篇或几篇一定长度的普通文章，建立字母表中每个字母的频度表，如图 3.1 所示。再分析密文中的字母频率，将其对照即可破解。

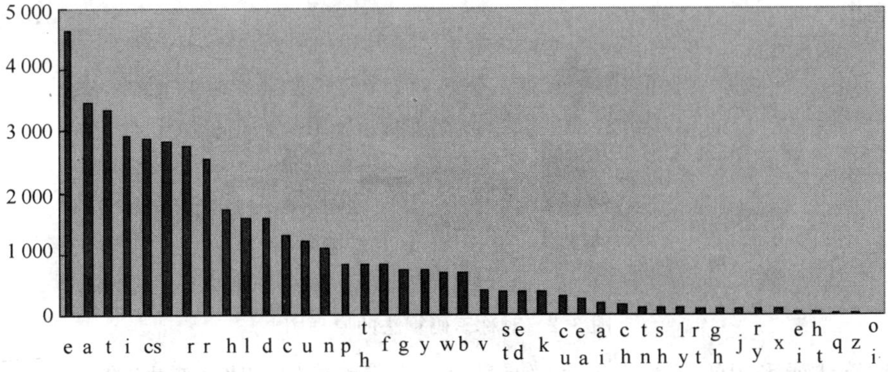

图 3.1 字母的频度表

3.2.2 置换密码

置换密码(Permutation Cipher)又称换位密码(Transposition Cipher),即明文的字母保持相同,但顺序被打乱了。

在这种密码中最简单的是栅栏技术,在该密码中以对角线顺序写下明文,并以行的顺序读出。例如,为了用深度 2 的栅栏密码加密明文消息"meet me after the toga party",写出如下形式:

m e m a t r h t g p r y

  e t e f e t e o a a t

被加密后的消息是:MEMATRHTGPRYETEFETEOAAT。

破译这类密码很简单,一种更为复杂的方案是以一个矩形逐行写出消息,再逐列读出该消息,并以行的顺序排列,列的阶则成为该算法的密钥。

密钥: 4 3 1 2 5 6 7

明文: a t t a c k p

o s t p o n e

d u n t i l t

w o a m x y z

密文: TTNAAPTMTSUOAODWCOIXKNLYPETZ

纯置换密码易于识别,因为它具有与原明文相同的字母频率,对于刚才显示的列变换的类型,密码分析相当直接,可将这些密文排列在一个矩阵中,并依次改变行的位置。双字母组和 3 字母组频率表能够派上用场。通过执行多次置换,置换密码的安全性能够有较大改观,其结果是使用更为复杂的排列且不容易被重构。

3.3 对称密码学

所谓对称算法就是指加密和解密过程均采用同一把密钥。图 3.2 所示为对称密码算法的原理图。

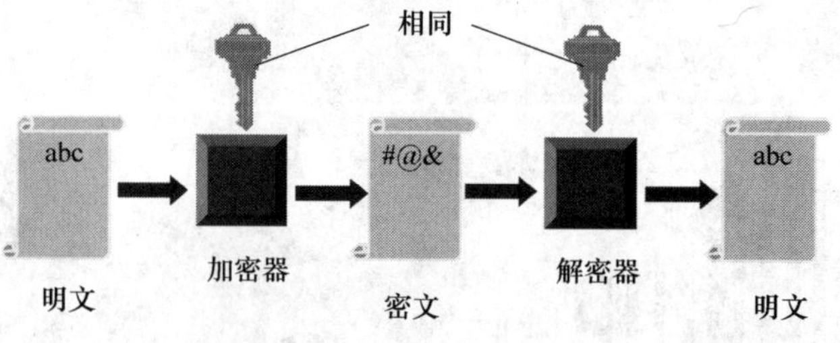

图 3.2 对称密码算法的原理图

对称算法所采用的基本技术大都是替换、置换和移位。比较典型的是 DES、3DES、

AES 等算法。

3.4 非对称密码学

所谓非对称算法就是指加密和解密用的不是同一个密钥。非对称算法的密钥分为两部分,通常称为“公钥”和“私钥”(或者称为“公开密钥”和“秘密密钥”)。公钥和私钥存在数学上的关系,使得用公钥加密的数据只能用对应的私钥解密,用私钥加密的数据只能用对应的公钥解密。但是从公钥中推导出私钥是很难的(理论上是可以推导出来的,但是实际上找不到这么强的计算能力)。RSA、DSA、ECC(椭圆曲线加密算法)等算法属于非对称算法。图 3.3 为对称加密算法示意图。

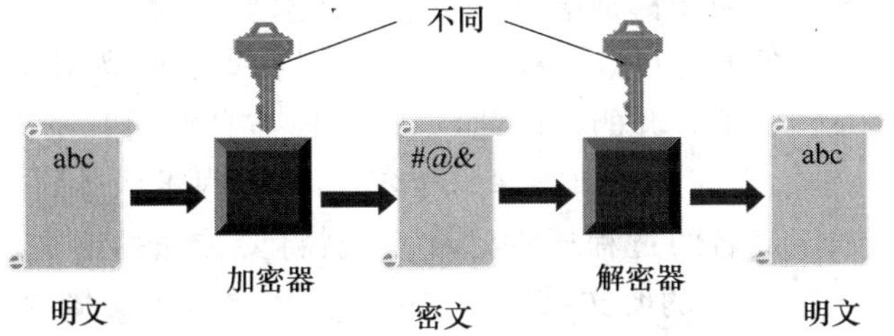

图 3.3 非对称加密算法示意图

3.5 Hash 算法

Hash 算法也称为单向散列函数、杂凑函数、哈希算法、散列算法或消息摘要算法。它通过把一个单向数学函数应用于数据,将任意长度的一块数据转换为一个定长的、不可逆转的数据。这段数据通常叫做消息摘要(如对一个几兆字节的文件应用散列算法,得到一个 128 位的消息摘要)。消息摘要代表了原始数据的特征,当原始数据发生改变时,重新生成的消息摘要也会随之变化,即使原始数据的变化非常小,也可以引起消息摘要的很大变化。因此,消息摘要算法可以敏感地检测到数据是否被篡改。消息摘要算法再结合其他的算法就可以用来保护数据的完整性。Hash 算法处理流程如图 3.4 所示。

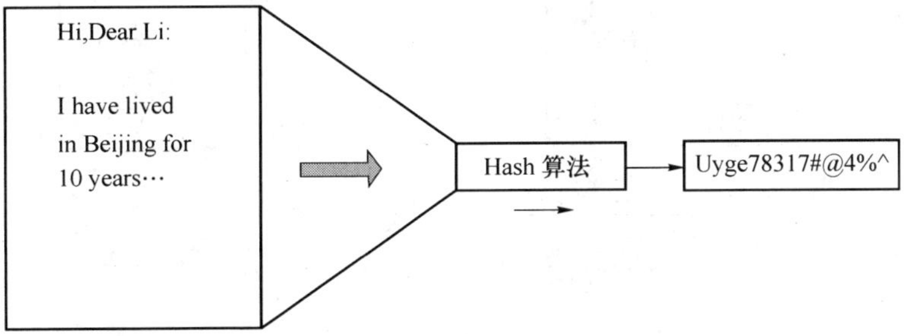

图 3.4 Hash 算法处理流程图

单向散列函数的使用方法为：用散列函数对数据生成散列值并保存，以后每次使用时都对数据使用相同的散列函数进行散列，如果得到的值与保存的散列值相等，则认为数据未被修改(数据完整性验证)或两次所散列的原始数据相同(口令验证)。

典型的散列函数有：MD4、MD5、SHA-1、HMAC、GOST 等。单向散列函数主要用在一些只需加密不需解密的场合，如验证数据的完整性、口令表的加密、数字签名、身份认证等。

3.6 数字签名

密码技术除了提供信息的加密解密外，还提供对信息来源的鉴别、保证信息的完整和不可否认等功能，而这 3 种功能都是结合数字签名技术来实现的。

简单地说，数字签名的原理可以这样理解：用非对称算法的私钥加密的内容只能用对应的公钥来解密，而私钥是不公开的。因此，如果一段信息能用某个人的公钥解密，那么它一定是用此人的私钥加密的。它和物理的签名一样，是很难伪造的。

在实际应用中，数字签名的过程通常这样实现：将要传送的明文通过一种函数运算(Hash)转换成报文摘要(不同的明文对应不同的报文摘要)，报文摘要用私钥加密后与明文一起传送给接收方，接收方用发送方的公钥来解密报文摘要，再将收受的明文产生新的报文摘要与发送方的报文摘要比较，比较结果一致表示明文确实来自期望的发送方，并且未被改动。如果不一致表示明文已被篡改或不是来自期望的发送方。数据签名的过程如图 3.5 所示。

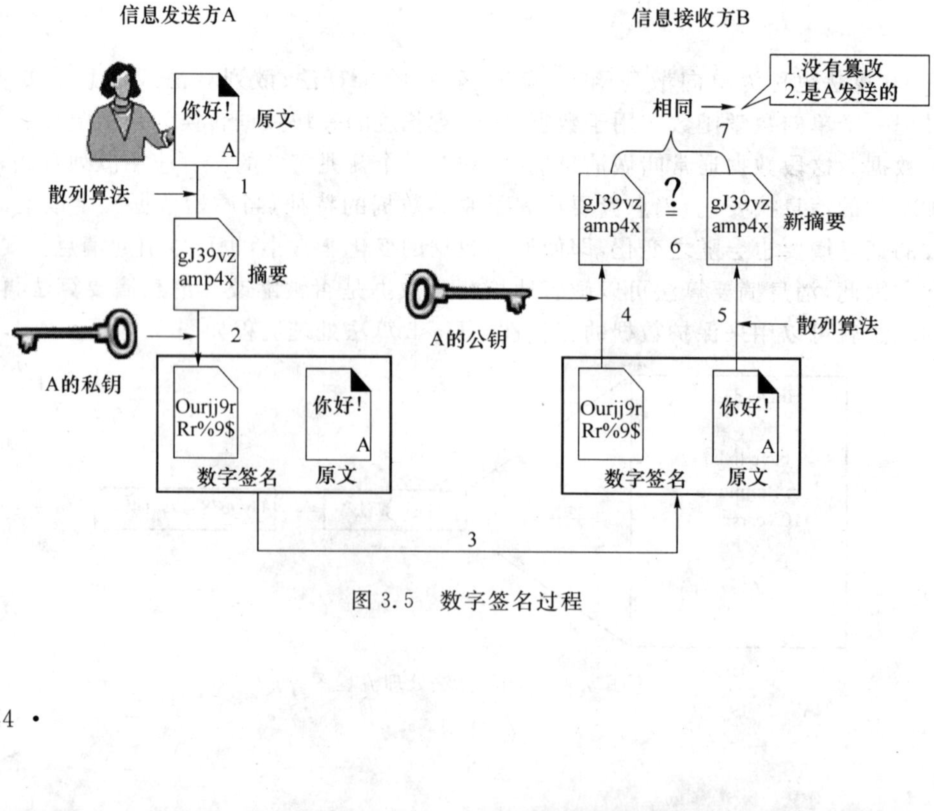

图 3.5　数字签名过程

实现数字签名有很多方法，目前数字签名采用较多的是公钥加密技术，如基于 RSA Data Security 公司的 PKCS(Public Key Cryptography Standards)、DSA(Digital Signature Algorithm)、X. 509、PGP(Pretty Good Privacy)。1994 年美国标准与技术协会公布了数字签名标准(Digital Signature Standard, DSS)而使公钥加密技术广泛应用。应用散列算法也是实现数字签名的一种方法。

3.7 密码与网络安全协议

一般的网络通信协议都没有考虑安全性需求，这就带来了互联网许多的攻击行为，导致了网络的不安全性，为了解决这一问题，出现了各种网络安全协议以增强网络协议的安全。常用的网络安全协议包括 Kerberos 认证协议，安全电子交易协议 SET、SSL、SHTTP、S/MIME、SSH、IPSec 等。本小节主要介绍一些常用的与密码相关的安全协议。

3.7.1 Kerberos 安全协议

Kerberos 协议最早由 MIT 作为解决网络安全问题的一个方案提出，由麻省理工学院的 Project Athena 创建，后者是 20 世纪 80 年代后期进行的企业范围计算的测试项目，可用于公共用途。Kerberos 协议采用了强加密，因此客户能够在不安全的网络上向服务器（以及相反地）验证自己的身份，如图 3.6 所示。

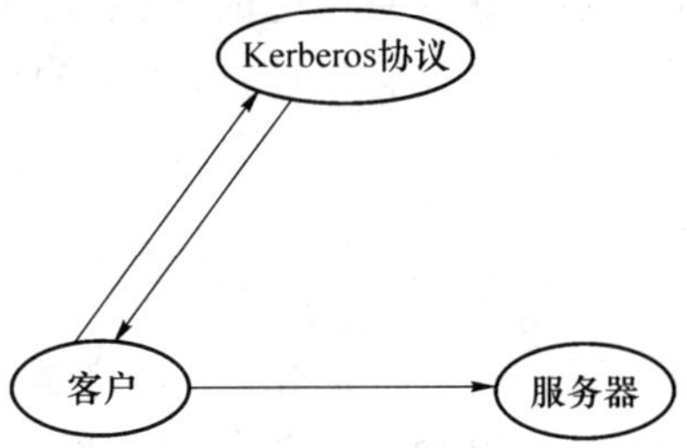

图 3.6 Kerberos 的基本应用

Kerberos 是网络验证协议名字，同时也是用以表达实现了它的程序的形容词(如 Kerberos telnet)。目前最新的协议版本是 5，在 RFC1510 中有所描述。

Kerberos 可用来为网络上的各种服务器提供认证服务，使得口令不再是以明文方式在网络上传输，并且连接之间通信是加密的。它和 PKI 认证的原理不一样，PKI 使用公钥体制(不对称密码体制)，Kerberos 基于私钥体制(对称密码体制)。Kerberos 称为可信的第三方验证协议，意味着它运行在独立于任何客户机或服务器的服务器之上。

3.7.2 SSL 安全协议

随着计算机网络技术向整个经济社会各层次延伸,整个社会表现对因特网、企业内部网及企业外部网等使用的更大的依赖性。随着企业间信息交互的不断增加,任何一种网络应用和增值服务的使用程度将取决于所使用网络的信息安全有无保障,网络安全已成为现代计算机网络应用的最大障碍,也是急需解决的难题之一。

由于 Web 上有时要传输重要或敏感的数据,因此 Netscape 公司在推出 Web 浏览器首版的同时,提出了安全通信协议(Secure Socket Layer,SSL)。SSL 采用公开密钥技术。其目标是保证两个应用间通信的保密性和可靠性,可在服务器和客户机两端同时实现支持。目前,利用公开密钥技术的 SSL 协议,并已成为因特网上保密通信的工业标准。现行 Web 浏览器普遍将 HTTP 和 SSL 相结合,仅需安装数字证书或服务器证书就可以激活服务器功能,从而实现安全通信。

SSL 是在因特网基础上提供的一种保证私密性的安全协议。它能使客户/服务器应用之间的通信不被攻击者窃听,并且始终对服务器进行认证,还可选择对客户进行认证。SSL 协议要求建立在可靠的传输层协议(如 TCP)之上。SSL 协议的优势在于它是与应用层协议独立无关的。高层的应用层协议(如 HTTP、FTP、Telnet 等)能透明的建立于 SSL 协议之上。SSL 协议在应用层协议通信之前就已经完成加密算法、通信密钥的协商以及服务器认证工作。在此之后应用层协议所传送的数据都会被加密,从而保证通信的私密性。通过以上叙述,SSL 协议提供的安全信道有以下 3 个特性。

(1) 私密性:在握手协议定义了会话密钥后,所有的消息都被加密。

(2) 确认性:尽管会话的客户端认证是可选的,但是服务器端始终是被认证的。

(3) 可靠性:传送的消息包括消息完整性检查(使用 MAC)。

3.7.3 SET 安全协议

由于因特网爆炸式地迅速流行,电子商务引起了越来越多的人的注意,它被公认为是未来 IT 业最具潜力的新增长点。在开放的网络(如因特网)上处理交易,如何保证传输数据的安全成为电子商务能否普及最重要的因素之一。调查公司曾对电子商务的应用前景进行在线调查:为什么不愿在线购物,绝大多数人的回答是担心遭到黑客的侵袭而导致信用卡信息丢失。SET 协议正是在这种背景下应运而生的。

SET 协议是由 VISA 和 MasterCard 两大信用卡公司于 1997 年 5 月联合推出的规范。SET 协议主要是为了解决用户、商家和银行之间通过信用卡支付的交易而设计的,以保证支付信息的机密、支付过程的完整、商户及持卡人的合法身份以及可操作性。SET 协议中的核心技术主要有公开密匙加密、电子数字签名、电子信封、电子安全证书等。SSL 协议是由网景(Netscape)公司推出的一种安全通信协议,它能够对信用卡和个人信息提供较强的保护。SSL 是对计算机之间整个会话进行加密的协议。在 SSL 协议中,采用了公开密钥和私有密钥两种加密方法。

SET 协议比 SSL 协议复杂，因为前者不仅加密两个端点间的单个会话，还可以加密和认定三方间的多个信息。

SET 协议的主要的目标如下：

（1）保证信息在因特网上的安全传输，保证网上传输的数据不被黑客窃取。

（2）订单信息和个人账户信息的隔离。在将包括持卡人账户信息的订单送到商家时，商家只能看到订货信息，而看不到持卡人的账户信息。

（3）持卡人和商家相互认证，以确定通信双方的身份。一般由第三方机构负责为在线通信双方提供信用担保。

（4）要求软件遵循相同的协议和消息格式，使不同厂家开发的软件具有兼容性和互相操作功能，并且可以运行在不同的硬件和操作系统平台上。

SET 规范涉及的范围：加密算法的应用（如 RSA 和 DES）证书信息和对象格式；购买信息和对象格式；认可信息和对象格式；划账信息和对象格式；对话实体之间消息的传输协议。

SET 是针对用卡支付的网上交易而设计的支付规范，不用卡支付的交易方式（如货到付款方式、邮局汇款等方式）则与 SET 协议无关。

3.7.4 IPSec 安全协议

IPSec 协议组在 IP 层提供安全服务，它使系统能按需选择安全协议，决定服务所使用的算法及放置需求服务所需密钥到相应位置。IPSec 用来保护一条或多条主机与主机间、安全网关与安全网关间、安全网关与主机间的路径。

IPSec 协议组能提供的安全服务集包括访问控制、无连接的完整性、数据源认证、拒绝重发包（部分序列完整性形式）、保密性和有限传输流保密性。因为这些服务均在 IP 层提供，所以任何高层协议均能使用它们，如 TCP 、UDP 、ICMP 、BGP 等。

这些目标是通过使用两大传输安全协议〔头部认证（AH）和封装安全负载（ESP）〕以及密钥管理程序和协议的使用来完成的。所需的 IPSec 协议集内容及其使用的方式是由用户、应用程序、站点、组织对安全和系统的需求来决定。

IPSec 协议组提供了认证和加密两种安全机制。认证机制使 IP 通信的数据接收方能够确认数据发送方的真实身份以及数据在传输过程中是否遭篡改。加密机制通过对数据进行编码来保证数据的机密性，以防数据在传输过程中被窃听。IPSec 协议组包含 AH（Authentication Header）协议、ESP（Encapsulating Security Payload）协议和 IKE（Internet Key Exchange）协议。其中 AH 协议定义了认证的应用方法，提供数据源认证和完整性保证；ESP 协议定义了加密和可选认证的应用方法，提供可靠性保证。在实际进行 IP 通信时，可以根据实际安全需求同时使用这两种协议或选择使用其中的一种。AH 协议和 ESP 协议都可以提供认证服务，不过，AH 协议提供的认证服务要强于 ESP 协议提供的。而 IKE 协议用于密钥交换（将在以后部分讨论）。图 3.7 为 IPSec：IP 层协议安全结构。

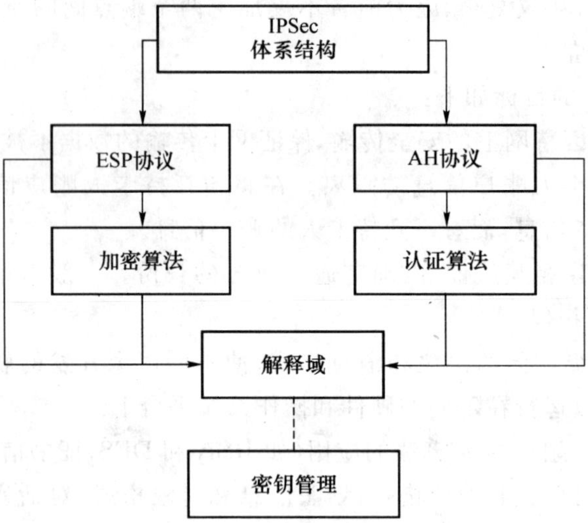

图 3.7　IPSec：IP 层协议安全结构

3.8　密码与 PKI

3.8.1　PKI 概述

为解决因特网的安全问题，世界各国对其进行了多年的研究，初步形成了一套完整的因特网安全解决方案，即目前被广泛采用的 PKI 技术(Public Key Infrastructure，公钥基础设施)。PKI 技术采用证书管理公钥，通过第三方的可信任机构——认证中心(Certificate Authority，CA)，把用户的公钥和用户的其他标识信息(如名称、E-mail、身份证号等)捆绑在一起，在因特网上验证用户的身份。目前，通用的办法是采用建立在 PKI 基础之上的数字证书，通过把要传输的数字信息进行加密和签名，保证信息传输的机密性、真实性、完整性和不可否认性，从而保证信息的安全传输。

从广义上讲，所有提供公钥加密和数字签名服务的系统，都可叫做 PKI 系统，PKI 的主要目的是通过自动管理密钥和证书，为用户建立起一个安全的网络运行环境，使用户可以在多种应用环境下方便地使用加密和数字签名技术，从而保证网上数据的机密性、完整性、有效性。

3.8.2　PKI 的组成

一个标准的 PKI 域必须具备以下主要内容：认证机构、证书和证书库、密钥备份及恢复、密钥和证书的更新、证书历史档案、客户端软件、交叉认证等。

1. 认证机构

认证机构(CA)是 PKI 的核心执行机构，是 PKI 的主要组成部分，业界人士通常称它为认证中心。从广义上讲，认证中心还应该包括证书申请注册机构(Registration Authority，RA)，它是数字证书的申请注册、证书签发和管理机构。

CA 的主要职责包括以下几种。

(1) 验证并标识证书申请者的身份。

(2) 确保 CA 用于签名证书的非对称密钥的质量和安全性。

(3) 管理证书信息资料。

由此可见，CA 是保证电子商务、电子政务、网上银行、网上证券等交易的权威性、可信任性和公正性的第三方机构，如图 3.8 所示。

图 3.8 CA 的作用

2. 证书和证书库

证书是数字证书或电子证书的简称，它符合 X.509 标准，是网上实体身份的证明。证书是由具备权威性、可信任性和公正性的第三方机构签发的，因此，它是权威性的电子文档。

证书库是 CA 颁发证书和撤销证书的集中存放地，它像网上的“白页”一样，是网上的公共信息库，可供公众进行开放式查询。一般来说，查询的目的有两个：其一是想得到与之通信实体的公钥；其二是要验证通信对方的证书是否已进入“黑名单”(CRL)。证书库支持分布式存放，即可以采用数据库镜像技术，将 CA 签发的证书中与本组织有关的证书和证书撤销列表存放到本地，以提高证书的查询效率，减少向总目录查询的瓶颈。

3. 密钥备份及恢复

密钥备份及恢复是密钥管理的主要内容，用户由于某些原因将解密数据的密钥丢失，从而使已被加密的密文无法解开。为避免这种情况的发生，PKI 提供了密钥备份与密钥恢复机制:当用户证书生成时,加密密钥即被 CA 备份存储;当需要恢复时,用户只需向 CA 提出申请,CA 就会为用户自动进行恢复。

4. 密钥和证书的更新

一个证书的有效期是有限的,这种规定在理论上是基于当前非对称算法和密钥长度的可破译性分析;在实际应用中是由于长期使用同一个密钥有被破译的危险,因此,为了保证安全,证书和密钥必须有一定的更换频度。为此,PKI 对已发的证书必须有一个更换措施,这个过程称为"密钥更新或证书更新"。

证书更新一般由 PKI 系统自动完成,不需要用户干预。即在用户使用证书的过程中,PKI 也会自动到目录服务器中检查证书的有效期,当有效期结束之前,PKI/CA 会自动启动更新程序,生成一个新证书来代替旧证书。

5. 证书历史档案

从以上密钥更新的过程,不难看出,经过一段时间后,每一个用户都会形成多个旧证书和至少一个当前新证书。这一系列旧证书和相应的私钥就组成了用户密钥和证书的历史档案。记录整个密钥历史是非常重要的。例如,某用户几年前用自己的公钥加密的数据或者其他人用自己的公钥加密的数据无法用现在的私钥解密,那么该用户就必须从他的密钥历史档案中查找到几年前的私钥来解密数据。

6. 客户端软件

为方便客户操作,解决 PKI 的应用问题,在客户装有相应软件,以实现数字签名、加密传输数据等功能。此外,客户端软件还负责在认证过程中,查询证书和相关证书的撤销信息以及进行证书路径处理、对特定文档提供时间戳请求等。

7. 交叉认证

交叉认证就是多个 PKI 域之间实现互操作。交叉认证实现的方法有多种:一种方法是桥接 CA,即用一个第三方 CA 作为桥,将多个 CA 连接起来,成为一个可信任的统一体;另一种方法是多个 CA 的根 CA(RCA)互相签发根证书,这样当不同 PKI 域中的终端用户沿着不同的认证链检验认证到根时,就能达到互相信任的目的。

3.8.3 PKI 的体系结构

PKI 体系是由多种认证机构及各种终端实体等组件所组成,其结构模式一般为多层次的树形结构。PKI 是由很多 CA 及 CA 信任链组成的。CA 通过 3 种方式组织到一起。

第一种是首先建立根 CA,再在根 CA 下组成分层的体系结构,上层 CA 向下层 CA 发放证书。

第二种是 CA 连接成网状,并且它们之间的地位相互平等。

第三种是美国技术标准组织制定的一种融合分层结构和网状结构体系特点的混合体系结构规范,这种混合体系结构也叫桥接体系结构。桥接体系结构是为解决以上两种体系交叉信任而建立的,它具有两种体系结构的优点。国际上常用的是分层体系结构和桥接体系结构，如图 3.9 所示。

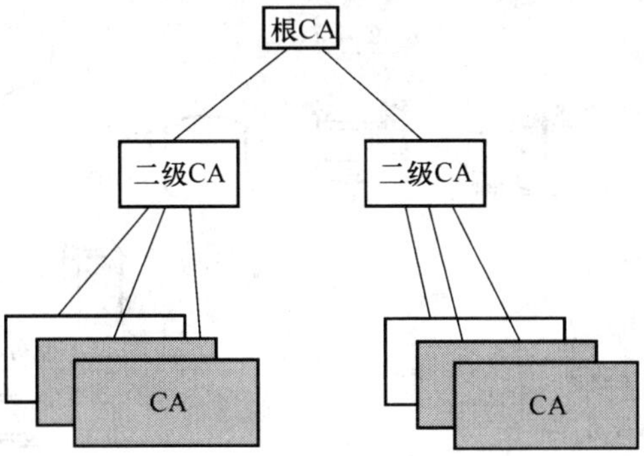

图 3.9　层状 CA 结构

在实际的应用当中，有单级的 CA 结构，二级的 CA 结构和网状的 CA 结构。

(1) 单级的 CA 结构。这种结构也是最为常见的结构，如图 3.10 所示。

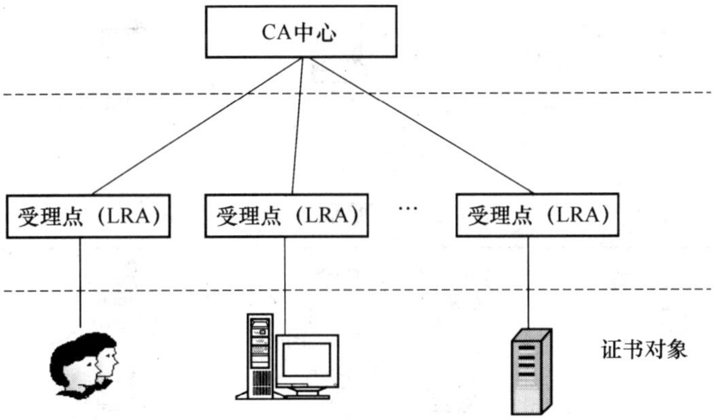

图 3.10　单级的 CA 结构图

(2) 二级的 CA 结构如图 3.11 所示。

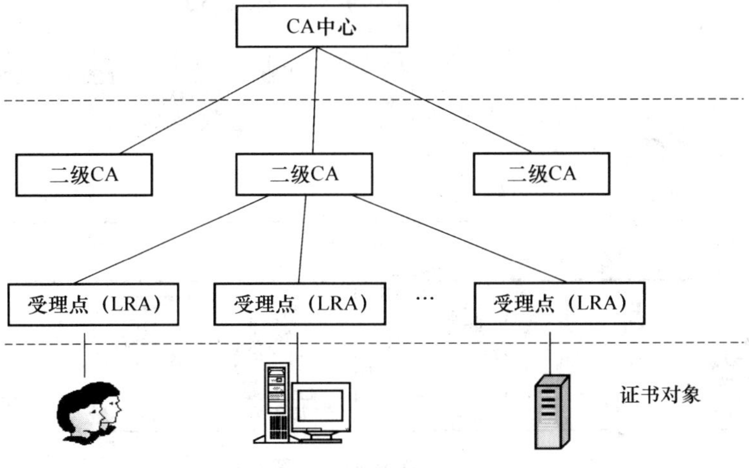

图 3.11　二级的 CA 结构图

(3) 一个实际的网络 CA 结构如图 3.12 所示。

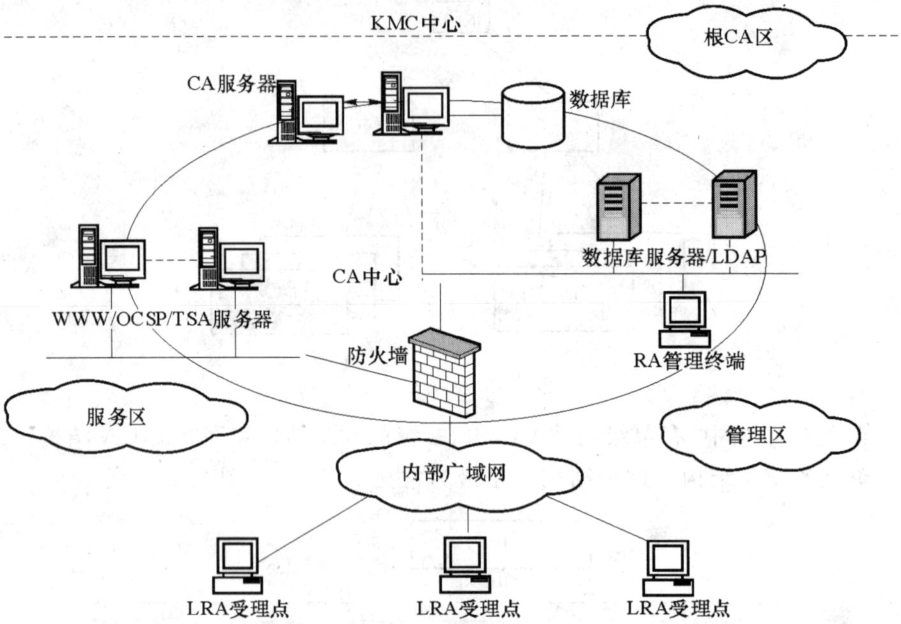

图 3.12 一个实际的网络 CA 结构图

(4) 一个典型的全国性 CA 如图 3.13 所示。

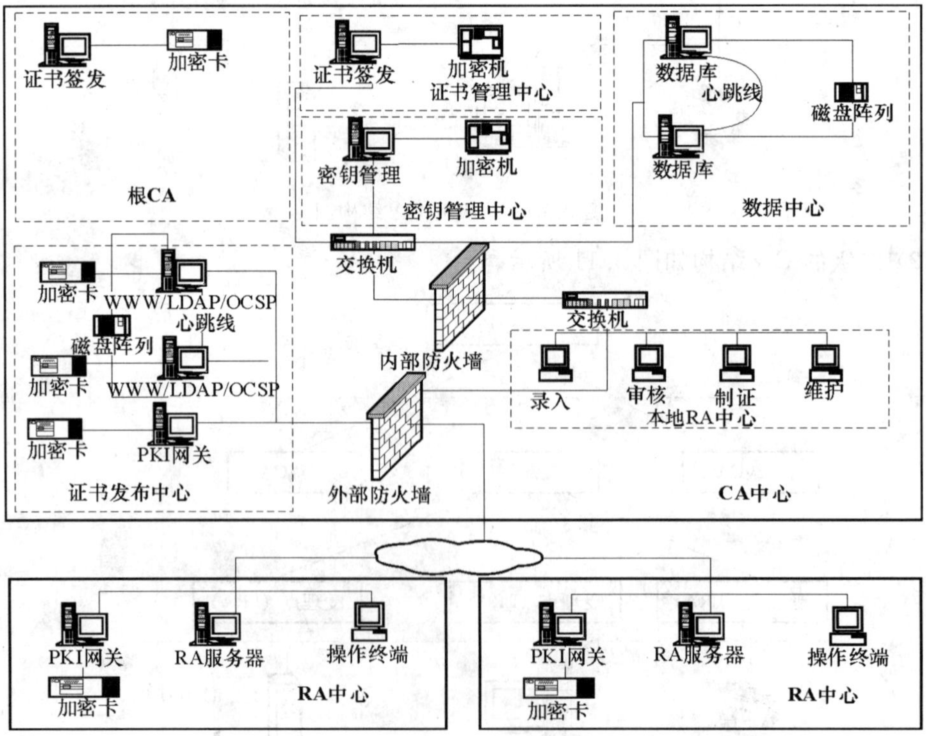

图 3.13 一个典型的全国性 CA

3.8.4 数字证书介绍

为保证网上数字信息的传输安全，除了在通信传输中采用更强的加密算法等措施之外，必须建立一种信任及信任验证机制，即参加电子商务的各方必须有一个可以被验证的标识，这就是数字证书。典型的数字证书结构如图 3.14 所示。

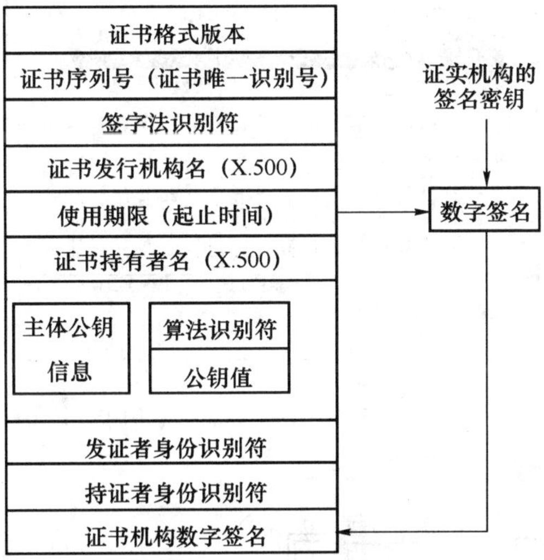

图 3.14　数字证书的结构图

数字证书是各实体(持卡人/个人、商户/企业、网关/银行等)在网上信息交流及商务交易活动中的身份证明。该数字证书具有唯一性。它将实体的公开密钥同实体本身联系在一起，为实现这一目的，必须使数字证书符合 X. 509 国际标准，同时数字证书的来源必须是可靠的。这就意味着应有一个网上各方都信任的机构，专门负责数字证书的发放和管理，确保网上信息的安全，这个机构就是 CA 认证机构。各级 CA 认证机构的存在组成了整个电子商务的信任链。如果 CA 机构不安全或发放的数字证书不具有权威性、公正性和可信赖性，电子商务就根本无从谈起。

电子交易的各方都必须拥有合法的身份，即由数字证书 CA 签发的数字证书，在交易的各个环节，交易的各方都需检验对方数字证书的有效性，从而解决了用户信任问题。CA 涉及电子交易中各交易方的身份信息、严格的加密技术和认证程序。基于其牢固的安全机制，CA 应用可扩大到一切有安全要求的网上数据传输服务。图 3.15 为计算机当中的一个真实证书的例子。

RA 是数字证书注册审批机构。RA 系统是 CA 的证书发放、管理的延伸。它负责证书申请者的信息录入、审核以及证书发放等工作，同时，对发放的证书完成相应的管理功能。发放的数字证书可以存放于 IC 卡、硬盘或软盘等介质中。RA 系统是整个 CA 中心得以正常运营不可缺少的一部分。

当需要数字证书的时候，用户到 CA 的业务受理点申请证书，认证中心再审核用户的身份，之后认证中心为审核通过的用户签发证书。认证中心将证书灌制到证书介质中，发放给用户。具体的证书发放流程分为 6 步，如图 3.16 所示。

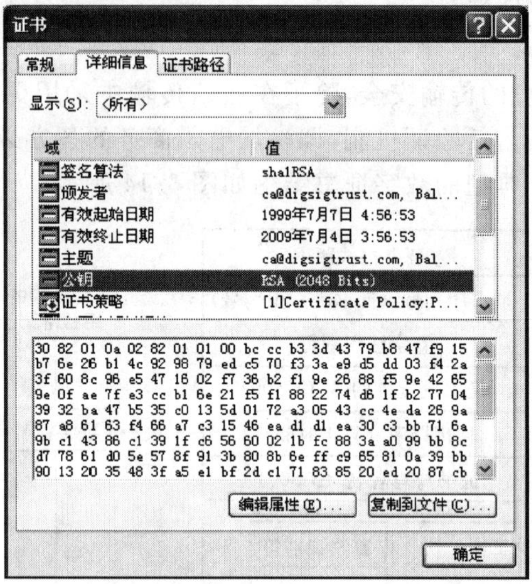

图 3.15　一个真实证书的例子

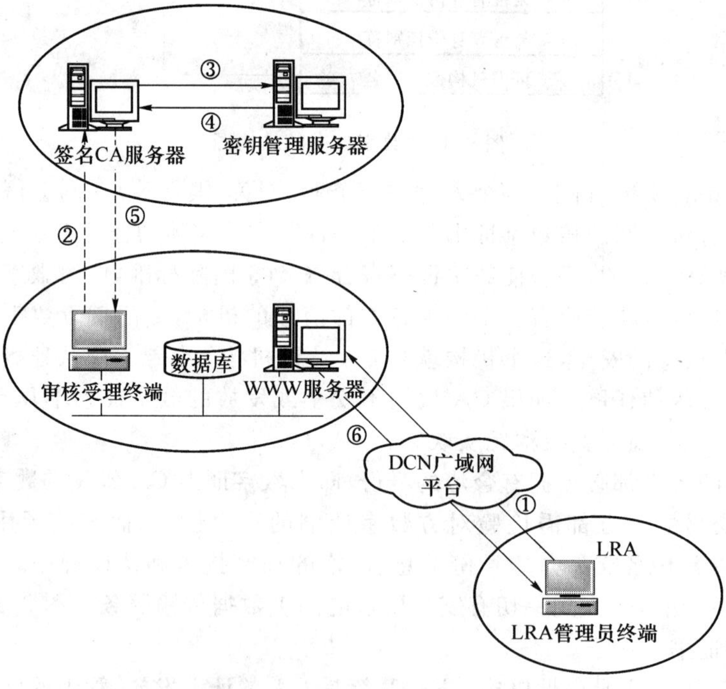

图 3.16　数字证书的发放流程

(1) 录入用户申请；

(2) 审核提交证书申请；

(3) 索取密钥对；

(4) 返回密钥对；

(5) 签发证书并发布;

(6) 下载证书、制证。

思 考 题

1. 什么是密码学?
2. 什么是私钥密码体制?
3. 什么是公钥密码体制?
4. 简述密码学与信息安全的关系是什么?
5. 什么是 SSL 协议?
6. 什么是 PKI?

第2部分　网络层安全

第4章 防火墙技术

防火墙技术是建立在现代通信网络技术和信息安全技术基础上的应用性安全技术，越来越多地应用于专用网络与公用网络的互联环境之中，尤其以接入因特网为最甚。

4.1 防火墙概述

目前，企业内部网络与因特网之间的有效隔离方式大都采用的是防火墙技术。下面介绍防火墙的一些基本知识。

应用在信息安全领域，防火墙是指设置在不同网络（如可信任的企业内部网和不可信的公共网）或网络安全域之间的一系列部件的组合。它是不同网络或网络安全域之间信息的唯一出入口，能根据企业的安全政策控制（允许、拒绝、监测）出入网络的信息流，且本身具有较强的抗攻击能力。它是提供信息安全服务，实现网络和信息安全的基础设施。图 4.1 所示为防火墙的逻辑位置示意图。

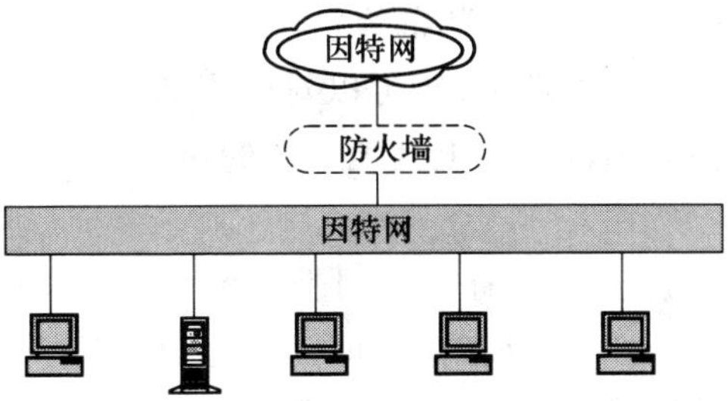

图 4.1　防火墙逻辑位置示意图

1. 防火墙有如下的作用

(1) 防火墙是网络安全的屏障

一个防火墙（作为阻塞点、控制点）能极大地提高一个内部网络的安全性，并通过过滤不安全的服务而降低风险。由于只有经过精心选择的应用协议才能通过防火墙，所以网络环境变得更安全。

(2) 防火墙可以强化网络安全策略

通过以防火墙为中心的安全方案配置,能将所有安全软件(如口令、加密、身份认证、审计等)配置在防火墙上。与将网络安全问题分散到各个主机上相比,防火墙的集中安全管理更经济。例如,在网络访问时,一次一密口令系统和其他的身份认证系统完全不必分散在各个主机上,而是集中在防火墙上。

(3) 对网络存取和访问进行监控审计

如果所有的访问都经过防火墙,那么,防火墙就能记录下这些访问并作出日志记录,同时也能提供网络使用情况的统计数据。当发生可疑动作时,防火墙能进行适当的报警,并提供网络是否受到监测和攻击的详细信息。

(4) 防止内部信息的外泄

通过利用防火墙对内部网络的划分,可实现内部网重点网段的隔离,从而限制局部重点或敏感网络安全问题对全局网络造成的影响。再者,隐私是内部网络非常关心的问题,一个内部网络中不引人注意的细节可能包含了有关安全的线索而引起外部攻击者的兴趣,甚至因此而暴露内部网络的某些安全漏洞。使用防火墙就可以隐蔽那些透露内部的细节服务如 Finger、DNS 等。Finger 显示了主机的所有用户的注册名、真名、最后登录时间和使用 shell 类型等。但是 Finger 显示的信息非常容易被攻击者所获悉,攻击者可以知道一个系统使用的频繁程度,这个系统是否有用户正在连线上网,这个系统是否在被攻击时引起注意等。防火墙同样阻塞有关内部网络中的 DNS 信息,这样一台主机的域名和 IP 地址就不会被外界所了解。

(5) 部署 NAT

因特网防火墙可以作为部署网络地址变换(Network Address Translator,NAT)的逻辑地址,因此防火墙可以用来缓解地址空间短缺的问题,并消除机构在变换 ISP 时带来的重新编址的麻烦。

(6) 向客户发布信息

因特网防火墙也可以成为向客户发布信息的地点。因特网防火墙作为部署 WWW 服务器和 FTP 服务器的地点非常理想;还可以对防火墙进行配置,允许因特网访问上述服务,而禁止外部对受保护的内部网络上其他系统的访问。

(7) 支持 VPN

除了安全作用,防火墙还支持具有因特网服务特性的企业内部网络技术体系 VPN。通过 VPN,将企事业单位在地域上分布在全世界各地的 LAN 或专用子网有机地连成一个整体,不仅省去了专用通信线路,而且为信息共享提供了技术保障。

2. 防火墙的分类

(1) 根据防火墙的存在形式来分,可以分为软件防火墙和硬件防火墙,如图 4.2 所示。软件防火墙就是平时使用的个人防火墙,如瑞星防火墙、天网防火墙、诺顿防火墙等。硬件防火墙有天融信的网络卫士防火墙等。

(2) 根据受保护对象来分,可以分为单机防火墙和网络防火墙,如图 4.3 所示。

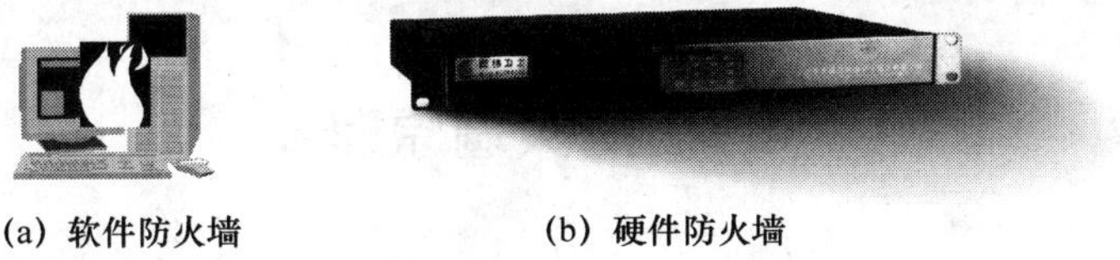

图 4.2　软件防火墙和硬件防火墙

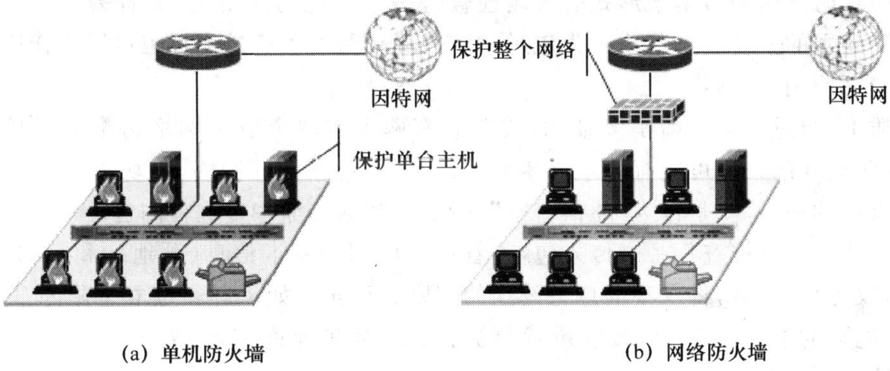

图 4.3　单机防火墙和网络防火墙

3. 防火墙的局限性

防火墙不是解决所有网络安全问题的万能药方，只是网络安全政策和策略中的一个组成部分。

- 防火墙不能防范绕过防火墙的攻击，如内部提供拨号服务，如图 4.4 所示；
- 防火墙不能防范来自内部人员恶意的攻击；
- 防火墙不能阻止被病毒感染的程序或文件的传递；
- 防火墙不能防止数据驱动式攻击，如特洛伊木马。

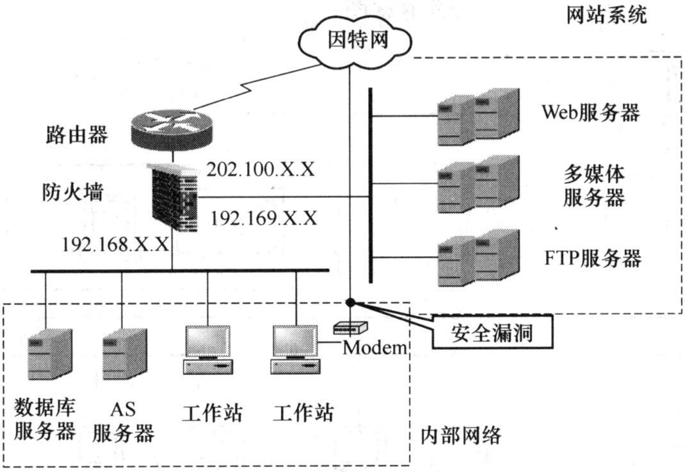

图 4.4　内部提供拨号服务绕过防火墙

4.2 防火墙原理

1. 数据包过滤

第一代防火墙和最基本形式防火墙检查每一个通过的网络包，或者丢弃，或者放行，取决于所建立的一套规则。这称为包过滤防火墙。路由器通过配置也可以当作简单包过滤防火墙来使用。

本质上，包过滤防火墙是多址的，表明它有两个或两个以上网络适配器或接口。例如，作为防火墙的设备可能有两块网卡(NIC)，一块连到内部网络，一块连到公共的因特网。防火墙的任务，就是作为“通信警察”，指引包和截住那些有危害的包。

包过滤防火墙检查每一个传入包，查看包中可用的基本信息(源地址和目的地址、端口号、协议等)。然后，将这些信息与设立的规则相比较。如果已经设立了阻断 Telnet 连接，而包的目的端口是 23，那么该包就会被丢弃。如果允许传入 Web 连接，而目的端口为 80，则包就会被放行。

多个复杂规则的组合也是可行的。如果允许 Web 连接，但只针对特定的服务器，目的端口和目的地址二者必须与规则相匹配，才可以让该包通过。

最后，可以确定当一个包到达时，如果对该包没有规则被定义，则该包就被丢弃。如果有理由让该包通过，就要建立规则来处理它。

2. 应用层代理

应用程序代理防火墙实际上并不允许在它连接的网络之间直接通信。相反，它是接收来自内部网络特定用户应用程序的通信，然后建立于公共网络服务器的单独连接。网络内部的用户不直接与外部的服务器通信，所以服务器不能直接访问内部网的任何一部分。图 4.5 所示为应用层代理防火墙示意图。

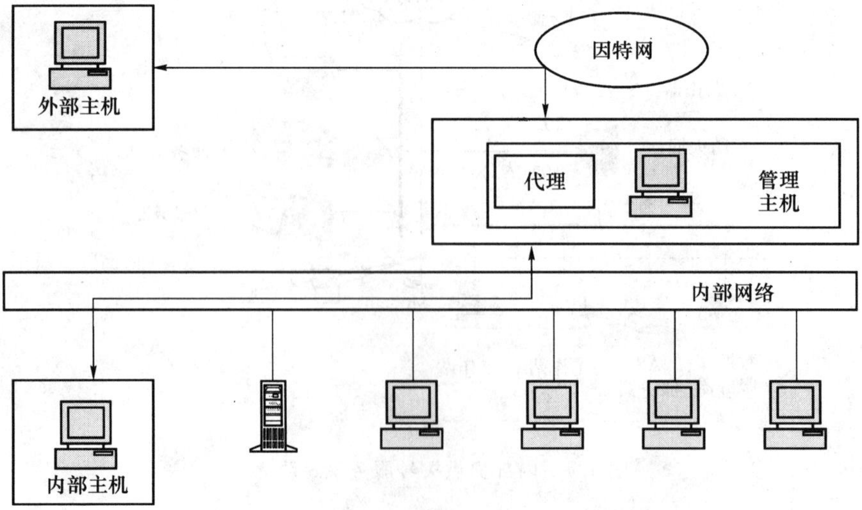

图 4.5 应用层代理防火墙示意图

这种连接和转移对该用户来说是透明的，因为它完全是由代理防火墙自动处理的。代理防火墙通常支持的一些常见的应用程序有：HTTP、HTTPS/SSL、SMTP、POP3、IMAP、NNTP、TELNET、FTP、IRC。

3. 电路级网关

电路级网关防火墙属于第三代防火墙技术，其初步结构是1989年由贝尔实验室的Dave Presotto和Howard Trickey提出的。电路级网关防火墙是通过监控受信任的客户或服务器与不受信任的主机间的TCP握手信息来决定该会话是否合法的。电路级网关是在OSI网络参考模型的会话层过滤数据包，比包过滤防火墙要高两层。另外，电路级网关还提供一个重要的安全功能，即使用网络地址转移功能将所有内部网络IP地址映射到一个“安全”的公网IP地址，这个地址是由防火墙使用的。

电路级网关的应用原理与应用级网关相同，网关的作用就是接收客户端连接请求，根据客户的地址及所请求端口，将该连接重定向到指定的服务器地址及端口上，代理客户端完成网络连接，然后在客户和服务器间中转数据。它的优点就是通用性强、对客户端应用完全透明，但在转发前需同客户端交换连接信息，所以需对客户端应用作适当修改。

4. 状态检测技术

状态检测防火墙试图跟踪通过防火墙的网络连接和包，这样防火墙就可以使用一组附加的标准，以确定是否允许和拒绝通信。它是在使用了基本包过滤防火墙的通信上应用一些技术来做到这一点的。

当包过滤防火墙见到一个网络包，包是孤立存在的。它没有防火墙所关心的历史或未来。允许和拒绝包的决定完全取决于包自身所包含的信息，如源地址、目的地址、端口号等。包中没有包含任何描述它在信息流中的位置的信息，则该包被认为是无状态的，它仅是存在而已。

一个状态包检查防火墙跟踪的不仅是包中包含的信息。为了跟踪包的状态，防火墙还记录有用的信息以帮助识别包，如已有的网络连接、数据的传出请求等。

一个状态检测防火墙可截断所有传入的通信，而允许所有传出的通信。因为防火墙跟踪内部出去的请求，所有按要求传入的数据被允许通过，直到连接被关闭为止。只有未被请求的传入通信被截断。

5. 网络地址转换技术

网络地址转换(Network Address Translate，NAT)是防火墙最重要的功能之一。当受保护网连到因特网上时，受保护网用户若要访问因特网，必须使用一个合法的IP地址。但由于合法因特网IP地址有限，而且受保护网络往往有自己的一套本地IP地址规划，因此在防火墙上配置NAT技术，就需要在防火墙上配置一个合法IP地址集，当内部网络用户要访问因特网时，防火墙动态地从地址集中选一个未分配的地址分配给该用户，该用户即可使用这个合法地址进行通信。同时，对于内部的某些服务器(如Web服务器)，网络地址转换器允许为其分配一个固定的合法地址，内部网络用户就可通过防火墙来访问外部网络。

在防火墙上部署NAT的方式可以有以下几种。

- *M*-1：多个内部网地址转换到1个IP地址。

- 1-1:简单的一对一地址转换。
- *M*-*N*:多个内部网地址转换到 *N* 个 IP 地址池。

通过这样的地址转换后,既缓解了少量的因特网 IP 地址和大量主机之间的矛盾,又对外隐藏了内部主机的 IP 地址,提高了安全性。如果防火墙使用了 NAT 技术,所有的内部地址将会被转换成防火墙 WAN 端口上合法的因特网 IP 地址,以达到隐藏内部网络用户身份的目的。

6. 个人防火墙

现在网络上流传着很多的个人防火墙软件,它是应用程序级的。个人防火墙是一种能够保护个人计算机系统安全的软件,它可以直接在用户的计算机上运行,使用与状态检测防火墙相同的方式,保护一台计算机免受攻击。通常,这些防火墙是安装在计算机网络接口的较低级别上,使得它们可以监视传入传出网卡的所有网络通信。

一旦安装上个人防火墙,就可以把它设置成"学习模式",这样的话,对遇到的每一种新的网络通信,个人防火墙都会提示用户一次,询问如何处理那种通信。然后个人防火墙便记住响应方式,并应用于以后遇到的相同那种网络通信。

4.3 防火墙体系结构

防火墙有多种体系结构可以选择。经常用到的防火墙包括包过滤防火墙、双重宿主主机防火墙、屏蔽主机防火墙、屏蔽子网防火墙等。

1. 包过滤防火墙

包过滤是防火墙最基本的构件。它可以由厂家专门生产的路由器实现,也可以用主机来实现,所以这类防火墙往往就是一个屏蔽路由器。屏蔽路由器作为内外连接的唯一通道,要求所有的报文都必须在此通过检查。路由器上可以装基于 IP 层的报文过滤软件,实现报文过滤功能。许多路由器本身带有报文过滤配置选项,但一般比较简单。图 4.6 所示为屏蔽路由器类型防火墙。

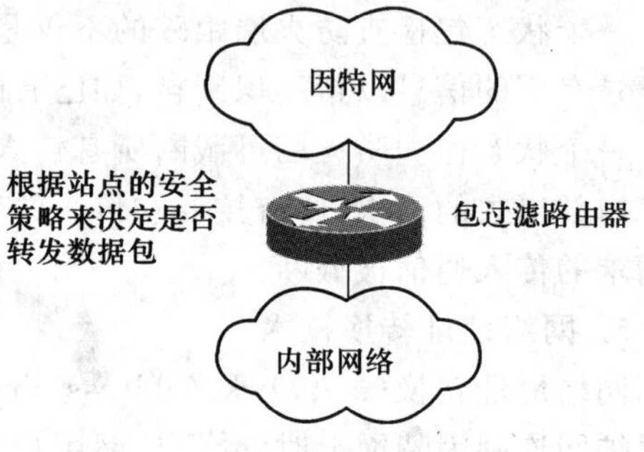

图 4.6 屏蔽路由器类型防火墙

单纯由屏蔽路由器构成的防火墙的危险带包括路由器本身及路由器允许访问的主机。它的缺点是一旦被攻陷后很难发现,而且不能识别不同的用户。

2. 双重宿主主机防火墙

双重宿主主机防火墙叫双宿网关防火墙。这种配置是用一台装有两块网卡的堡垒主机做防火墙。两块网卡各自与受保护网和外部网相连。堡垒主机上运行着防火墙软件,可以转发应用程序,提供服务等。图 4.7 所示为双重宿主主机类型防火墙。

双重宿主主机防火墙优于屏蔽路由器的地方是:堡垒主机的系统软件可用于维护系统日志、硬件复制日志或远程日志。这对于日后的检查很有用,但不能帮助网络管理者确认内网中哪些主机可能已被黑客入侵。

双重宿主主机防火墙的一个致命弱点是：一旦入侵者侵入堡垒主机并使其只具有路由功能，则任何网上用户均可以随便访问内网。

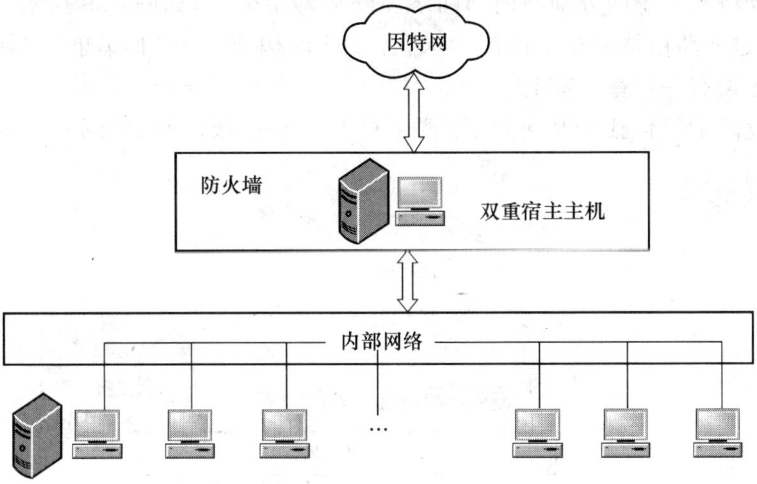

图 4.7　双重宿主主机类型防火墙

3. 屏蔽主机防火墙

屏蔽主机防火墙既易于实现又很安全，因此应用广泛。例如，一个分组过滤路由器连接外部网络，同时一个堡垒主机安装在内部网络上，通常在路由器上设立过滤规则，并使这个堡垒主机成为从外部网络唯一可直接到达的主机，这确保了内部网络不受未被授权的外部用户的攻击。图 4.8 所示为屏蔽主机防火墙。

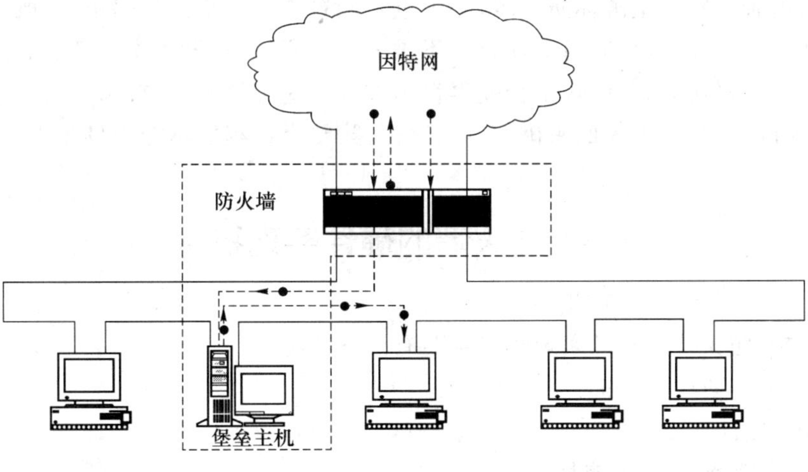

图 4.8　屏蔽主机防火墙

如果受保护网是一个虚拟扩展的本地网，即没有子网和路由器，那么内网的变化不影响堡垒主机和屏蔽路由器的配置。危险的地方限制在堡垒主机和屏蔽路由器。屏蔽主机防火墙的基本控制策略由安装在上面的软件决定。如果攻击者设法登录到它上面，内网中的其余主机就会受到很大威胁。这与双重宿主主机防火墙受攻击时的情形差不多。

4. 屏蔽子网防火墙

屏蔽子网结构防火墙在内部网络和外部网络之间建立一个被隔离的子网,用两台分组过滤路由器将这一子网分别与内部网络和外部网络分开,如图4.9所示。在很多实现中,两个分组过滤路由器放在子网的两端,在子网内构成一个"非军事区"(DMZ)。有的屏蔽子网中还设有一堡垒主机作为唯一可访问点,支持终端交互或作为应用网关代理。这种配置的危险带仅包括堡垒主机、子网主机及所有连接内网、外网和屏蔽子网的路由器。

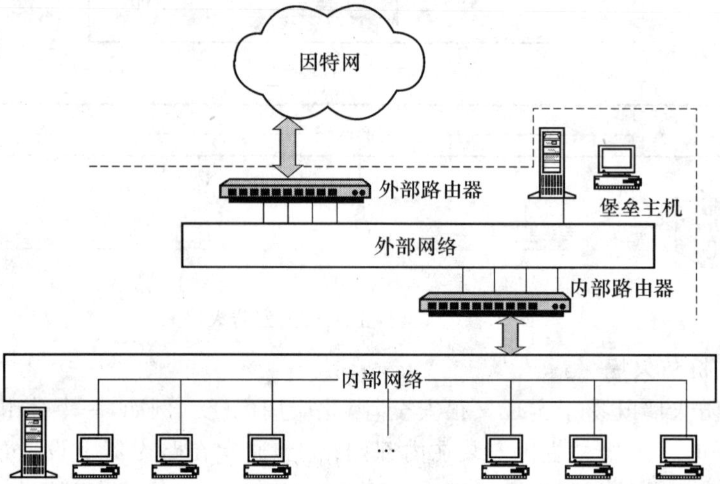

图4.9 屏蔽子网结构防火墙

如果攻击者试图完全破坏防火墙,必须重新配置连接3个网的路由器,既不能切断连接又不能把自己锁在外面,同时又使自己不被发现。但若禁止网络访问路由器或只允许内网中的某些主机访问它,则攻击会变得很困难。在这种情况下,攻击者得先侵入堡垒主机,然后进入内网主机,再返回来破坏屏蔽路由器,整个过程中不能引发警报。

4.4 防火墙的硬件实现技术

总结起来,防火墙的硬件实现技术主要有以下3种:

- Intel x86架构工控机;
- ASIC硬件加速技术;
- 网络处理器(NP)加速技术。

1. 基于Intel x86架构工控机

x86是一个Intel通用计算机系列的标准编号缩写,也标识一套通用的计算机指令集合,x86平台通常是指使用一个或多个主CPU来处理业务数据,而网卡芯片和CPU则通过PCI总线来传输数据。因具有极高的灵活性和可扩展性,x86一直被作为主要的防火墙开发平台。依赖于 x86 架构的防火墙功能主要由软件实现，可以根据用户的实际需要而作相应调整，增加或减少功能模块，产品比较灵活，功能也十分丰富。如图 4.10 所示，为基于 x86 结构工控机内部结构。

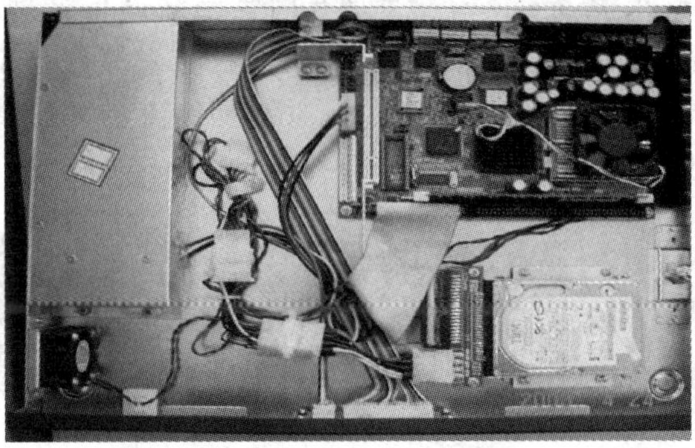

图 4.10　x86 工控机内部结构

x86 平台的防火墙数据从网卡到 CPU 之间的传输机制依靠“中断”来实现，中断机制导致在有大量数据包的需要处理的情况下，x86 平台的防火墙吞吐速率不高，大概只有 30%左右，CPU 占用率也很高。

2. ASIC 硬件加速技术

ASIC 的英文全称是 Application Specific Integrated Circuits，即专用集成电路，ASIC 芯片是指能被对半导体物理和半导体工艺不是很了解的工程师所设计的一种芯片。

相比较 x86 架构，ASIC 防火墙通过上文提到的 ASIC 芯片逻辑进行硬件加速处理。基于 ASIC 架构的防火墙从架构上改进了中断机制，数据从网卡收到以后，不经过主 CPU 处理，而是经过集成在系统中的一些芯片直接处理，由这些芯片来完成传统防火墙的功能，如路由器、NAT、防火墙规则匹配等。这样数据不经过主 CPU 处理，不使用中断机制，从而提高了防火墙的处理速率。新一代的高可编程 ASIC 采用了更灵活的设计，能够通过软件改变应用逻辑，具有更广泛的适应能力。图 4.11 所示为一些典型的 ASIC 芯片。

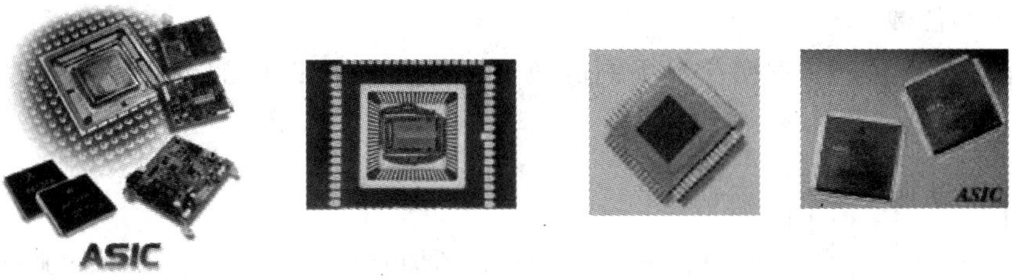

图 4.11　ASIC 芯片

但是，ASIC 的缺点也同样明显，它的灵活性和扩展性不够。ASIC 的最大缺点是缺乏灵活性，支持的应用和服务有限。一旦指令或计算逻辑固化到硬件中，就很难修改升级、增加新的功能或提高性能，使得资源重用率很低。而且，ASIC 设计和制造周期长（设计和制造复杂 ASIC 一般需要花费 12～18 个月），研发费用高，也使 ASIC 很难应对万变的网络新应用，所以基于 ASIC 技术，很难快速推出能满足用户需求不断变化的防火墙产品。

3. 网络处理器加速技术

网络处理器(Network Processor，NP)是专门为网络设备处理网络流量而设计的处理器，其体系结构和指令集对于防火墙常用的包过滤、转发等算法和操作都进行了专门的优化，可以高效地完成 TCP/IP 栈的常用操作，并对网络流量进行快速的并发处理。如图 4.12 所示为一些 NP 处理器芯片。

图 4.12　NP 处理器芯片

网络处理器的硬件结构设计也大多采用高速的接口技术和总线规范，具有较高的 I/O能力。它可以构建一种硬件加速的完全可编程的架构，这种架构的软硬件都易于升级，软件可以支持新的标准和协议，硬件设计支持更高网络速度，从而使产品的生命周期更长。由于防火墙处理的就是网络数据包，所以基于 NP 架构的防火墙与 x86 架构的防火墙相比，性能得到了很大的提高。

4.5　防火墙常见性能指标

常见的防火墙性能指标有最大位转发率、吞吐量、延时、丢包率、背靠背、缓冲、最大并发连接数、最大并发连接建立速率、最大策略数、平均无故障间隔时间、支持的最大用户数等。这里对于防火墙的几个主要性能指标作以如下解释：

1. 最大位转发率

定义：防火墙的位转发率指在特定负载下每秒钟防火墙将允许的数据流转发至正确的目的接口的位数。

衡量标准：最大位转发率指在不同的负载下反复测量得出的位转发率数值中的最大值，如图 4.13 所示。

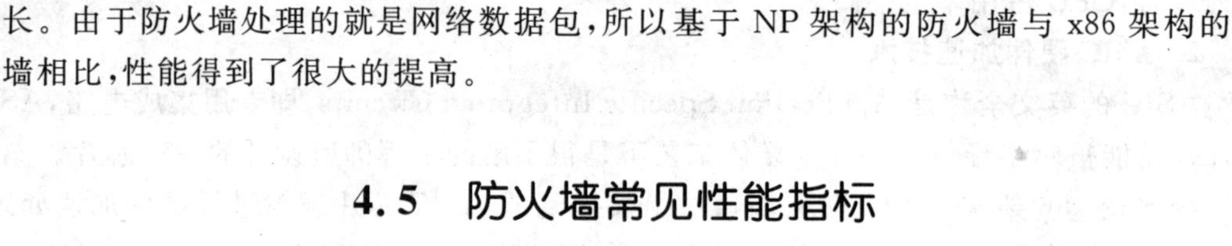

图 4.13　最大位转发率

2. 吞吐量

定义:吞吐量是指在不丢包的情况下能够达到的最大速率。

衡量标准:吞吐量作为衡量防火墙性能的重要指标之一,吞吐量小就会造成网络新的瓶颈,以至影响到整个网络的性能,如图 4.14 所示。

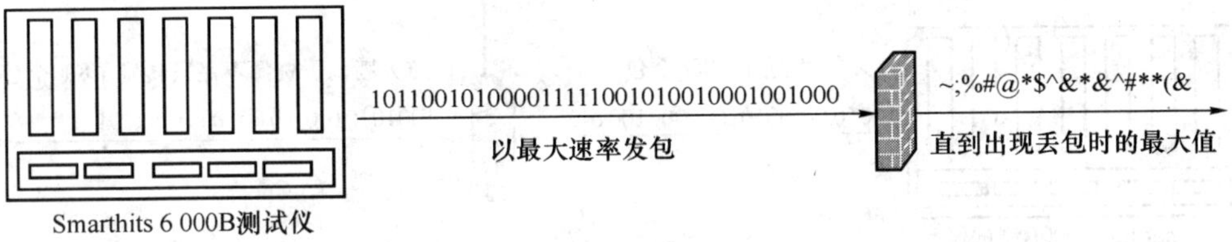

图 4.14 吞吐量

如果防火墙的吞吐量小的话,就会造成网络瓶颈,如图 4.15 所示。

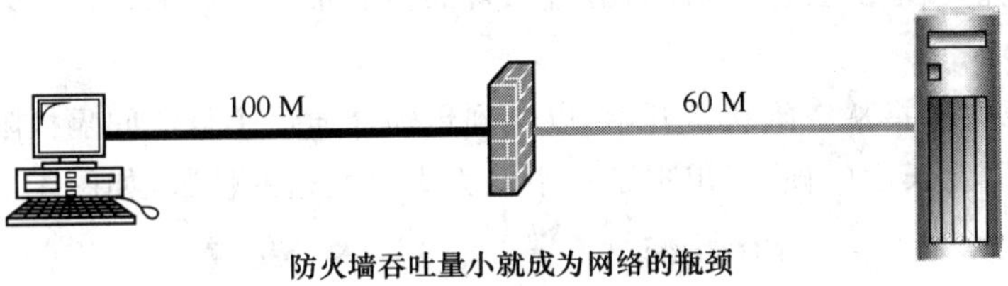

图 4.15 网络瓶颈

3. 延时

定义:延时是指入口处输入帧最后 1 个比特到达至出口处输出帧的第一个比特输出所用的时间间隔,如图 4.16 所示。

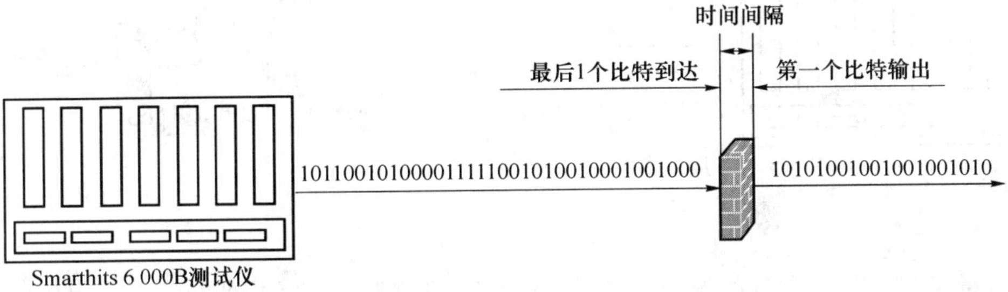

图 4.16 延时

衡量标准:防火墙的时延能够体现它处理数据的速度。

如果延时过长,由会造成数据包很晚才到达目的地,如图 4.17 所示。

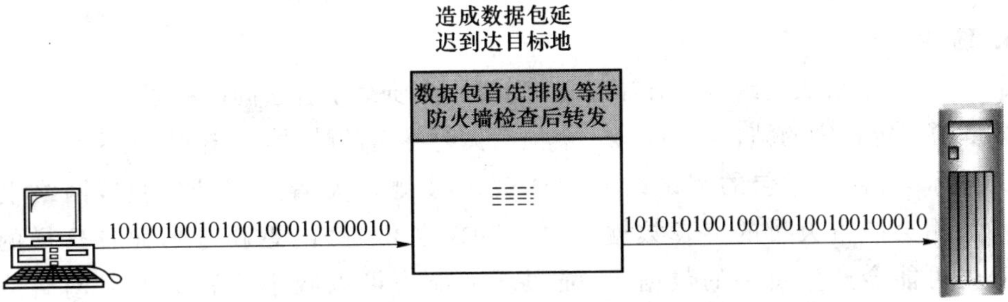

图 4.17 延时所造成的数据包晚到

4. 丢包率

定义:丢包率是指在连续负载的情况下,防火墙设备由于资源不足应转发但却未转发的帧百分比,如图 4.18 所示。

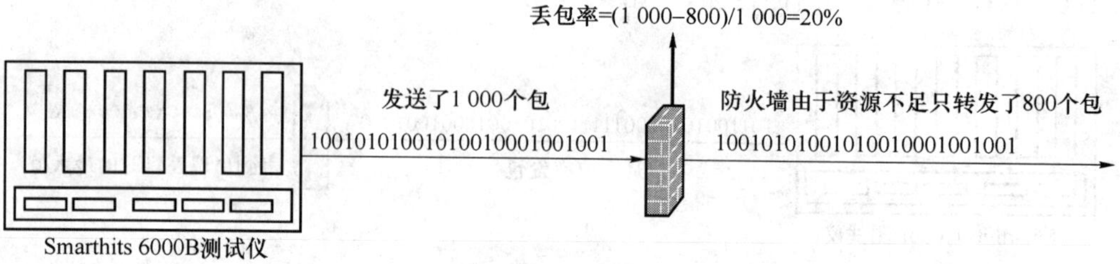

图 4.18 丢包率

衡量标准:防火墙的丢包率对其稳定性、可靠性有很大的影响。

5. 背靠背

定义:背靠背是指从空闲状态开始,以达到传输介质最小合法间隔极限的传输速率发送相当数量的固定长度的帧,当出现第一个帧丢失时发送的帧数,如图 4.19 所示。

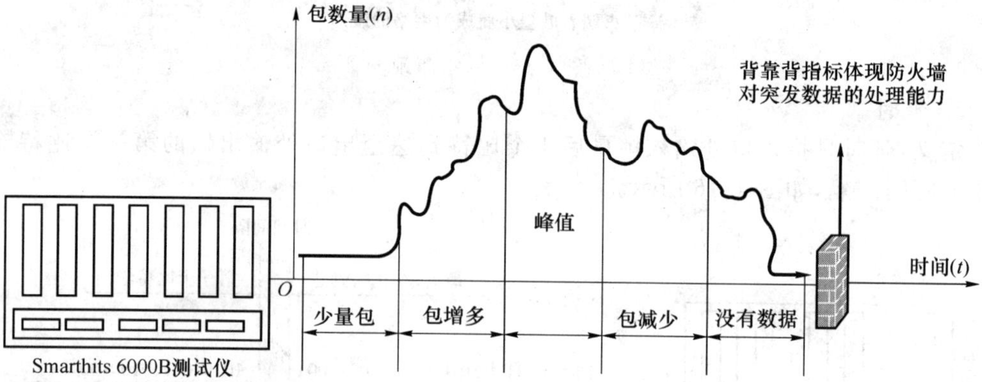

图 4.19 背靠背

衡量标准:背对背包的测试结果能体现出被测防火墙的缓冲容量,网络上经常有一些应用会产生大量的突发数据包(如 NFS、备份、路由更新等),而且这样的数据包的丢失可能会产生更多的数据包,强大缓冲能力可以减小这种突发对网络造成的影响。

6. 缓冲

定义:缓冲是指从空闲状态开始,以达到传输介质最小合法间隔极限的传输速率发送相当数量的固定长度的帧,当出现第一个帧丢失时发送的帧数,如图 4.20 所示。

衡量标准:背对背包的测试结果能体现出被测防火墙的缓冲容量,网络上经常有一些应用会产生大量的突发数据包(如 NFS、备份、路由更新等),而且这样的数据包的丢失可能会产生更多的数据包,强大缓冲能力可以减小这种突发对网络造成的影响。

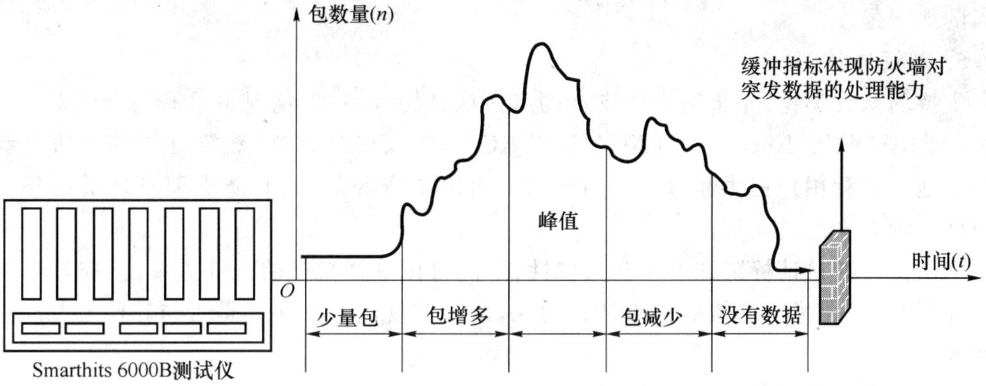

图 4.20 缓冲

4.6 防火墙常见功能指标

防火墙的常见功能指标从以下几个方面来讨论：

1. 产品类型

从防火墙产品和技术发展来看，分为 3 种类型：基于路由器的包过滤防火墙、基于通用操作系统的防火墙、基于专用安全操作系统的防火墙。

2. LAN 接口

支持的 LAN 接口类型：防火墙所能保护的网络类型，如以太网、快速以太网、千兆以太网、ATM、令牌环及 FDDI 等。

支持的最大 LAN 接口数：指防火墙所支持的局域网络接口数目，也是其能够保护的不同内网数目。

服务器平台：防火墙所运行的操作系统平台(如 Linux、Unix、Windows NT、专用安全操作系统等)。

3. 协议支持

支持的非 IP 协议：除支持 IP 协议之外，又支持 AppleTalk、DECnet、IPX 及 NETBEUI 等协议。

建立 VPN 通道的协议：构建 VPN 通道所使用的协议，主要分为 IPSec、PPTP、专用协议等。

可以在 VPN 中使用的协议：在 VPN 中使用的协议，一般是指 TCP/IP 协议。

4. 加密支持

支持的 VPN 加密标准：VPN 中支持的加密算法，如数据加密标准 DES、3DES、RC4 以及国内专用的加密算法。

除了 VPN 之外，加密的其他用途：加密除用于保护传输数据以外，还应用于其他领域，如身份认证、报文完整性认证、密钥分配等。

提供基于硬件的加密：是否提供硬件加密方法，硬件加密可以提供更快的加密速度和更高的加密强度。

5. 认证支持

支持的认证类型:是指防火墙支持的身份认证协议,一般情况下具有一个或多个认证方案,如 RADIUS、Kerberos、TACACS/TACACS+、口令方式、数字证书等。防火墙能够为本地或远程用户提供经过认证与授权的对网络资源的访问,防火墙管理员必须决定客户以何种方式通过认证。

列出支持的认证标准和 CA 互操作性:厂商可以选择自己的认证方案,但应符合相应的国际标准,该项指所支持的标准认证协议,以及实现的认证协议是否与其他 CA 产品兼容互通。

支持数字证书:是否支持数字证书。

6. 访问控制

通过防火墙的包内容设置:包过滤防火墙的过滤规则集由若干条规则组成,它应涵盖对所有出入防火墙的数据包的处理方法,对于没有明确定义的数据包,应该有一个缺省处理方法;过滤规则应易于理解,易于编辑修改;同时应具备一致性检测机制,防止冲突。IP 包过滤的依据主要是根据 IP 包头部信息如源地址和目的地址进行过滤,如果 IP 头中的协议字段表明封装协议为 ICMP、TCP 或 UDP,那么再根据 ICMP 头信息(类型和代码值)、TCP 头信息(源端口和目的端口)或 UDP 头信息(源端口和目的端口)执行过滤,其他的还有 MAC 地址过滤。应用层协议过滤要求主要包括 FTP 过滤、基于 RPC 的应用服务过滤、基于 UDP 的应用服务过滤要求以及动态包过滤技术等。

在应用层提供代理支持:指防火墙是否支持应用层代理,如 HTTP、FTP、TELNET、SNMP 等。代理服务在确认客户端连接请求有效后接管连接,代为向服务器发出连接请求,代理服务器应根据服务器的应答,决定如何响应客户端请求,代理服务进程应当连接两个连接(客户端与代理服务进程间的连接、代理服务进程与服务器端的连接)。为确认连接的唯一性与时效性,代理进程应当维护代理连接表或相关数据库(最小字段集合),为提供认证和授权,代理进程应当维护一个扩展字段集合。

在传输层提供代理支持:指防火墙是否支持传输层代理服务。

允许 FTP 命令防止某些类型文件通过防火墙:指是否支持 FTP 文件类型过滤。

用户操作的代理类型:应用层高级代理功能,如 HTTP、POP3 。

支持网络地址转换(NAT):NAT 指将一个 IP 地址域映射到另一个 IP 地址域,从而为终端主机提供透明路由的方法。NAT 常用于私有地址域与公有地址域的转换以解决 IP 地址匮乏问题。在防火墙上实现 NAT 后,可以隐藏受保护网络的内部结构,在一定程度上提高了网络的安全性。

支持硬件口令、智能卡:是否支持硬件口令、智能卡等,这是一种比较安全的身份认证技术。

7. 防御功能

支持病毒扫描:是否支持防病毒功能,如扫描电子邮件附件中的 DOC 和 ZIP 文件,FTP 中下载或上载的文件内容,以发现其中包含的危险信息。

提供内容过滤:是否支持内容过滤,信息内容过滤指防火墙在 HTTP、FTP、SMTP

等协议层,根据过滤条件,对信息流进行控制,防火墙控制的结果包括允许通过、修改后允许通过、禁止通过、记录日志、报警等几种情况。过滤内容主要指 URL、HTTP 携带的信息,如 Java Applet、JavaScript、ActiveX 和电子邮件中的 Subject、To、From 域等。

能防御的拒绝服务攻击类型:拒绝服务攻击(DoS)就是攻击者过多地占用共享资源,导致服务器超载或系统资源耗尽,而使其他用户无法享有服务或没有资源可用。防火墙通过控制、检测与报警等机制,可在一定程度上防止或减轻 DoS 黑客攻击。

阻止 ActiveX、Java、Cookies、Javascript 侵入:属于 HTTP 内容过滤,防火墙应该能够从 HTTP 页面剥离 Java Applet、ActiveX 等小程序及从 Script、PHP 和 ASP 等代码检测出危险代码或病毒,并向浏览器用户报警。同时,能够过滤用户上载的 CGI、ASP 等程序,当发现危险代码时,向服务器报警。

8. 安全特性

支持转发和跟踪 ICMP 协议(ICMP 代理):是否支持 ICMP 代理,ICMP 为网间控制报文协议。

提供入侵实时警告:提供实时入侵告警功能,当发生危险事件时,是否能够及时报警,报警的方式可能通过邮件、呼机、手机等。

提供实时入侵防范:提供实时入侵响应功能,当发生入侵事件时,防火墙能够动态响应,调整安全策略,阻挡恶意报文。

识别/记录/防止企图进行 IP 地址欺骗:IP 地址欺骗指使用伪装的 IP 地址作为 IP 包的源地址对受保护网络进行攻击,防火墙应该能够禁止来自外部网络而源地址是内部 IP 地址的数据包通过。

9. 管理功能

通过集成策略集中管理多个防火墙:是否支持集中管理,防火墙管理是指对防火墙具有管理权限的管理员行为和防火墙运行状态的管理,管理员的行为主要包括:通过防火墙的身份鉴别,编写防火墙的安全规则,配置防火墙的安全参数,查看防火墙的日志等。防火墙的管理一般分为本地管理、远程管理和集中管理等。

提供基于时间的访问控制:是否提供基于时间的访问控制。

支持 SNMP 监视和配置:SNMP 是简单网络管理协议的缩写。

本地管理:是指管理员通过防火墙的 Console 口或防火墙提供的键盘和显示器对防火墙进行配置管理。

远程管理:是指管理员通过以太网或防火墙提供的广域网接口对防火墙进行管理,管理的通信协议可以基于 FTP、Telnet、HTTP 等。

支持带宽管理:防火墙能够根据当前的流量动态调整某些客户端占用的带宽。

负载均衡特性:负载均衡可以看成动态的端口映射,它将一个外部地址的某一 TCP 或 UDP 端口映射到一组内部地址的某一端口,负载均衡主要用于将某项服务(如 HTTP)分摊到一组内部服务器上以平衡负载。

失败恢复特性(Failover):指支持容错技术,如双机热备份、故障恢复、双电源备份等。

10. 记录和报表功能

防火墙处理完整日志的方法:防火墙规定了对于符合条件的报文做日志,应该提供日志信息管理和存储方法。

提供自动日志扫描:指防火墙是否具有日志的自动分析和扫描功能,这可以获得更详细的统计结果,达到事后分析、亡羊补牢的目的。

提供自动报表、日志报告书写器:防火墙实现的一种输出方式,提供自动报表和日志报告功能。

警告通知机制:防火墙应提供告警机制,在检测到入侵网络以及设备运转异常情况时,通过告警来通知管理员采取必要的措施,包括 E-mail、呼机、手机等。

提供简要报表(按照用户 ID 或 IP 地址):防火墙实现的一种输出方式,按要求提供报表分类打印。

提供实时统计:防火墙实现的一种输出方式,日志分析后所获得的智能统计结果,一般是图表显示。

获得的国内有关部门许可证类别及号码:是防火墙合格与销售的关键要素之一,其中包括公安部的销售许可证、国家信息安全测评中心的认证证书、总参的国防通信入网证和国家保密局的推荐证明等。

4.7 如何选择防火墙

防火墙作为私有网络边界的安全哨卡,其重要性已经越来越得到用户的重视。这就意味着防火墙的市场需求越来越大。因此,国内外众多商家纷纷投身防火墙市场的激烈竞争,这样就形成了防火墙产品的品牌五花八门,档次参差不齐,用户选择防火墙也就眼花缭乱,无所适从。那么,作为企业级用户,如何来选择一款既满足需求,价格又合理的防火墙产品呢?

1. 做好需求分析

选择合适产品的一个前提条件就是明确用户的具体需求。因此,选择产品的第一个步骤就是针对用户的网络结构、业务应用系统、用户及通信流量规模、防攻击能力、可靠性、可用性、易用性等具体需求进行分析。

(1) 要考虑网络结构。包括网络边界出口链路的带宽要求、数量等情况,如边界连接多个 ISP;IP 地址规划对防火墙地址转换的需求,如对路由模式和透明网桥模式的支持;是否需要按照不同安全级别设立多个网段,如设置内网、外网、停火区等 3 个或 3 个以上网段。目前,市场上的大多防火墙都至少支持 3 个口,甚至更多。

(2) 要考虑到业务应用系统需求。防火墙对特定应用的支持功能和性能,如对视频、语音、数据库应用穿透防火墙的支持能力;防火墙对应用层信息过滤,如对垃圾邮件、病毒、非法信息等过滤;对应用系统是否具有负载均衡功能。

(3) 要考虑用户及通信流量规模方面的需求。网络规模大小、跨防火墙访问的网络用户数量,要求防火墙具有较高的最大并发连接数;网络边界的通信流量要求防火墙具有较高的吞吐量、较低的丢包率、较低的延时等性能指标,防止出现网络性能瓶颈。

(4) 要考虑到可靠性、可用性、易用性等方面的需求。支撑高可用、高可靠的网络平台，要求防火墙必须达到一定的冗余能力，包括对双机热备、负载均衡、多机集群等的支持能力。对于大型网络分布式防火墙配置，要求有集中控管能力、管理界面的友好性、远程配置的安全保密等功能。CHINKPONINT、NETCREEN、网新易尚等厂家的防火墙产品，经过严格评测，在功能、性能、技术指标、管理等方面都表现出了各自的特色，可以满足不同用户的需求。

2. 坚定选择原则

在整理出具体的需求以后，可以得到一份防火墙的需求分析报告。下一步的工作就是在众多的品牌和档次中选出满足需求的产品，并考虑一定的扩展性要求。选择的主要原则有：

(1) 以需求为导向，选择最适合用户需求的产品。这里强调最适合并不意味着某一种或某几种性能及功能最好，因为评价一款防火墙的性能及功能指标很多，是一个大集合，用户应集中在自己真正需要的那些指标，超出用户需求子集的指标不能作为选择依据；而且不同厂家可能拥有不同的技术优势，某些指标好，某些指标弱，有时需要进行折中考虑。另外，还要考虑到用户可承受的性价比。

(2) 对于产品的选型，可参考的指标来源与厂家提供的技术白皮书、各种测评机构的横向对比测试报告，从中可以了解产品的一些基本性能情况。但由于测试时间、测试条件的差异性，把这些测试报告做横向对比的参考价值不是太高。

(3) 要完全按照用户的实际需求来对比各种产品的满足程度，最好是根据需求，定制一套测试方案，并对防火墙在统一测试条件和测试环境下进行横向对比测试，这样出来的测试结果才真正具有可比性。关于防火墙选型测试的技术标准可以参照《包过滤防火墙安全技术要求 GB/T 18019—1999》、《应用级防火墙安全技术要求 GB/T 18020—1999》、《信息技术安全性评估准则 GB/T 18336—2001》以及 RFC2544、RFC2647、RFC3511 等标准和文档。

3. 明确常用指标

由于防火墙的各项指标具有较强的专业性，用户要把这些似懂非懂的指标与需求一一对应起来尚存在一定的难度，因此，用户在选择时，有必要把防火墙的主要指标和需求联系起来。

目前，防火墙常用的技术指标包括性能指标、功能指标、防攻击指标以及防火墙对集中管理、分级管理、日志管理等功能的支持，提供较为友好和安全的配置方式和工具等。

性能指标主要包括吞吐量、丢包率、延迟、最大并发连接数、并发连接处理速率等。用户在选择时，应该根据自身的网络规模和需求，对上述几个指标参数进行详细了解，选择适合的产品，还可以向有关专家询问请教。

功能指标主要体现为几个方面：对网络层包过滤、连接状态检测功能的支持；对常见标准网络协议的支持功能，如 802.1q、SNMP、IGMP、H.323、RIP 等 IP 网络协议；对应用层的访问控制和过滤功能的支持；对源/目标地址转换功能、路由/透明网桥混合工作模式功能的支持；流量控制(带宽管理)；用户管理与认证；防火墙设备双机热备、双机负载均衡、多机集群等的支持能力以及防火墙对应用服务器的负载均衡能力。

4. 安全转向一体化的防护

大多数的企业网络都非常复杂，要保护它们免于当今难以捉摸且快速传播的混合威胁，是一件非常不容易的事。人们希望在提供自动化、实时的检测与防护措施的同时，可提供一体化的安全保护，解决方案也要能简化安全的管理。所以，选择防火墙的时候，最好能和其他的安全防护产品形成联动，这样有利于一体化的安全防护，而不是简单的安全产品的组合。

5. 知名的防火墙产品推荐

国外的防火墙产品要属于思科 Cisco 的防火墙性能比较好，但是它的价格很高。在国内有三家防火墙产品做得比较好，它们是天融信、联想、东软。所以用户在选择防火墙的时候，可以综合考虑国内外产品的性能价格比和各项指标参数，选择满足需求的产品。

4.8 防火墙产品

目前的防火墙市场上的产品可谓是琳琅满目，许多安全公司或厂商都出品了自己的防火墙产品，已有防火墙的厂商都对自己的产品不断更新换代以适应市场的不断发展。这里对国内外一些主要的防火墙产品的特点进行简单介绍。

4.8.1 天融信网络卫士防火墙

天融信公司成立于 1995 年。天融信公司于 1996 年推出了填补国内空白的中国第一套自主版权的防火墙产品。2000 年至 2004 年，天融信公司防火墙产品连续 5 年市场份额均居国内安全厂商第一位。特别指出的是，据两大权威咨询机构 IDC 及 CCID 统计，天融信 2004 年全年防火墙市场份额超过了 16%，名列所有国内外安全厂商第一位。

天融信公司目前有 NG FW2000、NG FW3000、NG FW4000 和 NG FW AEES 4 种网络卫士防火墙产品。网络卫士系列防火墙产品是遵循国家相关管理政策和标准开发生产的，完全自主版权的安全产品。它以先进的技术、强大的功能、优良的性能、稳定的可靠性、方便灵活的接入和管理机制向客户提供了优秀的防火墙解决方案，赢得了遍布全国 31 个省市自治区直辖市，涵盖政府、军队、银行、证券、电信、税务、电力等行业近千家用户的信任。

在天融信公司防火墙产品当中，NG FW3000 系列适合于高流量、结构复杂的大中型网络环境；NG FW4000 系列防火墙是业界最新一代防火墙——核检测防火墙，基于独创的先进的安全构架和实现技术，特别选用于网络结构复杂、应用丰富、高带宽、高流量的大中型中心骨干级网络；NG FW ARES 是基于全状态监测技术实现，适合行业分支机构、中小型企业、教育行业非骨干节点院校等中小用户。天融信防火墙具有以下特点：

(1) 采用自主开发的操作系统。作为安全产品，其自身的安全性是必须认真考虑的，如果其自身的安全性得不到保证，那么就更不能保证对整体网络的保护。天融信防火墙采用自主研发的防火墙操作系统，大大地加强了防火墙自身的安全性。

(2) 防火墙自身带有防御功能。可以防止 TCP、UDP 等的端口扫描，可以抵抗 DoS、DDoS 的攻击，以及可以防源路由攻击，DNS/RIP/ICMP 等的攻击，同时阻止 ActiveX、Java、Java Script 等的侵入。

(3) 安全管理。提供分权管理安全机制；提供基于 OTP 机制的管理员认证；远程管理提供加密机制；可扩展支持职能 IC 卡、Ikey 等硬件方式认证；可扩展支持 CA 等第三方认证；支持 SNMP 协议，可通过防火墙自身的管理器或通用的网管软件(如 OpenView、NetView 等)查看防火墙的运行状态和使用情况，可以进行集中、分布相结合的管理。

(4) 支持网络带宽管理，可以对网络带宽资源进行管理和分配(包括针对源地址、目的地址、用户类别等)，调节用户网络访问外网的流量管理，方便用户的使用。

(5) 支持 OSPF、RIP、RIP2 路由协议，支持 NETBIOS、VOD 等协议，可以非常好地与路由器、高层交换机在一起协调工作，适合于各种复杂的网络。

(6) 在地址转换、端口映射方面，网络卫士防火墙支持多种形式。例如，防火墙在作 NAT 转换时，支持一对一、一对多的网络地址转换；作端口映射时(反向 NAT)，支持 IP 地址一对一映射、一对多的端口映射。

(7) 在访问控制方面，除了可以对 IP 地址过滤、端口过滤外，还支持对用户名称过滤、基于时间的控制、基于流量的控制。这样用户在配置规则时，可以有更大的机动性、选择性。

(8) 网络卫士防火墙对常用高层协议(HTTP、FTP、SMTP、POP3)做了更详细的控制，如 HTTP 命令级(GET、POST、HEAD)及 URL 级，FTP 命令级(GEI、PUT)及文件控制，从而对重点服务器的安全保护，如控制用户访问的路径，控制用户的“读”、“写”权利等。

(9) 任何一个公司的主页是一个企业形象的象征，如果公司的主页系统被黑客篡改，公司的形象将受到很大的影响。网络卫士防火墙内置页面保护系统，它可以在第一时间发现页面被非法篡改，并自动把主页恢复到篡改以前的状态，从而可以更好地保护 Web 服务器。

(10) 在接入模式上支持透明、路由、混合模式(透明＋路由)，让用户更加灵活方便地接入和部署防火墙在网络中的位置及配置。

4.8.2 联想网御防火墙

联想网御科技有限公司是由联想控股公司直接投资成立的独立运作的子公司，是国内信息安全行业的领军企业，专业从事信息安全产品的研发、生产与销售，为用户信息系统提供等级化的整体安全解决方案及安全专业服务。

联想网御自成立之初就一直在高速发展的道路上稳健前进。至 2005 年，联想网御已经发展成一个拥有员工 300 余人，研发团队过百人，办事处遍布全国，年销售额突破 2 亿元的成熟业务。据国际数据公司(IDC)发布的 2003 年上半年度国内信息安全市场报告，联想网御信息安全产品凭借 12.12％的市场份额排名第三。联想网御系列防火墙具有以下特点：

(1) 联想网御 UTM 防火墙在自有防火墙基础上,集成了来自业界最好的软硬件技术,包括芯片加速、内容过滤等,尤其是 ASIC 加速内容操作和查找,很好地解决了防火墙产品的性能问题。

(2) 所有功能统一配置管理,一条策略即可完成对所有安全检查的配置。

(3) 支持对多个防火墙设备的统一管理,可集中下发策略、集中日志收集和报告。

(4) 提供统一的升级服务器,自动实时更新 IPS、反垃圾邮件、内容过滤的特征库,无需用户干预。

(5) 状态包过滤防火墙支持常见的音视频动态应用,包括 H.323、SIP 等,只开放必要的端口,同时支持 NAT 穿越;支持虚拟防火墙,可划分多个虚拟防火墙,独立配置使用。

(6) 内容过滤、反垃圾邮件不仅能检测过滤,还能给出友好提示。

4.8.3 东软网眼防火墙

东软的 NetEye 防火墙产品采用独创的基于状态包过滤的"流过滤"体系结构,保证了从数据链路层到应用层的完全高性能过滤,并可以进行应用级插件的及时升级和攻击方式的及时响应,实现网络安全的动态保障。围绕流过滤平台,东软专门构建了 NetEye 网络安全响应小组、应用升级包开发小组及网络安全实验室。流过滤不仅能够带给用户高性能的应用层保护,还包括对新应用的及时支持、特殊应用的定制开发及安全攻击事件的及时响应。NetEye 防火墙主要特点如下:

(1) 采用英特尔的 IXP2400 高性能网络处理芯片,具有强大的处理能力,可以用于网络接入、网络骨干设备,支持从第 2 层到第 7 层各种业务;

(2) IXP2400 平台结合 NetEye"流过滤"技术所具有的深度防御能力,使千兆线速防火墙在检测性能和检测深度方面实现了新的突破;

(3) 提供了虚拟防火墙功能,管理员可将一台防火墙在逻辑上划分成多台虚拟防火墙,每台虚拟防火墙都可以被看成是一台完全独立的防火墙设备,可拥有独立的管理员、安全策略用户认证数据库等;

(4) 支持千兆以太网通道功能,不仅可以起到容错作用,更是链路带宽扩容的一条重要途径;

(5) 提供了其他多种方式的高可用特性,包括多机集群备份、负载均衡等;

(6) 与普通防火墙的路由策略只能根据单个 IP 包中的源地址进行判断不同,NetEye 高端 NP 防火墙提供了更灵活的策略路由实现方案,可以根据更多属性设定路由策略,并且具有更丰富的网络特性,包括对策略 NAT 以及对动态路由协议 RIP、OSPF、BGP 的支持等,可充分适应复杂网络环境部署的要求;

(7) NetEye 高端 NP 防火墙具有强大的深度检测和攻击防御能力,可对数据包进行深层检测和协议级控制。

4.8.4 CheckPoint 公司的 FireWall-1 防火墙

CheckPoint 公司成立于 1993 年。它以以色列为基地，目前在美国有许多家分支公司。CheckPoint 是一家专业从事网络安全产品开发的公司，是软件防火墙领域中的佼佼者，其开发的软件防火墙产品 CheckPoint Firewall-1 在全球软件防火墙产品中排名第一。CheckPoint Firewall-1 是一个综合的、规模化的安全产品，基于策略的解决方案，能够让管理员指定网络访问按部署的时间段进行控制，CheckPoint Firewall-1 能够将处理任务分散到一组工作站上，从而减轻相应防火墙服务器、工作站的负担。CheckPoint Firewall-1 防火墙的操作在操作系统的核心层进行，而不是在应用程序，让防火墙系统达到最高的性能、最佳的扩展与升级，CheckPoint Firewall-1 支持基于 Web 的多媒体和 UDP 应用程序，采用多重验证模板和方法，使网络管理员非常简单地验证客户端、会话和用户对网络的访问。

CheckPoint 由于架构不依赖硬件，因此理论上功能是可以无限扩充的，它能给客户更多的控制和定制功能。同时 CheckPoint Firewall-1 是一个跨平台防火墙系统，目前支持 Windows 98/NT/2000/XP、SUN OS、SunSolaris、IBM AIX、HP-UN、FreeBSD 以及各类 Linux 系统。就目前来讲，CheckPoint Firewall-1 是全球认可的软件防火墙产品，当然，价格偏高也是 CheckPoint 公司的一个不足之处。

CheckPoint 公司致力于企业级网络安全产品的研发，据 IDC 的 2001 年统计，其 FireWall-1 防火墙在市场占有率上已超过 32%，《财富》排名前 100 的大企业里近 80%选用了 CheckPoint FireWall-1 防火墙。CheckPoint Firewall-1 防火墙具有如下特点：

(1) 认证功能。远程用户和拨号用户可以经过 FireWall-1 的认证后，访问内部资源。

(2) FireWall-1 通过分布式的客户机/服务器结构管理安全策略，保证高性能、高伸缩性和集中控制。

(3) 企业级防火墙安全管理。FireWall-1 允许企业定义并执行统一的防火墙中央管理安全策略。企业的防火墙安全策略都存放在防火墙管理模块的一个规则库里。规则库里存放的是一些有序的规则，每条规则分别指定了源地址、目的地址、服务类型（HTTP、FTP、Telnet 等）、针对该连接的安全措施（放行、拒绝、丢弃或者是需要通过认证等）、需要采取的行动（日志记录、报警等）以及安全策略执行点（在防火墙网关还是在路由器或者其他保护对象上实施该规则）。

(4) CheckPoint 是开放安全企业互联联盟（OPSEC）的组织和倡导者之一。OPSEC 允许用户通过一个开放的、可扩展的框架集成、管理所有的网络安全产品。OPSEC 通过把 FireWall-1 嵌入到已有的网络平台（如 Unix、NT 服务器、路由器、交换机以及防火墙产品），或把其他安全产品无缝集成到 FireWall-1 中，为用户提供一个开放的、可扩展的安全框架。

(5) FireWall-1 采用 CheckPoint 公司的状态检测专利技术，以不同的服务区分应用类型，为网络提供高安全、高性能和高扩展性保证。

(6) 可以通过 FireWall-1 的管理工作站对企业范围内的路由器提供集中的安全管理。

(7) FireWall-1 的连接控制模块提供了负载平衡功能,在提供相同服务的多个应用服务器之间实现负载分担,应用服务器不要求都放在防火墙后面。

(8) 支持 3 种不同的地址翻译模式:静态源地址翻译、静态目的地址翻译和动态地址翻译(也称为隐藏模式)。

(9) FireWall-1 的内容安全服务保护网络免遭各种威胁,包括病毒、Jave 和 ActiveX 代码攻击等。内容安全服务可以通过定义特定的资源对象,制定与其他安全策略类似的规则来完成。内容安全与 FireWall-1 的其他安全特性集成在一起,通过图形用户界面集中管理。提供应用开发接口(API)以集成第三方内容过滤系统。

4.8.5 Cisco 公司的 PIX 防火墙

思科系统公司(Cisco Systems,Inc.)成立于 1984 年,是全球依靠的互联网解决方案提供者。Cisco Secure PIX 系列防火墙是业界领先的产品之一,具有很好的安全性和可靠性,特别以突出的性能而著称。作为一种硬件防火墙,Cisco Secure PIX 主要包括以下特点:

(1) 高安全性。Cisco Secure PIX 防火墙能够提供空前的安全保护能力,它的保护机制的核心是能够提供面向静态连接防火墙功能的自适应安全算法(ASA)。静态安全性虽然比较简单,但与包过滤相比,功能却更加强劲;另外,与应用层代理防火墙相比,其性能更高,扩展性更强。ASA 可以跟踪源和目的地址、传输控制协议(TCP)序列号、端口号和每个数据包的附加 TCP 标志。只有存在已确定连接关系的正确的连接时,访问才被允许通过 Cisco Secure PIX 防火墙。这样做,内部和外部的授权用户就可以透明地访问企业资源,而同时保护了内部网络不会受到非授权访问的侵袭。

(2) 高可靠性。PIX 防火墙提供了空前的可靠性,其平均无故障时间(MTBF)超过 60 000 小时。即使是达到了这样高的水平,那些因特网、Intranet 或 Extranet 连接是企业生命线的企业还是认识到了防火墙冗余是一项关键因素。防火墙的每一分钟停止运行都意味着收入、机会或关键信息的损失。Cisco 已经创建了配合 PIX 525-UR 使用的故障切换捆绑程序,能够简单、便宜地满足上述要求。该程序包为企业提供了特别设计在故障切换模式下运行的第二个防火墙。

(3) 强大的远程管理功能。Cisco Secure PIX 506E 是一个可靠的、便于维护的平台,可以提供多种配置、监控和诊断方式。PIX 管理解决方案的范围非常广泛,从一个集成化的、基于 Web 的管理工具到集中的、基于策略的工具,以及对各种远程监控协议的支持,如简单网络管理协议(SNMP)和系统日志。

(4) 网络性能很好,Cisco Secure PIX 可以提供 2～6 个 100 Mbits 快速以太网接口,能够满足大部分的应用需求。与软件防火墙相比,它的包处理速度和转发速度要快得多。

(5) Cisco Secure PIX 中包含了丰富的基于 IPSec 的 VPN 服务软件,VPN 能够提供站点到站点之间和远程客户端到站点之间的安全访问,不过需要另外的一台认证服务器。

Cisco Secure PIX 的不足之处是管理完全基于命令行方式,如果用户需要图形化的管理界面,就必须到 Cisco 网站上下载一个管理软件;另外,Cisco Secure PIX 的监视和日志功能有限,为了记录日志,还必须下载一个基于 Windows NT 的 PIX Firewall Syslog Server 才行。Cisco Secure PIX 无法根据用户名或工作组来进行安全策略管理,而只能通过 IP 地址进行管理,而且实施安全策略管理还需要购买另一个软件包 CSPM(Cisco Security Policy Manager)。

4.8.6 NetScreen 公司的 NetScreen 防火墙

NetScreen 科技公司成立于 1997 年,总部位于美国加州的硅谷。该公司一直专注于网络安全设备及管理软件的研发和生产,在业界拥有很好的口碑。从千兆网环境的大型跨国企业到非常小型的商用办公环境都有相应的产品,产品线非常丰富。可以与其硬件设备联合使用的安全管理系统 NetScreen-Global PRO 拥有简便操作的策略管理、可高度扩展功能、强大的实时报表及历史报表以及可以方便地与第三方应用软件集成等优点。另外,该系统的管理界面比较清晰易懂,具备良好的可操作性。

NetScreen 的产品以硬件为主,其中 NetScreen-1000、NetScreen-500、NetScreen-100 面向大中型企业应用,产品随序号的增大拥有更强的性能。上述产品全部基于 ASIC 硬件平台上运行 NetScreenOS 防火墙及 VPN 软件,同时安全机制也采用 ASIC,能够在硬件中处理防火墙的存取策略和加密算法,其速度是软件方式所不可比拟的。NetScreen 一直强调的高可用性在所有该公司的系列产品中都得到了体现,即使在主辅设备之间切换时也不会发生网络中断等情况。

面向于中小型企业,NetScreen 则推出了类似 NetScreen-50、NetScreen-25 以及 NetScreen-5XP 等产品系列,NetScreen-50、NetScreen-25 集防火墙、VPN 和流量管理于一身,是比较完备的集成方案。NetScreen-5XP 是该公司产品系列中最低端的产品,但是依然能够提供企业级的网络安全解决方案。其采用的防火墙、VPN 及流量管理技术和高端产品保持一致,性能优秀而且价格合适,非常适合拥有宽带网的个人和小型办公室用户。NetScreen 公司的防火墙产品主要有以下特点:

(1) NetScreen 采用内置的 ASIC 技术,其安全设备具有低延时、高效的 IPSec 加密和防火墙功能,可以无缝地部署到任何网络。

(2) 设备安装和操控也是非常容易,可以通过多种管理界面包括内置的 WebUI 界面、命令行界面或 NetScreen 中央管理方案进行管理。

(3) NetScreen 将所有功能集成于单一硬件产品中,它不仅易于安装和管理,而且能够提供更高可靠性和安全性。

(4) 由于 NetScreen 设备没有其他品牌产品对硬盘驱动器所存在的稳定性问题,所以它是对在线时间要求极高的用户的最佳方案。

(5) 采用 NetScreen 设备,只需要对防火墙、VPN 和流量管理功能进行配置和管理,节省了配置另外的硬件和复杂性操作系统的需要。这个做法缩短了安装和管理的时间,并在防范安全漏洞的工作上,省略设置的步骤。

思 考 题

1. 什么是防火墙?
2. 防火墙的作用有哪些?
3. 防火墙不能防止什么?
4. 简述防火墙都有哪些实现技术?
5. 包过滤防火墙可过滤哪些内容?
6. 什么是NAT技术?
7. 防火墙都有哪些体系结构?

第5章 入侵检测技术

入侵监测系统(Intrusion Detection System,IDS)处于防火墙之后对网络活动进行实时检测。许多情况下,由于可以记录和禁止网络活动,所以入侵监测系统是防火墙的延续。它们可以和防火墙和路由器配合工作。

5.1 入侵检测概述

入侵检测技术是一种主动保护自己免受攻击的一种网络安全技术。作为防火墙的合理补充,入侵检测技术能够帮助系统对付网络攻击,扩展了系统管理员的安全管理能力(包括安全审计、监视、攻击识别和响应),提高了信息安全基础结构的完整性。它从计算机网络系统中的若干关键点收集信息,并分析这些信息。入侵检测被认为是防火墙之后的第二道安全闸门,在不影响网络性能的情况下能对网络进行监测。它可以防止或减轻上述的网络威胁。

本章中的"入侵"是个广义的概念,不仅包括被发起攻击的人(如恶意的黑客)取得超出合法范围的系统控制权,也包括收集漏洞信息,造成拒绝访问(Denial of Service)等对计算机系统造成危害的行为。

入侵检测,顾名思义,便是对入侵行为的发觉。它通过对计算机网络或计算机系统中的若干关键点收集信息并对其进行分析,从中发现网络或系统中是否有违反安全策略的行为和被攻击的迹象。进行入侵检测的软件与硬件的组合便是入侵检测系统。与其他安全产品不同的是,入侵检测系统需要更多的智能,它必须可以将得到的数据进行分析,并得出有用的结果。一个合格的入侵检测系统能简化管理员的工作,保证网络安全的运行。

由于入侵检测系统的市场在近几年中飞速发展,许多公司投入到这一领域上来。除了国外的ISS、axent、NFR、思科等公司外,国内也有数家公司(如启明星辰、中联绿盟、中科网威等)推出了自己相应的产品。但就目前而言,入侵检测系统还缺乏相应的标准。目前,试图对IDS进行标准化的工作有两个组织:IETF的IDWG(Intrusion Detection Working Group)和CIDF (Common Intrusion Detection Framework),但进展非常缓慢,尚没有被广泛接受的标准出台。

1980 年 4 月,James P. Anderson 为美国空军做了一份题为《计算机安全威胁监控与监视》(Computer Security Threat Monitoring and Surveillance)的技术报告,第一次详细阐述了入侵检测的概念。他提出了一种对计算机系统风险和威胁的分类方法,并将威胁分为外部渗透、内部渗透和不法行为 3 种,还提出了利用审计跟踪数据监视入侵活动的思想。这份报告被公认为是入侵检测的开山之作。

IDS 在结构上可划分为数据收集和数据分析两部分。

1. 数据收集机制

数据收集机制在 IDS 中占据着举足轻重的位置。如果收集的数据时延较大,检测就会失去作用;如果数据不完整,系统的检测能力就会下降;如果由于错误或入侵者的行为致使收集的数据不正确,IDS 就会无法检测某些入侵,给用户以安全的假象。

2. 数据分析机制

根据 IDS 如何处理数据,可以将 IDS 分为分布式 IDS 和集中式 IDS。

- 分布式 IDS:在一些与受监视组件相应的位置对数据进行分析的 IDS。
- 集中式 IDS:在一些固定且不受监视组件数量限制的位置对数据进行分析的 IDS。

5.2 入侵检测技术

5.2.1 误用入侵检测

误用入侵检测是指根据已知的入侵模式来检测入侵。入侵者常常利用系统和应用软件中弱点攻击,而这些弱点易编成某种模式,如果入侵者攻击方式恰好匹配检测系统中的模式库,则入侵者即被检测到,如图 5.1 所示。

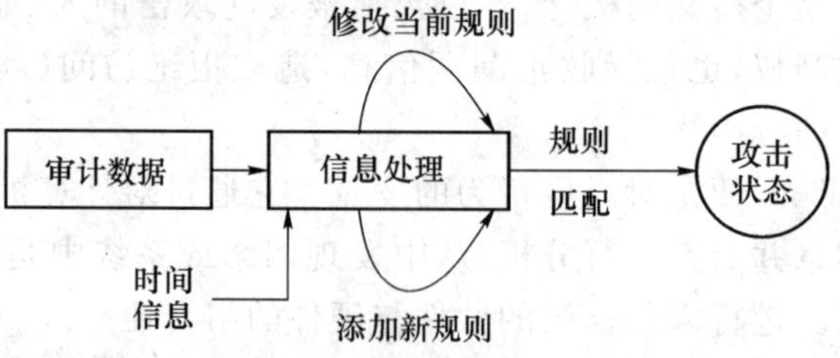

图 5.1 误用入侵检测模型

显然,误用入侵检测依赖于模式库,或叫规则库。如果没有构造好模式库,则 IDS 就不能检测到入侵者。例如,因特网蠕虫攻击(Worm Attack)使用了 fingered 和 sendmail 错误(Bugs),可以使用误用检测,与异常入侵检测相反,误用入侵检测能直接检测不利的或不能接受的行为,而异常入侵检测是发现与正常行为相违背的行为。

误用入侵检测的主要假设是具有能够被精确地按某种方式编码的攻击,并可以通过捕获攻击及重新整理,确认入侵活动是基于同一弱点进行攻击的入侵方法的变种。误用入侵检测指的是通过按预先定义好的入侵模式以及观察到入侵发生情况进行模式匹配来检测。入侵模式说明了那些导致安全突破或其他误用的事件中特征、条件、排列和关系。一个不完整的模式可能表明存在入侵的企图。模式构造也有多个方式。常用的误用检测方法包括：

(1) 基于条件概率误用入侵检测方法。

(2) 基于专家系统误用入侵检测方法。

(3) 基于状态迁移分析误用入侵检测方法。

(4) 基于键盘监控误用入侵检测方法。

(5) 基于模型误用入侵检测方法。

5.2.2 异常入侵检测

异常检测指的是根据非正常行为(系统或用户)和非正常情况使用计算机资源检测出入侵行为。例如，某公司规定用户早上8点钟到下午5点钟之间在办公室使用计算机属于正常行为，那么用户A在晚上使用办公室计算机则属于异常行为，就有可能是入侵；用户B总是在下班后登录到公司的终端服务器或是在深夜时来自B的账户远程登录都可能是不正常的。异常入侵检测试图用定量方式描述常规的或可接受的行为，以标记非常规的、潜在的入侵行为。这种非常规的、潜在的入侵行为可以定义为“威胁”。图5.2所示为异常入侵检测模型。

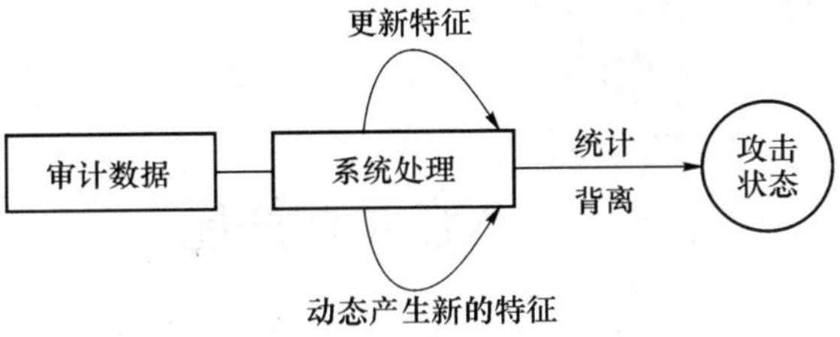

图5.2 异常入侵检测模型

典型的威胁模型将威胁分为外部闯入、内部渗透和不当行为3种类型，并使用这种分类方法开发了一个安全监视系统，可检测用户的异常行为。

- 外部闯入指的是未经授权计算机系统用户的入侵；
- 内部渗透是指已授权的计算机用户访问未经授权的数据；
- 不当行为指的是用户虽经授权，但对授权数据和资源的使用不合法或滥用授权。

异常入侵检测的主要前提是入侵活动作为异常活动的子集。若外部人闯入计算机系统，尽管没有危及用户资源使用的倾向和企图，可是这存在一种入侵的可能性，还是将他的行为当做异常处理。这样做似乎合情合理。但是，入侵性活动常常是由单个活动组合起来执行，单个活动却与异常性独立无关。理想的情形是，异常活动集同入侵性活动集是一样的。这样，识别所有的异常活动恰恰正是识别了所有的入侵性活动，就不会造成错误的判断。可是，入侵性活动并不总是与异常活动相符合，这里存在4种可能性，每种情况的概率都不为零。

(1) 入侵性而非异常。活动具有入侵性却因为不是异常而导致不能检测到,这时候造成漏检,IDS 不报告入侵。

(2) 非入侵性且是异常的。活动不具有入侵性,而因为它是异常的,IDS 报告入侵,这时候造成虚报。

(3) 非入侵性且非异常。活动不具有入侵性,IDS 没有将活动报告为入侵,这属于正确的判断。

(4) 入侵且异常。活动具有入侵性且因为活动是异常,IDS 将其报告为入侵。

异常入侵要解决的问题就是构造异常活动集并从中发现入侵活动子集。异常入侵检测方法依赖于异常模型的建立,不同模型就构成不同的检测方法。异常检测通过观测到的一组测量值偏离度来预测用户行为的变化,然后做出决策判断的检测技术。常用的异常入侵检测方法包括:

(1) 统计异常检测方法;
(2) 基于特征选择异常检测方法;
(3) 基于贝叶斯推理异常检测方法;
(4) 基于贝叶斯网络异常检测方法;
(5) 基于模式预测异常检测方法;
(6) 基于神经网络异常检测方法;
(7) 基于贝叶斯聚类异常检测方法;
(8) 基于机器学习异常检测方法;
(9) 基于数据采掘异常检测方法。

5.3 入侵检测产品

5.3.1 安氏领信 LinkTrust

安氏互联网安全系统有限公司自 1999 年在中国成立,总部位于北京,在上海、广州、成都等地设有分公司及办事处。以领信入侵检测系统为代表的安氏入侵检测类产品,在国内入侵检测(IDS)市场拥有绝对优势的市场份额。LinkTrust IDS 采用了许多先进技术和设计,如专用硬件承载平台设计、复杂协议分析和模式匹配的融合技术、多层分布式体系结构设计、完全远程升级技术、数据相关性分析技术等。领信入侵检测系统由网络传感器、主机传感器以及管理器组成,在网络和主机层面,将基于攻击特征分析和协议分析的入侵检测技术完美结合,监控分析网络传输和系统事件,自动检测和响应可疑行为,使用户在系统受到危害之前截取并防范非法入侵和内部网络误用,最大限度地降低安全风险,保护企业网络系统安全。安氏公司通过强大的安氏安全实验室为用户提供技术支持与升级服务。

5.3.2 Enterasys Networks 公司 Dragon Sensor

Enterasys Networks 公司诞生于 2000 年，是世界领先网络设计及制造商，美国 Cabletron 公司进行战略性结构重组后形成的 4 家独立专业化子公司之一。Dragon Sensor 对正在使用的网络分组进行监控，寻找计算机犯罪、网络攻击、网络滥用迹象及异常现象。当它观察一个事件时，Dragon Sensor 可以发送寻呼和电子邮件信息，然后采取相应措施来终止该事件，并对事件进行记录以用于以后的诉讼分析。一般来说，Dragon Sensor 可以部署在防火墙前的独立系统上，或位于网络的关键位置。

5.3.3 启明星辰天阗入侵检测系统

启明星辰信息技术有限公司成立于 1996 年，拥有网络安全自主知识产权产品，提供整体安全解决方案与服务。天阗入侵检测与预警系统是国内第一批在入侵检测方面获得国家公安部销售许可证的网络安全产品，同时天阗还通过了所有权威管理部门的测评和认证。它是一种动态的入侵检测与响应系统。它能够实时监控网络传输，自动检测可疑行为，及时发现来自网络外部或内部的攻击，并可以实时响应，切断攻击方的连接。天阗系统可以与防火墙紧密结合，弥补了防火墙的访问控制不严密的问题。其联机文档提供了丰富的事件说明及恢复措施，可以最大限度地为网络系统提供安全保障。天阗 N500 为一种具有国际先进水平的多级分布式管理功能的 IDS，主要应用在安全需求明显，投资规模较大，安全要求较高，业务管理有多层次的结构，分支和下属单位多，网络结构较复杂，有核心业务的主机需要保护，有特殊的网络行为需要监控，网络流量在百兆环境下较高的单位。

5.3.4 中科网威天眼入侵检测系统

北京中科网威信息技术有限公司于 1999 年在北京成立，一直专注于解决政府、银行、证券、电信等重点行业的安全问题。天眼入侵检测系统作为安全检测的最后一道防线，能提供安全审计、监视、攻击识别和反攻击等多项功能，对内部攻击、外部攻击和误操作进行实时监控，是其他安全措施的必要补充。系统采用引擎/控制台结构，引擎在网络中各个关键点部署，通过网络和中央控制台交换信息。网络引擎部分运行于安全操作系统 Open BSD 之上，负责网络数据的获取、分析、检测，对警报进行过滤和实时响应，并发送给控制台进行显示和记录。控制台运行于 Windows 平台，负责警报信息的及时显示、记录、查阅，支持用户定制检测、响应策略和控制网络引擎。

5.3.5 中联绿盟冰之眼入侵检测系统

中联绿盟信息技术(北京)有限公司 2000 年成立于北京，目前在广州、上海设有分公司,在湖南、沈阳设有办事处,是中国第一家专业从事网络安全服务的高科技公司。基于国际公认的安全实施标准和评估标准,推行绿盟科技的 DIEM 系统安全工程实施模型,进一步提高了安全服务和安全集成的实施质量,更有效地保障了客户的网络安全。冰之眼网络入侵检测系统由网络探测器、内网探测器、SSL 加密传输通道、中央控制台、日志分析系统、SQL 日志数据库系统及绿盟科技中央升级站点儿部分组成。能够准确地对入侵行为进行识别,并采取有效措施进行防护和干预。冰之眼网络入侵检测系统加强了对内网行为(内网拨号、IP-MAC 对应关系改变、主机是否在线等发生在企业内网中的特定事件)的有效监控和跟踪,能够很好地帮助网络管理者发现和跟踪内网异常,确保对内网安全事件进行有效的监控管理。

5.4 入侵检测产品的选择

目前,市场上的入侵检测产品大大小小有上百家,如何选择适合自己的产品,是一件摆在广大安全管理员和企业技术决策者面前很头痛的事。下面就根据产品的综合性能,谈谈采购过程中的基本原则。

1. 产品的攻击检测数量、是否支持升级

入侵检测产品(IDS)的主要指标是它能发现的入侵方式的数量,几乎每个星期都有新的漏洞和攻击方法出现,产品的升级方式是否灵活直接影响到它功能的发挥。一个好的实时检测产品应该能经常性升级,并可通过互联网或下载升级包在本地升级。

2. 网络入侵检测系统的最大可处理流量(PPS)

首先,要分析网络入侵检测系统所部署的网络环境,如果在 512 K 或 2 M 专线上部署网络入侵检测系统,则不需要高速的入侵检测引擎,而在负荷较高的环境中,性能是一个非常重要的指标。

3. 产品是否容易被攻击者躲避

有些常用的躲开入侵检测的方法,如分片、TTL 欺骗、异常 TCP 分段、慢扫描、协同攻击等。产品在设计时是否考虑到这一点。

4. 能否自定义异常事件

IDS 对特殊的监控需求只能通过用户自己定制监控策略实现。一个优秀的 IDS 产品,必须提供灵活的用户自定义策略能力,包括对服务、访问者、被访问者、端口、关键字以及事件的响应方式等策略。

5. 产品系统结构是否合理

一个成熟的产品,必须是集成了基于百兆网络、基于千兆网络、基于主机的 3 种技术和系统。

传统的 IDS 大多是两层结构,即“控制台→探测器”结构,一些先进的 IDS 产品开始采用三层结构进行部署,即“控制台→事件收集器+安全数据库→探测器”结构,对于大型网络来说,三层结构更加易于实现分布部署和集中管理,从而提高安全决策的集中性。如果没有远程管理能力,对于大型网络基本不具备可用性。

6. 产品的误报和漏报率

有些IDS系统经常发出许多假警报,假警报常常掩盖了真攻击。这些产品在假警报重负下一再崩溃,而当真正攻击出现时,有些IDS产品不能捕获攻击,而另一些IDS产品的报告混杂在假警报中,很容易被错过。过分复杂的界面使关掉假警报非常困难,几乎所有IDS产品在默认设置状态下都会产生非常多的假警报,给用户带来许多麻烦。

7. 系统本身是否安全

IDS系统记录了企业最敏感的数据,必须有自我保护机制,防止成为黑客的攻击目标。

8. 产品实时监控性能

由IDS通信造成的对网络的负载不能影响正常的网络业务,必须对数据进行实时分析,否则无法在有攻击时保护网络,所以必须考虑网络入侵检测产品正常工作的最大带宽数。

9. 系统易用性

系统的易用性包括5个方面:

- 界面易用——全中文界面,方便易学,操作简便灵活。
- 帮助易用——在监控到异常事件时能够立刻查看报警事件的帮助信息,同时在联机帮助中能够按照多种方式查看产品帮助。
- 策略编辑易用——能否提供单独的策略编辑器,可否同时编辑多个策略,是否提供策略打印功能。
- 日志报告易用——是否提供灵活的报告定制能力。
- 报警事件优化技术——是否针对报警事件进行优化处理,将用户从海量日志中解放出来,先进的IDS能够将一定时间内的类似事件经过优化处理后合并进行报警,这样,用户面对的日志信息不仅更为清晰而且避免错过重要报警信息。

10. 特征库升级与维护的费用

像反病毒软件一样,入侵检测的特征库需要不断更新才能检测出新出现的攻击方法。

11. 产品是否通过了国家权威机构的评测

主要的权威评测机构有:国家信息安全评测认证中心、公安部计算机信息系统安全产品质量监督检验中心等。

另外,购买IDS产品需要考虑多种因素,上面只是基本的要点。由于用户的实际情况不同,用户可根据自己的安全需要综合考虑。

思 考 题

1. 什么是入侵检测系统?
2. 什么是误用入侵检测系统?
3. 什么是异常入侵检测系统?
4. 如何选择入侵检测产品?

第6章
虚拟专用网技术

在国外,虚拟专用网 (Virtal Private Network,VPN)已经迅速发展起来。在中国,虽然人们对 VPN 的安全性、服务质量(QoS)等方面存有疑虑,但互联网和电子商务的快速发展使人们有理由相信,中国的 VPN 市场将逐渐热起来。

6.1 VPN 概述

对国内的用户来说,VPN 最大的吸引力是价格。据估算,如果企业放弃租用专线而采用 VPN,其整个网络的成本可节约 21%～45%,至于那些以电话拨号方式联网存取数据的公司,采用 VPN 则可以节约通信成本 50%～80%。为什么 VPN 可以节约这么多的成本?这就先要从 VPN 的概念谈起。

现在有很多连接都被称作 VPN,用户经常分不清楚,那么一般所说的 VPN 到底是什么呢?顾名思义,虚拟专用网不是真的专用网络,但却能够实现专用网络的功能。虚拟专用网指的是依靠 ISP(因特网服务提供商)和其他 NSP(网络服务提供商),在公用网络中建立专用的数据通信网络的技术。在虚拟专用网中,任意两个节点之间的连接并没有传统专网所需的端到端的物理链路,而是利用某种公众网的资源动态组成的。

VPN 是在因特网上临时建立的安全专用虚拟网络,用户就节省了租用专线的费用,在运行的资金支出上,除了购买 VPN 设备,企业所付出的仅仅是向企业所在地的 ISP 支付一定的上网费用,也节省了长途电话费。这就是 VPN 价格低廉的原因。

6.2 VPN 技术

1. VPN 安全技术

VPN 是在不安全的因特网中通信,通信的内容可能涉及企业的机密数据,因此其安全性非常重要。VPN 中的安全技术通常由加密、认证及密钥交换与管理组成。

(1) 认证技术

认证技术防止数据的伪造和被篡改，它采用一种称为“摘要”的技术。“摘要”技术主要采用 Hash 函数将一段长的报文通过函数变换，映射为一段短的报文(即摘要)。由于 Hash 函数的特性，两个不同的报文具有相同的摘要几乎不可能。该特性使得摘要技术在 VPN 中有两个用途：验证数据的完整性和用户认证。

(2) 加密技术

IPSec 通过 ISAKMP/IKE/Oakley 协商确定几种可选的数据加密算法，如 DES 、3DES 等。DES 密钥长度为 56 位，容易被破译，3DES 使用三重加密增加了安全性。

(3) 密钥交换和管理

VPN 中密钥的分发与管理非常重要。密钥的分发有两种方法：一种是通过手工配置；另一种采用密钥交换协议动态分发。手工配置的方法由于密钥更新困难，只适合于简单网络的情况。密钥交换协议采用软件方式动态生成密钥，适合于复杂网络的情况且密钥可快速更新，可以显著提高 VPN 的安全性。目前主要的密钥交换与管理标准有 IKE (互联网密钥交换)、SKIP (互联网简单密钥管理)和 Oakley。

2. VPN 隧道协议

目前主流的隧道协议包括了在数据链路层的 PPTP、L2TP 协议，在网络层的 IPSec 协议，在 TCP 层的 SOCKS v5 协议以及在会话层的 SSL 协议。图 6.1 所示为几种隧道协议 VPN 位置。

OSI 七层模型	安全技术	安全协议
应用层 表示层	应用代理	—
会话层 传输层	会话层代理	SOCKS v5/SSL
网络层	包过滤	IPSec
数据链路层		PPTP/L2F/L2TP
物理层		—

图 6.1 几种隧道协议 VPN 位置

(1) PPTP/L2TP 协议

PPTP/L2TP 协议是微软公司(后者有思科的参与)提出来的，PPTP/L2TP 已被嵌入到微软的操作系统中，用于微软的路由和远程访问服务。

L2TP 是 L2F(Layer 2 Forwarding)和 PPTP 的结合。但是由于 PC 的桌面操作系统已包含 PPTP，因此 PPTP 仍比较流行。隧道的建立有两种方式，即用户初始化隧道和 NAS 初始化隧道。前者一般指主动隧道，后者指强制隧道。主动隧道是用户为某种特定目的的请求建立的，而强制隧道则是在没有任何来自用户的动作以及选择的情况下建立的。

PPTP/L2TP 目前已经不是主流。因为它们没有提供内在的安全机制，端点用户需要在连接前手工建立加密信道，没有加密和认证支持，稳定性也很差，而且也无法穿越

NAT,因此仅有少部分微软用户还在使用。

(2) IPSec 协议

IPSec 提供站点间(如分支办公室到总部)及远程访问的安全联机。这是一种成熟的标准,全球各地许多厂家提供这种解决方案。IPSec/IKE 事实上指的是 IETF 标准(从 RFC 2401 到 241X)的集合,包括密钥管理协议(IKE)和加密封包格式协议(IPSec)。IPSec/IKE 可支持各种加密算法(DES、3DES、AES 与 RC4)及信息完整性检验机制(MD5、SHA-1)。

IPSec 是网络层的 VPN 技术,表示它独立于应用程序。IPSec 以自己的封包封装原始 IP 信息,因此可隐藏所有应用协议的信息。一旦 IPSec 建立加密隧道,就可以实现各种类型的一对多的连接,如 Web、电子邮件、文件传输、VoIP 等连接,并且,每个传输必然对应到 VPN 网关之后的相关服务器上。

(3) SOCKS v5 协议

SOCKS v5 工作在 OSI 模型中的第 5 层(会话层),可作为建立高度安全的 VPN 的基础。SOCKS v5 协议的优势在访问控制,因此适用于安全性较高的 VPN。SOCKS v5 现在被 IETF 建议作为建立 VPN 的标准。

SOCKS v5 是建立在 TCP 层上的安全协议,其本身工作在 OSI 模型的会话层上,本身较为安全,但其要制定比低层协议更为复杂的安全管理策略。而随着 SSL 技术的兴起,目前 SOCKS v5 基本上趋于淘汰。

(4) SSL 协议

SSL VPN 如图 6.2 所示,指的是以 HTTPS 为基础的 VPN,但也包括可支持 SSL 的应用程序,例如,电子邮件客户端程序,如 Microsoft Outlook 或 Eudora。SSL VPN 经常被称之"无客户端",因为目前大多数计算机在出货时,都已经安装了支持 HTTP 和 HTTPS(以 SSL 为基础的 HTTP)的 Web 浏览器。

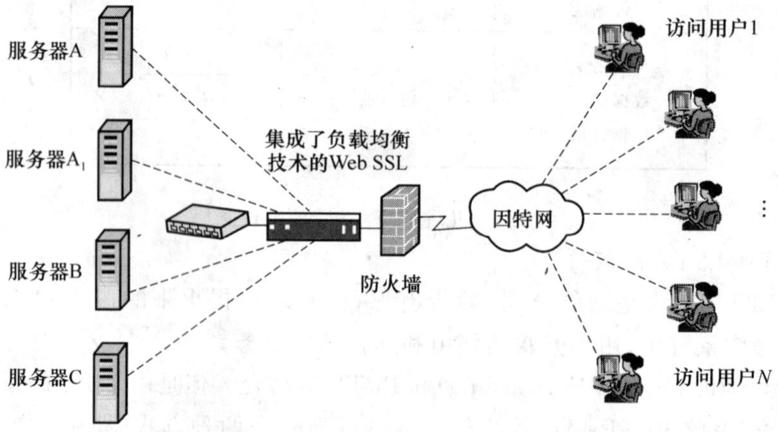

图 6.2 SSL VPN

目前,SSL 已由 TLS 传输层安全协议(RFC 2246)整合取代,它工作在 TCP 之上。如同 IPSec/IKE 一样,它必须首先进行配置,包括使用公钥与对称密钥加密以交换信息。

此种交换通过数字签名让客户端使用已验证的服务器，还可选择性地通过签名或其他方法让服务器验证客户端的合法性，接着可安全地产生会话密钥进行信息加密并提供完整性检查。SSL 可利用各种公钥(RSA、DSA)算法、对称密钥算法(DES、3DES、RC4)和完整性(MD5、SHA-1)算法。

3. MPLS VPN

(1) MPLS VPN 产生的背景

随着通信行业不断发展，因特网日益成熟壮大起来，对于企业网的运行模式也有了新的概念。

早期企业网的概念只是局限在某幢大楼内的局域网。但是，随着企业的不断发展，它的分支机构可能会分布在全国各地甚至延伸到国外；同时企业内部的信息也从单一的数据业务扩展到语音、视频与数据业务并存。在这种情况下，如果企业还是独立地构筑自己的专用网络，不仅需要大量资金的投入，而且还需要雇用很多建设与维护网络的人员，这无疑给企业提出了一个很大的难题。在这种情况下，VPN 便应运而生。

VPN 是建立在运营商网络逻辑上的一种专用网络。它通过对网络数据进行封装和加密，为用户提供安全的端到端通信，从而利用公网构筑专网。

- 从逻辑上看，该网络在物理上是独立的网络，但实际上，它们在物理上并不独立，而是同享一些网络资源；
- 该网络享有私密性，也就是说，VPN 具有独立的路由功能以及独立的地址空间。

采用 VPN 的目的就是为用户提供更高的灵活性、更高的效率以及管理的简单性。目前既有二层 VPN，也有三层 VPN。早期的 VPN 是构筑在二层技术的基础上的(如 FR 或者 ATM)。这些技术可以提供安全的隧道，从而防止拒绝服务以及闯入攻击，同时它们还可以提供地址与路由的分离技术，但是二层技术构筑的 VPN 有着诸多缺点：它们的可扩展性不佳，而且通过二层 VPN 技术也很难提供流量工程，为了解决这些问题，全新的采用三层技术的 MPLS-VPN 终于出现了。

MPLS (Multiprotocol Label Switching，多协议标记交换) VPN 是一种基于 MPLS 技术的 IP VPN，是在网络路由和交换设备上应用 MPLS 技术，简化核心路由器的路由选择方式，利用结合传统路由技术的标记交换实现的 IP VPN，可用来构造宽带的企业内部网和企业外部网满足多种灵活的业务需求。这里主要介绍了 MPLS VPN 技术及其主要应用。

(2) MPLS VPN 简介

MPLS 以及 MPLS VPN 是唯一一个能够满足新一代专用网络业务的解决方案的技术。它具有如下的优点：

- 满足了企业网内部应用的 IP 灵活性；
- 提供了如 FR/ATM 一样的私密性；
- 与多种业务类别之间的强大的 SLA；
- 低开销可管理的业务。

正如前面所讲的，为了解决 VPN 的扩展性问题，人们提出了 BGP MPLS VPN 的概念，它是用 BGP 协议在 MPLS 核心交换路由信息，由于其采用三层技术构筑，因而 VPN

具有采用二层技术构筑的 VPN 的所有安全特性,同时也增加了可扩展性。这个技术的一个关键部分就是采用 BGP 以及它的一些扩展特性,也就是所谓的 BGP MPLS VPN 。对于不同的 VPN 用户,它们的路由转发信息是完全分离的。BGP 在 MPLS 核心上通过 LDP 来转发这些路由信息。

在 VPN 模型中,VPN 站点与运营商的骨干网相连。用户端的路由器被称为用户边缘(CE)路由器,运营商网络中第一跳的路由器是运营商边缘(PE)路由器,而网络中间节点的路由器被称作运营商(P)路由器。MPLS VPN 模型如图 6.3 所示。

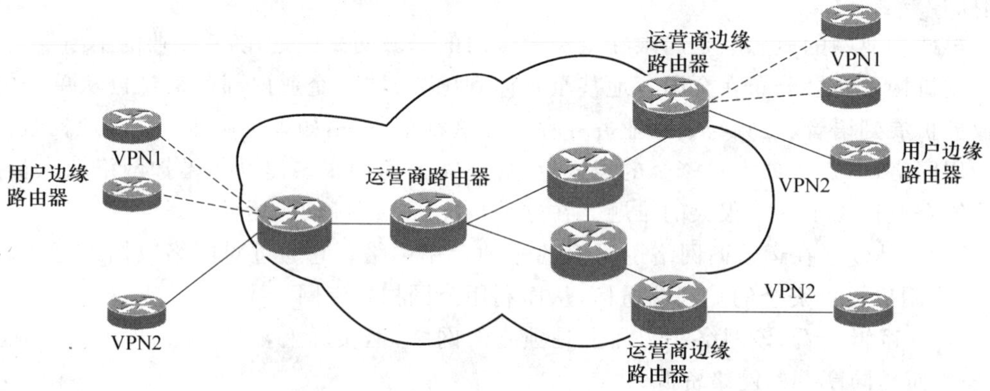

图 6.3 MPLS VPN 模型

用户边缘路由器只与运营商边缘路由器相连,而不与 VPN 中的其他节点直接相连,运营商边缘路由器只接收并保持与其直接相连路由器的有关 VPN 的路由信息,所以用户在管理自己的 VPN 时会发现使用 MPLS 模式时路由配置非常简单。可以把运营商的骨干网当做到所有地点的默认路由来使用,而不需要与非常复杂的、包括了大量二层 PVC 或三层路由表的网络打交道。

6.3 VPN 的建设

6.3.1 自建和外包

由于 VPN 低廉的使用成本和良好的安全性,许多大型企业及其分布在各地的办事处或分支机构成了 VPN 顺理成章的用户群。对于那些最需要 VPN 业务的中小企业来说,一样有适合的 VPN 策略。当然,不论何种 VPN 策略,它们都有一个基本目标:在提供与现有专用网络基础设施相当或更高的可管理性、可扩展性以及简单性的基础之上,进一步扩展公司的网络连接。

1. 大型企业自建 VPN

大型企业用户由于有雄厚的资金投入作保证,可以自己建立 VPN,将 VPN 设备安装在其总部和分支机构中,将各个机构低成本且安全地连接在一起。企业建立自己的

VPN，最大的优势在于高控制性，尤其是基于安全基础之上的控制。一个内部 VPN 能使企业对所有的安全认证、网络系统以及网络访问情况进行控制，建立端到端的安全结构，集成和协调现有的内部安全技术。

企业还可以确保得到业内最好的技术以满足自身的特殊需要，这要优于 ISP 所提供的普通服务。而且，建立内部 VPN 能使企业有效节省 VPN 的运作费用。企业可以节省用于外包管理设备的额外费用，并且能将现有的远程访问和端到端的网络集成起来，以获取最佳性价比的 VPN。

虽然 VPN 外包能避免技术过时，但并不意味着企业可以节省开支。因为企业最终还要为高额产品支付费用，以作为使用新技术的代价。虽然 VPN 外包可以简化企业网络部署，但这同样降低了企业对公司网的控制等级。网络越大，企业就越依赖于外包 VPN 供应商。因此，自建 VPN 是大型企业的最好选择。

2. 中小型企业外包 VPN

虽然每个中小型企业都是相对集中和固定的，但是部门与部门之间、企业与其业务相关企业之间的联系依然需要廉价而安全的信息沟通，在这种情况下就用得上 VPN。电信企业、IDC 目前提供的 VPN 服务，更多的是面向中小企业，因为可以整合现有资源，包括网络优势、托管和技术力量来为中小企业提供整体的服务。中小型企业如果自己购买 VPN 设备，则财务成本较高，而且一般中小型企业的 IT 人员短缺、技能水平不足、资金能力有限，不足以支持 VPN，所以外包 VPN 是较好的选择。

- 外包 VPN 比企业自己动手建立 VPN 要快得多，也更为容易。
- 外包 VPN 的可扩展性很强，易于企业管理。有统计表明，使用外包 VPN 方式的企业，可以支持多于 2 300 名用户，而内部 VPN 平均只能支持大约 150 名用户。而且，随着用户数目的增长，对用于监控、管理、提供 IT 资源和人力资源的要求也将呈指数增长。
- 企业 VPN 必须将安全和性能结合在一起，然而，实际情况中两者不能兼顾。例如，对安全加密级别的配置经常降低 VPN 的整体性能。而通过提供 VPN 外包业务的专业 ISP 的统一管理，可大大提高 VPN 的性能和安全。ISP 的 VPN 专家还可帮助企业进行 VPN 决策。
- 对服务水平协议(SLA)的改进和服务质量(QoS)保证，为企业外包 VPN 方式提供了进一步的保证。

6.3.2 选用 VPN 方案时应注意的问题

选用 VPN 方案时要注意基于用户端的 VPN 服务和基于网络的 VPN 服务之间的差别。前者包括 CPE，实现真正的端到端安全和性能管理。后者则主要是使用服务供应商业务点(POP)中的设备开通。基于用户端的解决方案应注意以下几个关键问题：

1. 集中化策略管理

这是构建大规模 VPN 解决方案的关键。通过全面分布 VPN 配置和安全策略实现集中控制，策略管理简化了 VPN 开通和管理工作。供应商网络成为一个一体化系统，而不是不同产品拼凑在一起的集合，它能够为网络上任何地方的任何灵活服务集中提供支持。

2. 强大的安全和认证

VPN 解决方案与防火墙一样关键。服务平台应能够紧密地与其他企业防火墙和入侵检测系统实现同步管理。平台中应包括一个紧密集成的经过 ICSA 认证的防火墙。为了实现用户认证功能，平台应支持 SecurID 令牌或 X.509 数字证书。应避免采用通用操作系统作为 VPN 设备的基础，因为这些操作系统可能充满了安全漏洞。

3. 全面集成

由于 VPN 是保证商业合作伙伴和企业客户安全通信的网络，因此产品线中必须全面集成和管理一套互补的技术和设备。VPN 可以使用专用 VPN 路由器构建，也可以把 VPN 网关附加连接在现有的路由器上。下一代 VPN 路由器将是专用的，提供紧密集成的 IP 路由、安全、防火墙和带宽管理功能。

VPN 网关通常是一种低成本设备，它将在过去安装的 IP 网络之上，叠加提供隧道加密和防火墙服务等功能。

4. 符合标准

安全 VPN 采用的标准是网际安全协议(IPSec)，这是一项因特网工程任务小组(IETF)标准，并不是所有供应商都部署了带有 128 位 IPSec 加密技术的管理型 VPN 服务。

5. 多个认证中心支持

企业不应局限于专有的认证中心(CA)或认证注册协议，通过支持多个 CA，如 Entrust 和 VeriSign，网络管理员可以选择最优秀的公共密钥基础设施(PKI)技术。

6. 硬件加速加密

执行加密和解密要求密集型处理能力，特别是在执行自动密钥交换时。对 T-3 之类的高速应用，服务平台应具有硬件加速加密功能。低速应用可以运行基于软件的加密功能。

7. 扩充能力

大多数企业面临着不断变化的网络需求，包括更快速的连接和越来越多的连接位置。实现 VPN 解决方案后，不必更换所有硬件和软件。VPN 体系结构至少应支持数十台 VPN 网关和数千个 VPN 客户端。

6.3.3 构建端到端安全 VPN 应包含的组成部分

以朗讯的安全 VPN 系列为例，它包括下述组成部分：

1. 策略管理

安全管理服务器(LSMS)和 QVPN Builder 是一种集成化集中式的 VPN 策略管理软件，也是朗讯安全 VPN 系列的核心。LSMS 为远程接入应用而优化，可以处理公共密钥基础设施、接合 RADIUS 和 SecurID 用户认证服务器、管理 VPN 配置文件、防火墙规则和 QoS 策略定义。LSMS 和 QVPN Builder 相集成，可以管理数百个 VPN 网关、接入点、Pipeline 和 SuperPipe VPN 路由器及数千个 IPSec Client，它一次可以管理最多 2.4 万条 VPN 隧道。

2. VPN 防火墙

VPN 防火墙为 IP 网络提供了一种经济的 VPN 重叠方法，包括防火墙和硬件加密服务。VPN 防火墙模块提供了专用的平台，它采用硬件加密技术，可以保持 75 M bit/s 的 3DES 吞吐量，支持最多 2 000 条同步隧道，它还支持高度机密的企业内部网使用的高级安全特性，包括 ICSA 认证和 NSA 认证的防火墙及强大的认证和接入控制功能。

3. VPN 客户端

朗讯 IPSec 客户端软件支持 RADIUS 或 SecurID 基于一次性令牌的认证系统。在 IPSec 客户端连接到安全 VPN 系列中的任何网关时，它自动透明地认证用户身份，执行安全策略。可以集中管理配置，确保通过 LSMS 严格地实施接入权限。

4. VPN 路由器

Access Point 和 Pipeline/SuperPipe 路由器把路由、带宽管理、VPN 和防火墙功能融合在一个综合服务平台中。这些平台可以部署在用户端，也可以部署在服务供应商的业务点，同时为任何规模的站点间应用和远程接入应用提供路由器和网关功能。

6.4 VPN 产品

6.4.1 思科公司的 VPN 产品

思科公司在路由器和交换机领域处于业界公认的领先地位，随着公司的不断壮大，其产品线也已经越来越丰富，目前思科公司已经拥有了全套的 VPN 设备，能够为各种级别的需求拿出 VPN 解决方案。思科公司在自己的防火墙、路由器等产品上都配置有 VPN 模块，思科专门的 VPN 产品是 Cisco VPN 3000 集中器系列，下面对其特点做简单介绍。

Cisco VPN 3000 集中器系列由通用的远程访问虚拟专网(VPN)平台将高可用性、高性能和可扩展性与当今最先进的加密和认证技术结合在一起，由客户机软件组成。利用 Cisco VPN 3000 集中器系列，客户可以充分发挥最新 VPN 技术的优势，极大地降低通信费用。特别是，该产品是业界唯一的能够提供现场可更换和客户可升级部件的可扩展平台。这些称为可扩展加密处理(SEP)模块的部件使用户可以轻松地增加容量和吞吐量。

Cisco 客户可以在众多的 VPN 3000 集中器中选择最适合自己需求和应用的具体型号，这些型号支持各种企业客户，包括从只有不到 100 个远程访问用户的小公司到有多达 10 000 名同时远程用户的大型机构。不论 Cisco VPN 3000 集中器的哪一种版本，都可以在不增加更多费用的情况下提供 Cisco VPN 客户机，并给予不受限制的安装许可证。Cisco VPN 3000 集中器提供非冗余和冗余两种配置，允许客户构建最稳健、最可靠和经济高效的网络。另外，还提供高级路由功能，如 OSPF、RIP 和网络地址转换。

6.4.2 华为 3Com VPN

华为 3Com VPN 是华为 3Com 公司面向企业用户开发的新一代专业安全网关设备，能够提供优越的 NAT 功能，可以作为企业的汇聚及接入网关设备；支持防火墙、AAA、NAT、QoS 等技术，可以确保在开放的因特网上实现安全的、满足可靠质量要求的私有网络。华为 3Com VPN 的 NAT 功能强大，支持局域网内用户使用地址池中的 IP 地址访问外部网络，支持将访问控制列表与地址池的关联，支持将访问控制列表与接口的关联，支持外部网络主机访问内部的服务器，可配置支持地址转换的有效时间，支持多种 ALG。华为 3Com VPN 支持多种 VPN 业务，如 L2TP VPN、IPSec VPN、GRE VPN 等。具有强大的 NAT 功能特性：支持局域网内用户使用地址池中的 IP 地址访问外部网络；支持将访问控制列表与地址池的关联；支持将访问控制列表与接口的关联；支持外部网络主机访问内部的服务器；可配置支持地址转换的有效时间；支持多种 ALG；支持丰富的 VPN 业务特性：支持 L2TP VPN、GRE VPN、IPSec VPN、华为动态 VPN 等多种 VPN 业务模式；支持华为专利动态 VPN(DVPN)技术，实现穿越 NAT 网关，动态 IP 地址构建 VPN，自动建立隧道技术，多个 VPN 域等功能特性；支持通过 QuidView VPN Manager 组件进行统一网管和统一的 VPN 隧道监控；支持通过华为 3Com BIMS 分支网点智能管理系统实现 VPN 配置自动下发；全面细粒度的 QoS 保证：支持流分类、流量监管、流量整形及接口限速；支持拥塞管理(FIFO、PQ、CQ、WFQ、CBWFQ、RTPQ)；支持拥塞避免(WRED)；提供企业网络的安全保障和防护功能防火墙安全过滤能力：支持包过滤技术，还可以按照时间段进行过滤；支持华为 3Com 专有 ASPF 应用层报文过滤协议；组合多种安全认证能力：提供基于 PKI /X. 509 的证书认证功能；支持与 RSA SecurID 动态口令认证结合；在 PPP 线路上支持 CHAP 和 PAP 验证协议；支持 USB Key 方式存储数字证书、配置信息以及用户名密码；支持用户身份管理，不同身份的用户拥有不同的命令执行权限；支持用户视图分级，不同级别的用户赋予不同的管理配置权限；支持与 Radius 服务器配合，实施对接入用户的验证、授权和计费；OSPF、RIP2 具有 MD5 认证功能，确保所交换路由信息的可靠性。

6.4.3 联想 VPN 网关

联想 VPN 是联想集团的安全产品。它采用国家密码委员会推荐的国产密码保密方案，提供序列密码、分组密码和公钥密码三类加密算法，支持身份鉴别、信息加密、数字签名和密钥生成与保护，系统具有足够的抗密码分析攻击的能力。采用硬件加密技术，密码专用芯片技术，实时操作系统技术和明密信息传递通道扩展技术，有效地降低了系统时延。

联想 VPN 在系统安全特性方面，基于自主开发的嵌入式专用安全操作系统，采用智能化包过滤技术和黑洞式防火墙机制，完整理解并准确实现了 IPsec 网络安全协议。

联想 VPN 在网络应用和网络环境适应性方面，支持 IP 协议上的各种网络应用，包括 Web 浏览、电子邮件、Notes 应用、数据库应用、IP 电话、视频点播、视频会议、安全域管理和用户基于 TCP/IP 协议自主开发的其他应用。支持多子网、路由功能、网状与树状 VPN 部署等，对 FR、DDN、X.25、ISDN 等各种物理线路透明。

联想 VPN 在管理功能上，可以对同一安全域内的全部密码机进行集中统一管理，管理信息包通过 SSL 安全通道传输，也可通过 USB 安全装置或智能卡网外传递。可以进行全网的统一的版本控制与软件分发、全网统一的时间管理、方便灵活的设备增减、实时的设备与通信状态监控，完备的日志审计功能。

联想 VPN 可以兼顾多种需求和支持用户定制。使用配置既支持普通用户的默认配置也支持灵活的专家配置模式，用户可根据需要配置算法、安全子网、普通子网、密钥生存期。

总体来讲，联想网御 VPN 加密网关应用有 3 个特点：

（1）集中管理，降低管理和部署成本

联想网御 VPN 加密网关集中管理系统是基于 PKI 的密钥管理框架的，通过实时在线的安全信道以最少量的操作安全高效地组建虚拟专用网并进行密钥管理、网关管理、隧道管理、策略管理、证书管理、各种状态监控，使整个系统部署灵活，易于管理和扩展。同时安全管理中心采用专门设计的安全管理协议，支持与防火墙管理中心、防病毒管理中心、CA 中心、用户集中控制中心等管理设备的无缝集成。

（2）动态 VPN 支持，解决复杂的接入方式

在当前的网络环境中，有各种各样的接入方式，如 ADSL 接入就有专线、桥接、PPPOE 等多种方式，PPPOE 又与 NAT 结合，为解决此问题，联想 VPN 把网关与管理中心、动态域名解析方式进行整体设计，完全解决了各种情况下的端对端的安全问题。

（3）集成访问控制，确保网络整体安全

联想 VPN 除提供加密隧道外，还提供了防火墙功能，可实现隔离公共网络和内部网络之间、各分支内部网络之间相互通信的目的。

联想 VPN 实现了内部用户和远程接入用户的身份认证，实现了只让正确的人在设定的时间以合法的方式访问正确的信息，并提供了完善的日志审计系统，便于安全性分析，为动态修改安全策略提供分析数据。

6.4.4 天融信网络卫士 VPN

天融信网络卫士 VPN 是北京天融信网络安全技术有限公司的安全产品。在安全性上，天融信网络卫士 VPN 采用了拥有自主产权的加密算法，使用的是专用的操作系统、标准的协议及安全的软件，并全面固化于硬件中，抗攻击能力强。管理员需采用智能 IC 卡才可以对系统开机操作。天融信网络卫士 VPN 采用国际标准安全协议，遵循 IPSec 安全协议，对用户数据提供加密、完整性验证以及身份认证的功能，最大限度地对上层应用提供安全保护。该产品遵循 ISAKMP/OAKLEY 密钥协商和管理协议，实现安全可靠的密钥分发与管理。VPN 设备之间采用基于 X.509 标准的数字证书进行认证，支持 CA 认证。在加密算法上，天融信网络卫士 VPN 采用了通过国家鉴定的硬件加密卡所提供的 128 位对称加密算法和 128 位密钥散列算法。身份认证采用 1 024 位的非对称算法。

在可用性上，天融信网络卫士 VPN 采用的是明密结合的数据传输方式。在安全网

关之间的数据传输用户可以根据需要采用加密方式传输也可以以明文方式(即不加密方式)传输。用户也可以自由选择透明模式和路由模式两种工作模式。同时该款产品还可以灵活地实现网关到网关、端用户到网关的工作方式,其中端用户到网关方式既可以用于同一局域网内又可用于连接公网的端用户访问对方子网的情况。此外,对于网络出口存在 NAT 设备的情况,系统可以支持 NAT 穿越技术,实现对多个 NAT 设备的穿越,从而极大地提高了系统的可用性。

在扩展性上,天融信网络卫士 VPN 还具有较强的扩展性,用户可以根据需求扩展接口,每个接口可绑定多个 IP 地址,以发挥对多个子网的安全保护。网络卫士 VPN 还采用模块化设计,可实现模块化与防火墙结合,借助 TOPSEC 防火墙的强大功能,从而更大限度地保障网络信息的安全性。

在易用性上,在管理方面,天融信网络卫士 VPN 基于对象模式的全中文图形管理器界面,友好、直观、便捷。同时,系统还具有完善的系统日志管理功能,支持标准的日志管理服务器。此外,通过采用 SCM 集中管理服务器不仅可以为网关式 VPN 和客户端 VPN 提供统一的远程管理,还可以解决动态地址的接入问题。而通过采用 ADS 自动分发系统则可以方便地实现系统的快速部署。

灵活性方面,可根据用户网络在实际应用中的复杂性,天融信网络卫士 VPN 可以支持网关-网关式、客户端 VPN+网关式 VPN、客户端 VPN+网关式 VPN+网关式 VPN、SCM+VRC、SCM+网关式 VPN+VRC 5 种连接方式,以方便用户在网络上的构建和连接,同时,为了满足拨号环境,系统还可以支持 ADSL 和普通 Modem 接入方式,提供自动拨号功能,用户可以灵活地选择管理方式。

总体来讲,天融信 TOPSEC-VPN 提供了企业内部之间彼此通信、与伙伴企业之间彼此通信、企业分支机构与企业总部之间通信、远程移动工作人员与企业内部通信的安全保障,充分利用了企业网络的优势,真正实现了企业网络的安全可靠,并且其实现过程经济、便捷。

TOPSEC-VPN 针对 VPN 的功能特性可以支持固定边界－固定边界、终端用户－固定边界、终端用户－终端用户等几种典型应用方式,每种方式根据其工作特点都可以独立使用,同时又可以组合使用,方便用户。

测试结果表明,天融信 VPN 安全网关产品以良好的性能和较为完善的功能保证子网之间、子网与远程客户端及客户端到客户端之间的安全通信以及实现子网的边界访问控制,灵活运用于各种应用模式,并适应各种网络接入方式,集中管理功能强大,操作简单直观,功能完善,在硬件加密传输过程中具有较好的网络性能,能满足各种用户的百兆网络应用需求。

6.4.5 亿阳公司 VPN 产品

亿阳公司 VPN 产品是通过国家鉴定的基于 IP 网络层的安全设备,可以提供加密、身份验证、完整性保护等安全机制,主要保护的是网络传输安全,也具备网络边界安全的功能,俗称加密防火墙。根据用户实际需求,VPN 产品中的安全网关——SJW13 网络密码机分别可以作为IP加密机、安全VPN设备两种形式出现。

亿阳公司VPN产品的核心技术包括网络协议封装技术和数据安全技术。网络协议封装技术使数据可以在公共网络和私有网络环境中交换、传输，而数据安全技术可以提供数据的机密性保护、完整性保护以及不可否认性保护(数据来源的身份确认)针对不同用户的需要，亿阳公司VPN产品可以有多种实施模式：

(1) 对于已经建有自己的专有网络(私有网)，同时希望今后继续使用专有网络的大型企业、行业用户(如电信、金融、石油石化)，亿阳公司VPN产品可以将数据安全技术突出，而将网络协议封装技术弱化，此时本系统主要功能为IP加密机。应该说，专线网并不等同于安全网，由于专有网的线路跨度可能比较长，在中间线路处存在电磁泄露分析，甚至被非法搭线窃听、篡改数据的危险，尤其对于金融、证券等数据敏感部门，这种危害更为严重。针对这种情况，网络密码机系统可作为IP加密机，在网络两端对专线传输的数据进行加密和认证，确保数据传输的安全。

(2) 对于已经建有自己的专有网络(私有网)，但为了降低使用成本，今后想将私有网逐渐向公共网转移过渡的企业用户(如具有大量分支机构的大型企业)，亿阳公司VPN产品可以帮助其建立完整的VPN产品，使用公共网络部分替代原有私有网，构建企业自身的虚拟专网，同样可以保证安全，更可降低使用成本、充分利用带宽和网络资源，同时增强扩展性和灵活性。

(3) 对尚未建立自己专有网络，但发展迅速需要有分支互联的企业，亿阳公司VPN产品可以直接帮助其建立完整的VPN产品，在低成本、高安全的基础上，VPN大大降低了网络复杂度，网络地址可以在企业内部进行统一分配，VPN组网的灵活性简化了企业的网络管理，同时具有良好的扩展性，可以适应网络规模和业务的不断发展。

(4) 对需要远程通过建立临时连接来访问企业Intranet和Extranet的用户，亿阳公司VPN产品可提供拨号接入方式。主要使用对象为出差流动人员、远程办公人员和异地小型分支机构，用户通过访问本地ISP提供的接入服务，由亿阳公司VPN产品提供身份认证和数据加密，通过公用网络与企业的Intranet和Extranet建立VPN连接。

6.5 VPN产品的选择

选择VPN产品，要从以下几个方面考虑：

(1) 安全性

由于使用因特网作为承载介质，VPN必须有足够的安全保障功能。通过高强度的加密算法保证数据不被侦听或篡改，确保接入用户身份的唯一性。另外，还应能控制用户对内网资源的访问权限，做到指定人访问指定资源。

(2) 稳定性

要实现数据实时传送要求一个稳定的网络基础。利用各种技术手段，保证在网络出现故障时能够迅速检测和恢复。有足够的备份和负载均衡技术，确保部分网络瘫痪时仍有备份网络确保VPN正常运作。

(3) 性能和服务质量保证

VPN 产品的性能会影响 VPN 所能容纳的计算机、网络容量和传输效率,服务质量保证确保重要的业务应用数据能够得到优先传送。

(4) 是否支持动态 IP

这点对于 ADSL 连接的许多用户来说,非常重要。因我国 IP 地址资源缺乏,目前常用的因特网接入方案都是由 ISP 为接入用户动态分配临时 IP 地址。如果企业的两个分支机构均采用动态 IP 地址方式接入因特网,那么这两个分支机构之间的 VPN 隧道策略参数必须进行动态调整。

(5) 可管理性和可扩展性

VPN 是跨区域的,如何对整个 VPN 网络进行有效的管理、维护和监控,使用户能够自主管理重要的基础网络平台,是用户还需要必须考虑的问题。同时,用户还需要考虑现有的 VPN 系统是否能够适用于未来快速发展的因特网技术,以确保系统的扩展性。

(6) 是否支持移动用户

如何将越来越多的移动用户纳入公司整体网络,帮助移动用户安全、方便地访问公司资源,也是建设 VPN 网络需要解决的问题。用户在选择 VPN 产品时必须清楚其是否支持移动功能。

思 考 题

1. 什么是 VPN 技术?
2. 什么是 SSL VPN?
3. 如何选择 VPN 产品?

第3部分 系统层安全

第7章 Windows 操作系统安全配置

以 Windows 2000 操作系统安全为例，讲述操作系统层的安全。操作系统层的安全将直接影响网络层、应用层等层的安全。本章将从保护级别上由易到难分成操作系统的安全初级篇、安全中级篇、安全高级篇共 3 个级别。这样做可以通过选择不同的安全级别来让用户对自己的操作系统进行安全配置。

7.1 初 级 篇

安全配置方案初级篇主要介绍常规的操作系统安全配置，包括 12 条基本配置原则。

1. 操作系统的物理安全

所有的计算机都应该安放在安装了监视器的房间内。服务器要安装在单独的隔离房间内，不要与一般的计算机放在一起。

监视器要保留 15 天以上的摄像记录。另外，机箱、键盘、计算机桌抽屉要上锁，以确保旁人即使进入房间也无法使用计算机，钥匙要放在安全的地方。

2. 保护 Guest 账户

(1) 将 Guest 账户关闭、停用、改名。将 Guest 列入拒绝从"网络访问"名单中(如果没有共享文件夹和打印机)，防止黑客利用 Guest 账户从网络访问计算机、关闭计算机以及查看日志。

(2) 在计算机管理的用户里面把 Guest 账户停用，任何时候都不允许 Guest 账户登录系统。为了保险起见，最好给 Guest 加一个复杂的密码，如一串包含特殊字符、数字、字母的长字符串，还应修改 Guest 账户的属性，设置拒绝远程访问，如图 7.1 所示。

3. 限制用户数量

去掉所有的测试账户、共享账户和普通部门账户等。应使用用户组策略设置相应权限，并且经常检查系统的账户，删除已经不使用的账户，计算机管理窗口如图 7.2 所示。

账户很多是黑客入侵系统的突破口，系统的账户越多，黑客得到合法用户的权限可能性也就越大。对于 Windows NT/2000 主机，如果系统账户超过 10 个，一般就能轻易找出一两个弱口令账户，所以账户数量不要大于10个。

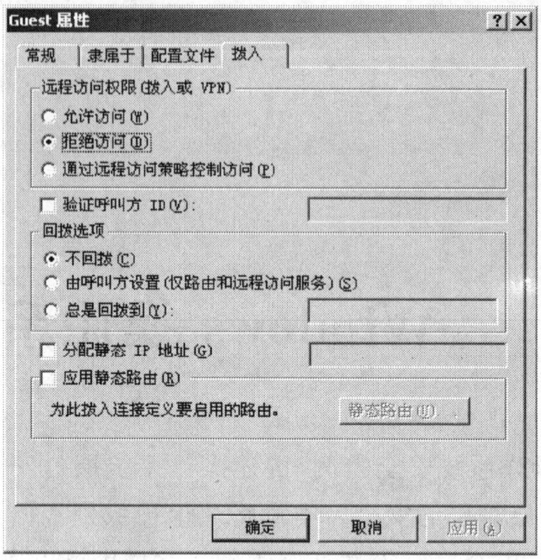

图 7.1　停止 Guest 账户

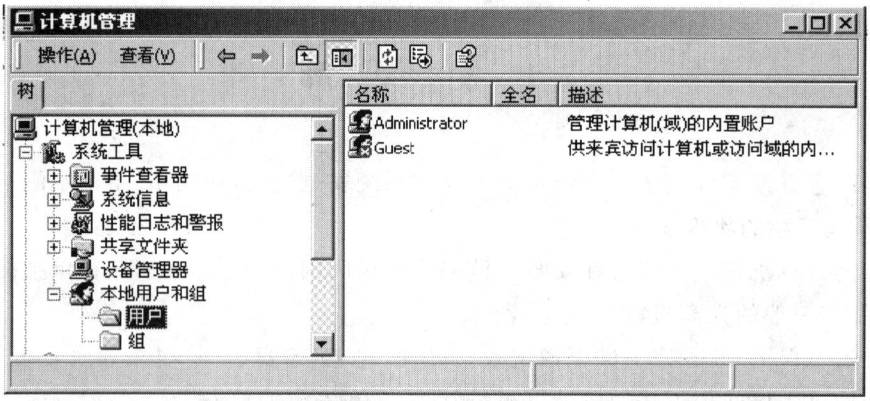

图 7.2　去掉不用的账户

4. 多个管理员账户

虽然这点看上去和上面有些矛盾，但事实上是服从以上规则的。创建一个一般用户权限账户用来处理电子邮件以及处理一些日常事物，另一个拥有 Administrator 权限的账户只在需要的时候使用。

因为只要登录系统以后，密码就存储在 WinLogon 进程中，当有其他用户入侵计算机的时候就可以得到登录用户的密码，所以应尽量减少 Administrator 登录的次数和时间。

5. 管理员账户改名

Windows 2000 中的 Administrator 账户是不能被停用的，这意味着别人可以一遍又一遍地尝试这个账户的密码。把 Administrator 账户改名可以有效地防止这一点。

尽量不要使用 Administrator、自己的姓名、公司名称之类的名字，而应把它伪装成普通用户，比如改成 guestone。具体操作的时候只要右击账户名选择“重命名”就可以了，如

图 7.3 所示。

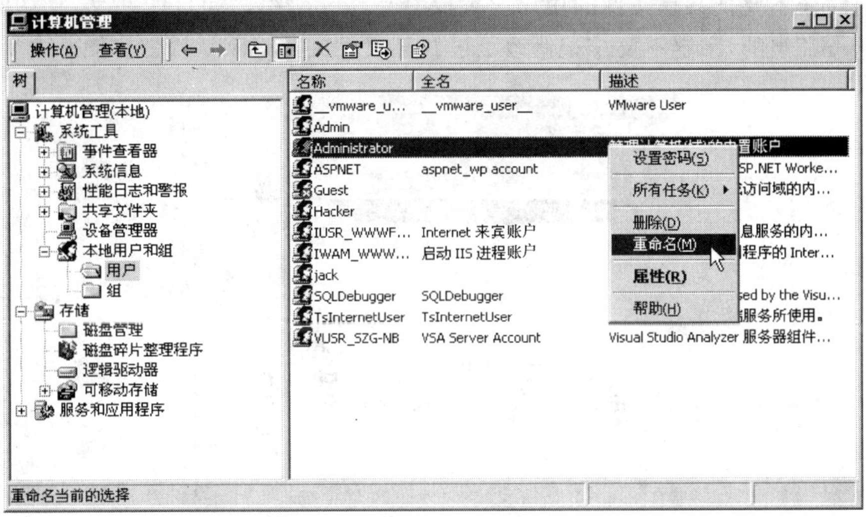

图 7.3　管理员账户改名

6. 陷阱账户

所谓的陷阱账户是创建一个名为“Administrator”的本地账户，把它的权限设置成最低，并且加上一个超过 10 位的超级复杂密码。这样可以让那些企图入侵者忙上一段时间了，并且可以借此发现它们的入侵企图。可以将该用户隶属的组修改成 Guests 组，如图 7.4 所示。

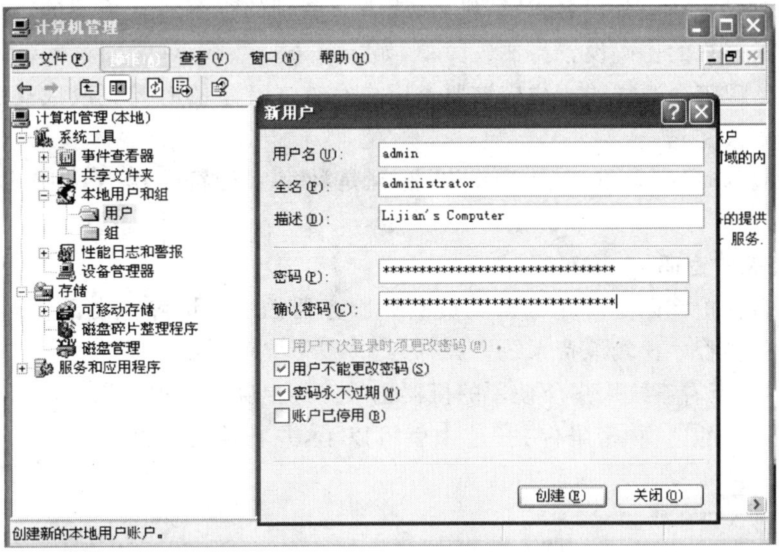

图 7.4　创建陷阱账户

7. 更改共享文件或文件夹默认权限

共享文件的权限从“Everyone”组改成“授权用户”。“Everyone”在 Windows 2000 中

意味着任何有权进入网络的用户都能够获得这些共享资料。

任何时候不要把共享文件的用户设置成“Everyone”组。如打印共享,默认的属性就是“Everyone”组的,一定不要忘记修改。设置某文件夹共享默认设置如图 7.5 所示。

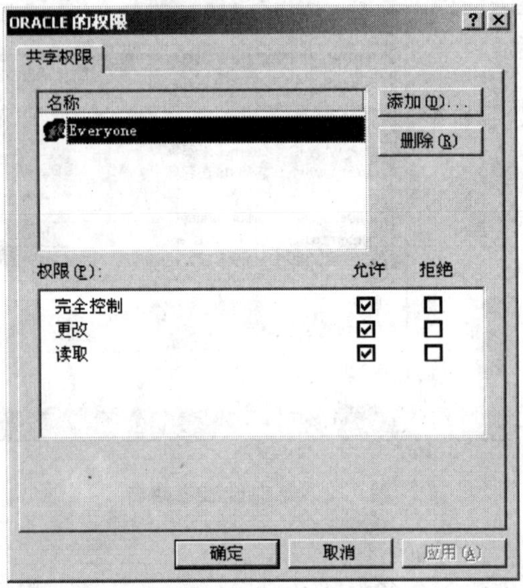

图 7.5　更改共享权限

8. 设置安全密码

好的密码对于一个网络是非常重要的,但是也是最容易被忽略的。一些网络管理员创建账户的时候往往用公司名、计算机名,或者一些别的很容易就猜到的字符做用户名,然后又把这些账户的密码设置得比较简单,如“welcome”、“iloveyou”、“letmein”或者和用户名相同的密码等。这样的账户应该要求用户在首次登录的时候更改成复杂的密码,还要注意经常更改密码。

设置密码的时候,最好要大于 8 位,并且是数字字母符号组合,如“iAmjaCk876 * &%”等。

9. 屏幕保护密码

设置屏幕保护密码是防止内部人员破坏服务器的一个屏障。由于 OpenGL 和一些复杂的屏幕保护程序比较浪费系统资源,因此一般黑屏就可以了。

还有一点,所有系统用户所使用的机器也最好加上屏幕保护密码。

将屏幕保护的选项“密码保护”选中就可以了,并将等待时间设置为最短时间“1 分钟”,如图 7.6 所示。

10. 使用 NTFS 格式

把服务器的所有分区都改成 NTFS 格式。NTFS 文件系统要比 FAT、FAT32 的文件系统安全得多。NTFS 格式可以设置对于分区的访问权限。

11. 安装防毒软件

Windows 2000/NT 服务器一般都不预装防毒软件,一些好的杀毒软件不仅能杀掉一些著名的病毒，还能查杀大量木马和后门程序。

设置了杀毒软件，并且要经常升级病毒库，黑客们使用的那些有名的木马就毫无用武之地了。

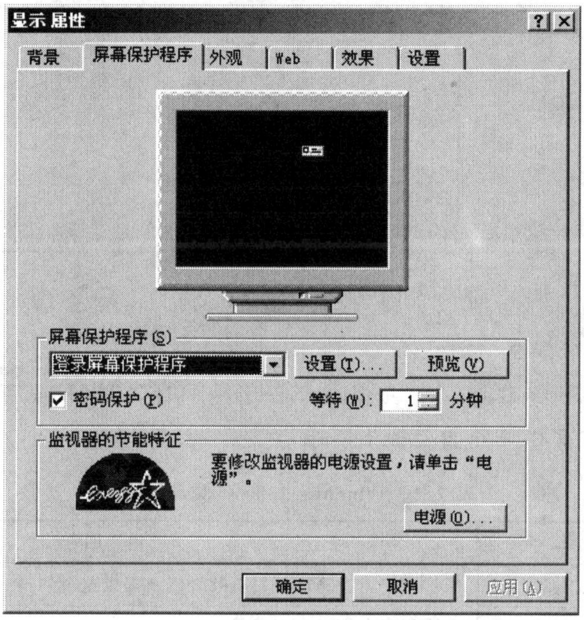

图 7.6 屏幕保护密码

目前国内著名的杀毒软件公司有江民、瑞星和金山等。

12. 备份盘的安全

一旦系统资料被黑客破坏，备份盘将是恢复资料的唯一途径。备份完资料后，把备份盘放在安全的地方。

另外，不能把资料备份在同一台服务器上，这样就起不到备份的作用了。

7.2 中 级 篇

安全配置方案中级篇主要介绍操作系统的安全策略配置，包括 11 条基本配置原则。

1. 操作系统安全策略

利用 Windows 2000 的安全配置工具来配置安全策略，微软提供了一套的基于管理控制台的安全配置和分析工具，可以配置服务器的安全策略。

在管理工具中可以找到"控制面板"→"管理工具"→"本地安全策略"，主界面如图7.7所示。

可以配置 4 类安全策略：账户策略、本地策略、公钥策略和 IP 安全策略。在默认的情况下，这些策略都是没有开启的。

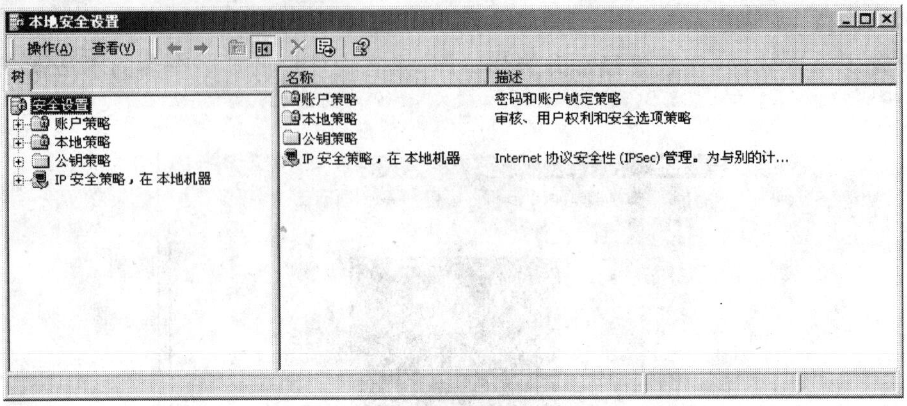

图 7.7　本地安全设置

2. 关闭不必要的服务

Windows 2000 的终端服务(Terminal Services)和因特网信息服务(IIS)等都可能给系统带来安全漏洞,这些服务如表 7.1 所示。

表 7.1　Windows 2000 可禁用的服务

服务名	说　明
Computer Browser	维护网络上计算机的最新列表以及提供这个列表
Task scheduler	允许程序在指定时间运行
Routing and Remote Access	在局域网以及广域网环境中为企业提供路由服务
Removable storage	管理可移动媒体、驱动程序和库
Remote Registry Service	允许远程注册表操作
Print Spooler	将文件加载到内存中以便以后打印,要用打印机的用户不能禁用这项服务
IPSEC Policy Agent	管理 IP 安全策略以及启动 ISAKMP/Oakley(IKE)和 IP 安全驱动程序
Distributed Link Tracking Client	当文件在网络域的 NTFS 卷中移动时发送通知
Com+ Event System	提供事件的自动发布到订阅 COM 组件

为了能够在远程方便地管理服务器,很多机器的终端服务都是开着的,如果开了,要确认已经正确地配置了终端服务。

有些恶意的程序也能以服务方式悄悄运行服务器上的终端服务。要留意服务器上开启的所有服务,并每天检查。

3. 关闭不必要的端口

关闭端口意味着减少功能,如果服务器安装在防火墙的后面,被入侵的机会就会少一些,但是不能高枕无忧。

用端口扫描器扫描系统所开放的端口,在 winnt\system32\drivers\etc\services 文件中有知名端口和服务的对照表可供参考。用记事本打开该文件,如图 7.8 所示。

在计算机操作系统中设置开放端口的方法如下:在 IP 地址设置窗口中单击“高级”按钮,如图 7.9 所示。在出现的对话框中选择“选项”选项卡,如图 7.10 所示。选中“TCP/

IP 筛选”，单击“属性”按钮，弹出的窗口如图 7.11 所示。

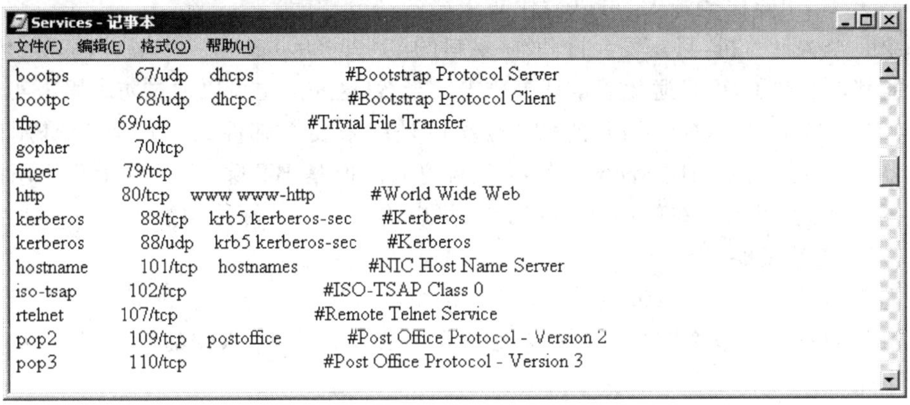

图 7.8 计算机中常用的端口

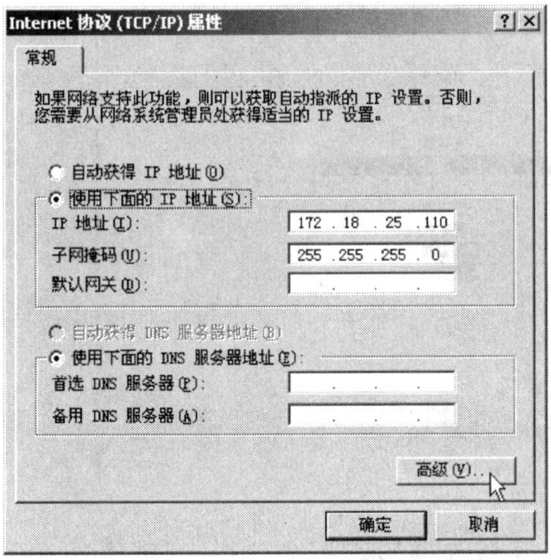

图 7.9 TCP/IP 协议属性

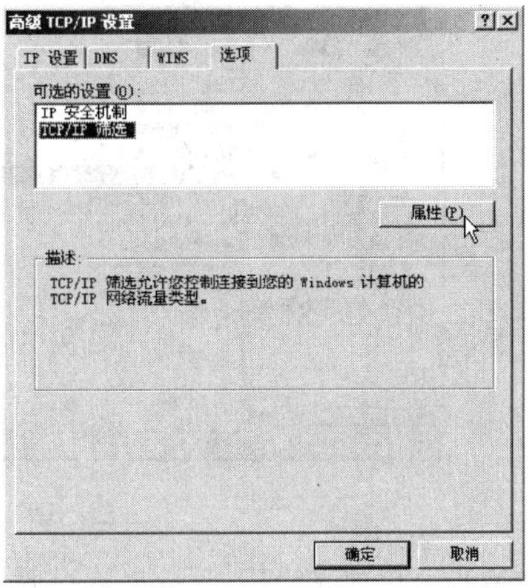

图 7.10 高级 TCP/IP 设置

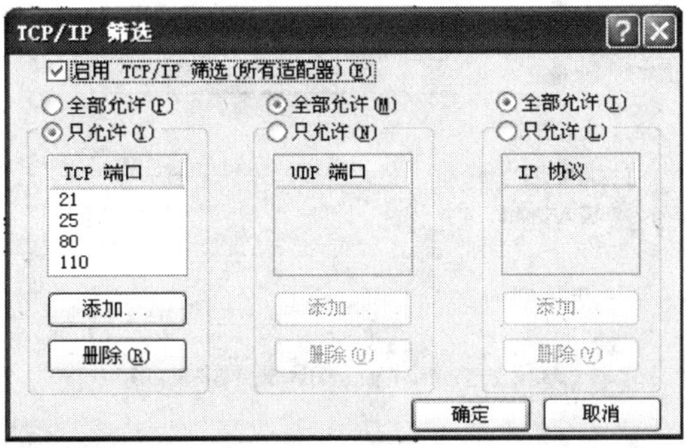

图 7.11 TCP/IP 筛选

一台 Web 服务器只允许 TCP 的 80 端口通过就可以了。TCP/IP 筛选器是Windows 自带的防火墙,功能比较强大,可以替代防火墙的部分功能。

如果是个人计算机,只需要允许 TCP 端口的 21、25、80、110 这 4 个端口,基本上所有需要的功能都能实现了,而且避免了木马等攻击。当然,这一点也可以通过防火墙来实现。

注:21 端口是用来进行 FTP 的;25 号端口是用来发送邮件的;110 端口是用来接收邮件的;80 端口是用来访问 Web 服务器上网用的。但是 BT 除外,因为 BT 所用的端口可能是随机的,所以大家在使用 BT 的时候,可以将 TCP/IP 筛选功能去除。

4. 开启审核策略

安全审核是 Windows 2000 最基本的入侵检测方法。当有人尝试对系统进行某种方式(如尝试用户密码,改变账户策略和未经许可的文件访问等)入侵的时候,都会被安全审核记录下来。

很多的管理员在系统被入侵了几个月都不知道,直到系统遭到破坏。图 7.12 中的这些审核是必须开启的,其他的可以根据需要增加。

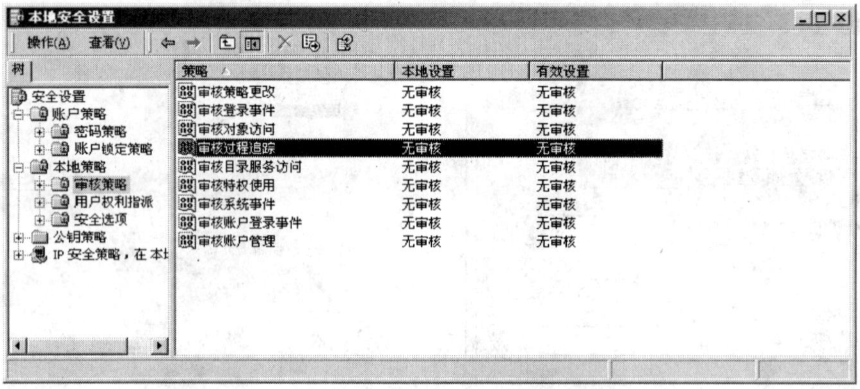

图 7.12　审核策略

双击审核列表的某一项,出现设置对话框,将复选框“成功”和“失败”都选中,如图 7.13所示。

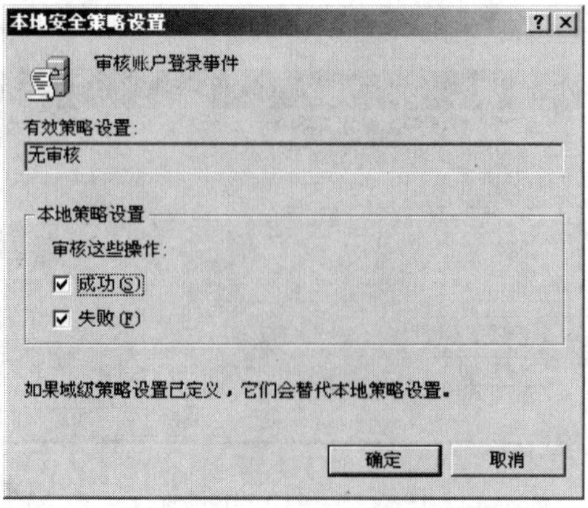

图 7.13　开启账户审核策略

5. 开启密码策略

密码对系统安全非常重要。本地安全设置中的密码策略在默认的情况下都没有开启。需要开启的密码策略如表 7.2 所示，密码设置如图 7.14 所示。

表 7.2 密码策略

策 略	设 置	策 略	设 置
密码复杂性要求	启用	密码最长存留期	15 天
密码长度最小值	8 位	强制密码历史	5 个

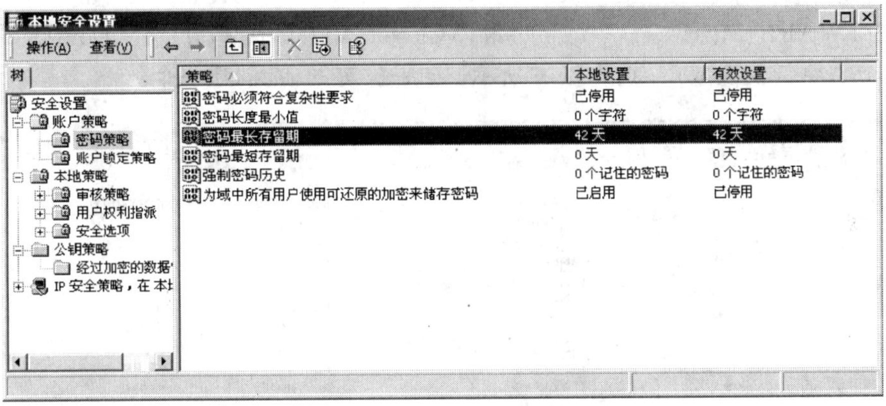

图 7.14 密码策略

6. 开启账户策略

开启账户策略可以有效的防止字典式攻击，设置如表 7.3 所示。

表 7.3 账户策略

策略	复位账户锁定计数器	账户锁定时间	账户锁定阈值
设置	30 分钟	30 分钟	5 次

账户锁定策略的设置结果如图 7.15 所示。

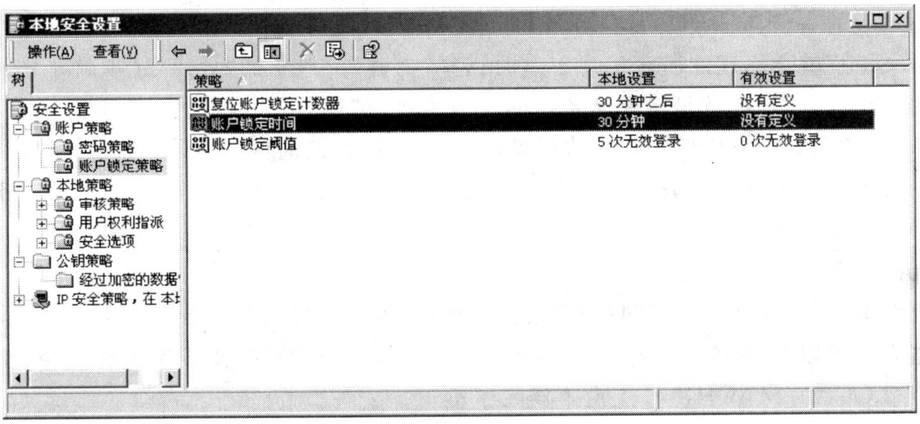

图 7.15 账户锁定策略的设置结果

7. 备份敏感文件

把敏感文件存放在另外的文件服务器中，虽然服务器的硬盘容量都很大，但是还是应该考虑把一些重要的用户数据(文件、数据表和项目文件等)存放在另外一个安全的服务器中，并且经常备份它们。最好的备份方法是将资料刻录到光盘当中。现在的 DVD 光盘可以存储约 4 GB 的数据。

8. 不显示上次登录名

默认情况下，终端服务接入服务器时，登录对话框中会显示上次登录的账户名，本地的登录对话框也是一样。黑客们可以得到系统的一些用户名，进而做密码猜测。

修改注册表禁止显示上次登录名，在 HKEY_LOCAL_MACHINE 主键下修改子键：

SOFTWARE\Microsoft\WindowsNT\CurrentVersion\Winlogon\DontDisplayLastUserName，将键值改成 1，如图 7.16 所示。如果没有的话，创建一个。

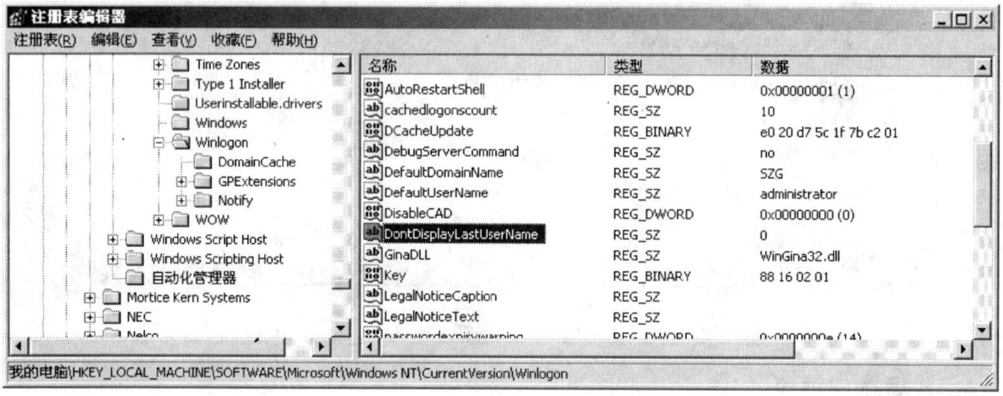

图 7.16　不显示上次登录用户名设置

9. 备份注册表

注册表是不能随便改动的，除非特别有把握。因为如果注册表更改处理不好的话，可能会导致计算机不能正常启动，或是计算机某些功能不能用，甚至当将原来的更改还原回去也一样不能用。所以在更改注册表的任何一项之前，最好能将注册表备份一下。当系统因为更改注册表而出问题的时候，可以采用恢复注册表的方法来恢复系统。

注册表的备份与恢复方法如图 7.17 所示。在桌面单击“开始”，选择“运行”，在里面输入“regedit”就会出现注册表信息。这时选择“文件”菜单下的“导出”选项就是将注册表备份，选择“导入”选项就是将原来备份的注册表进行“还原”。

注意：这里如果备份整个注册表的话将会花费很长的时间，也没有必要，所以往往采用备份改动的那部分注册表就可以了。方法是选择改动的注册表那一项，然后右键单击选择“导出”就行了。

10. 禁止建立空连接

默认情况下，任何用户通过空连接连上服务器，进而可以枚举出账户，猜测密码。这种攻击方式可以在许多黑客资料上看到。可以通过修改注册表来禁止建立空连接，在 HKEY_LOCAL_MACHINE 主键下修改子键：

SYSTEM\CurrentControlSet\Control\Lsa\restrictanonymous，将键值改成“1”即

可。如图 7.18 所示。

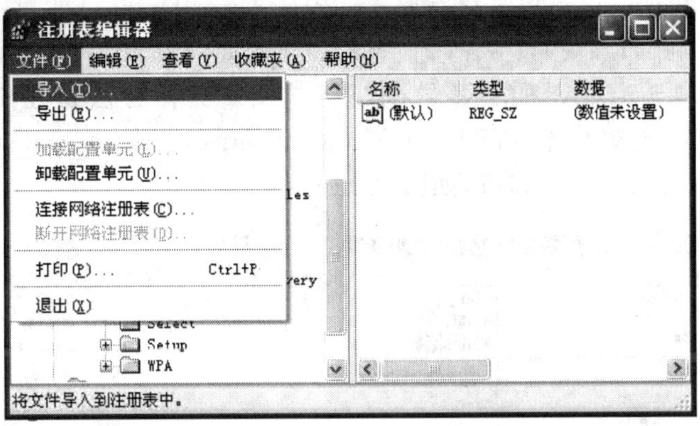

图 7.17 注册表的备份与恢复

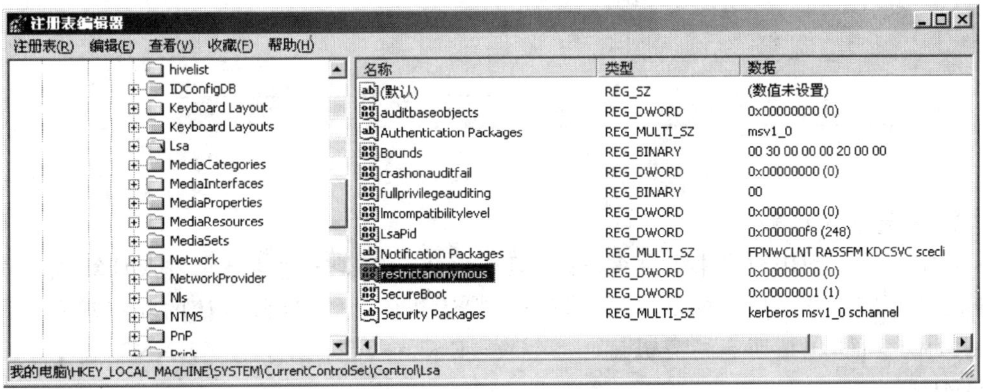

图 7.18 禁止建立空连接设置

11. 下载最新的补丁

很多网络管理员没有访问安全站点的习惯，以至于一些漏洞都出了很久了，还放着服务器的漏洞不补给人家当靶子用。因为谁也不敢保证数百万行以上代码的 Windows 2000 不出一点安全漏洞。

所以需要安全管理员经常访问微软和一些安全站点，下载最新的 Service Pack 和漏洞补丁，是保障服务器长久安全的唯一方法。

注意：这里可以使用一些常用的漏洞扫描软件，如流光、SSS、Nessus 等。先扫描出漏洞，然后再根据这些漏洞找补丁。

7.3 高 级 篇

高级篇介绍操作系统一些高级的安全配置，包括 15 条配置原则。

1. 关闭 DirectDraw

C2 级安全标准对视频卡和内存有要求。关闭 DirectDraw 可能对一些需要用到 DirectX 的程序有影响(如游戏),但是对于绝大多数的商业站点都是没有影响的。这样可以防止黑客利用 DirectDraw 的一些缺陷进行攻击。具体方法是在 HKEY_LOCAL_MACHINE 主键下修改子键 SYSTEM\CurrentControlSet\Control\GraphicsDrivers\DCI\Timeout,将键值改为“0”即可,如图 7.19 所示。

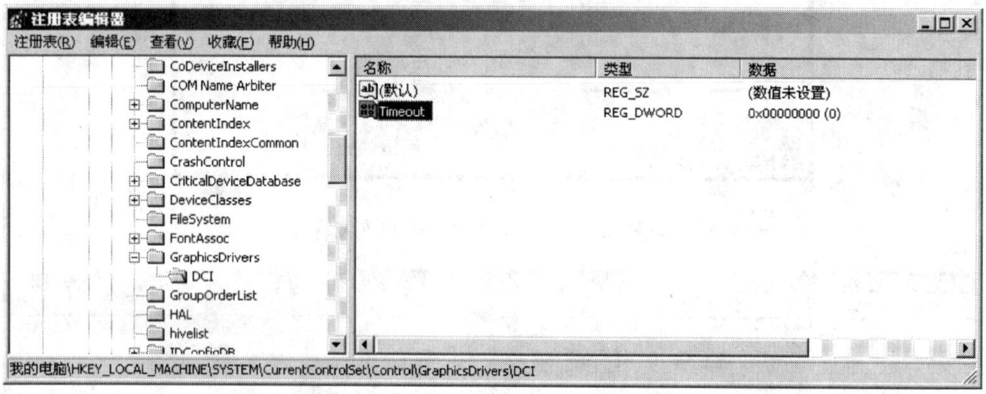

图 7.19 禁止 DirectDraw

2. 关闭默认共享

系统的共享为用户带来了许多麻烦,但经常会有病毒通过共享来进入计算机。Windows 2000/XP/2003 版本的操作系统提供了默认共享功能,这些默认的共享都有“$”标志,意为隐含的,包括所有的逻辑盘(C$,D$,E$,…)和系统目录 WINNT 或 Windows (ADMIN$)。

这些共享,可以在 DOS 提示符下输入命令 net share 查看,如图 7.20 所示。因为操作系统的 C 盘、D 盘等全是共享的,这就给黑客的入侵带来了很大的方便。“震荡波”病毒的传播方式之一就是扫描局域网内所有带共享的主机,然后将病毒上传到上面。下面给大家介绍 5 种可以关闭操作系统共享的方法。

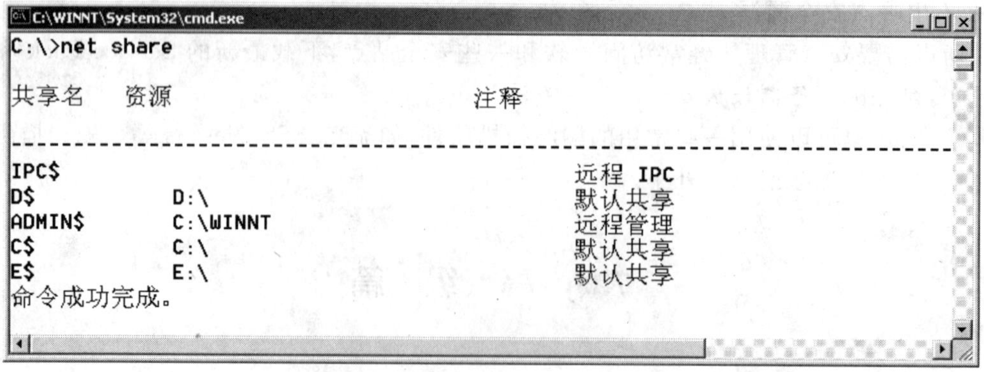

图 7.20 系统的默认共享

第一种方法：右键关系法。方法是打开“控制面板”→“管理工具”→“计算机管理”→“共享文件夹”→“共享”，在相应的共享文件夹上右击“停止共享”即可，如图 7.21 所示。但是细心的读者会发现，如果采用这种方法关闭共享，当用户重新启动计算机后，那些共享又会加上，所以这种方法不能从根本上解决问题。

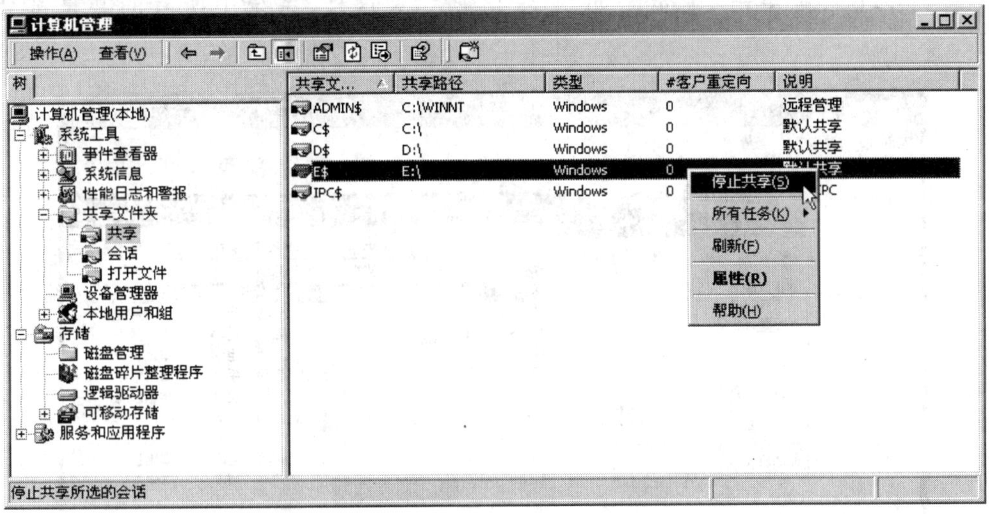

图 7.21　右键关闭“停止共享”

第二种方法：批处理法。打开记事本，输入以下内容（记得每行最后要回车）：

```
net share ipc$ /delete
net share admin$ /delete
net share c$ /delete
net share d$ /delete
net share e$ /delete
```

……（有几个硬盘分区就写几行这样的命令）

将以上内容保存为 NotShare.bat（注意后缀），然后把这个批处理文件拖到“程序”→“启动”项，这样每次开机就会运行它，也就是通过 net 命令关闭共享。如果哪一天需要开启某个或某些共享，只要重新编辑这个批处理文件即可（把相应的那个命令行删掉）。

第三种方法：注册表改键值法。单击“开始”→“运行”输入“regedit”确定后，打开注册表编辑器，找到“HKEY_LOCAL_MACHINE\SYSTEM\CurrentControlSet\Services\lanmanserver\parameters”项，双击右侧窗口中的“AutoShareServer”项将键值由 1 改为 0，这样就能关闭硬盘各分区的共享。如果没有 AutoShareServer 项，可自己新建一个再改键值。然后还是在这一窗口下再找到“AutoShareWks”项，也把键值由 1 改为 0，关闭 admin$ 共享。最后到“HKEY_LOCAL_MACHINE\SYSTEM\CurrentControlSet\Control\Lsa”项处找到“restrictanonymous”，将键值设为 1，关闭 IPC$ 共享。本方法必须重启机器才能生效，但一经改动就会永远停止共享。

第四种方法：停止服务法。这种方法最简单，打开“控制面板”的“计算机管理”窗口,单击展开左侧的“服务和应用程序”并选中其中的“服务”,此时右侧就列出了所有服务项目。共享服务对应的名称是“Server”(在进程中的名称为 services),找到后右击它,在弹出的菜单中选择“属性”,如图 7.22 所示。在弹出的 Server 属性界面当中选择“常规”选项卡,把“启动类型”由原来的“自动”更改为“已禁用”。然后单击下面“服务状态”的“停止”,再单击“确定”,如图 7.23 所示。这样,系统中所有的共享都会去掉了。

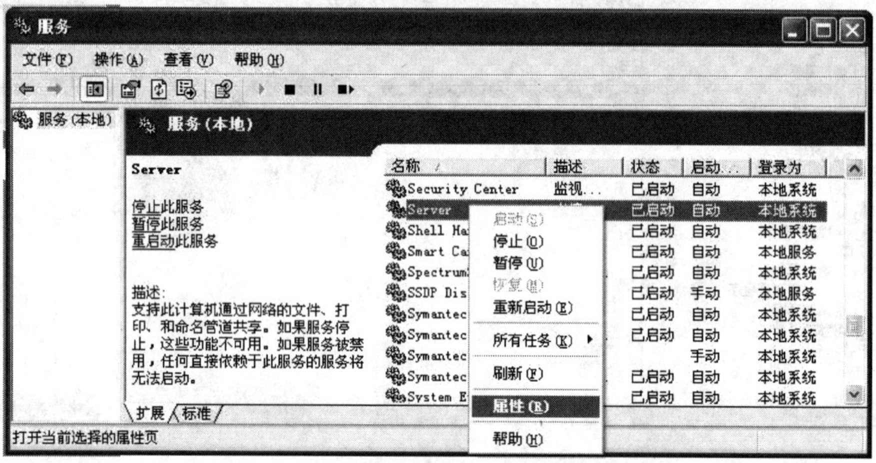

图 7.22　找到“Server”服务

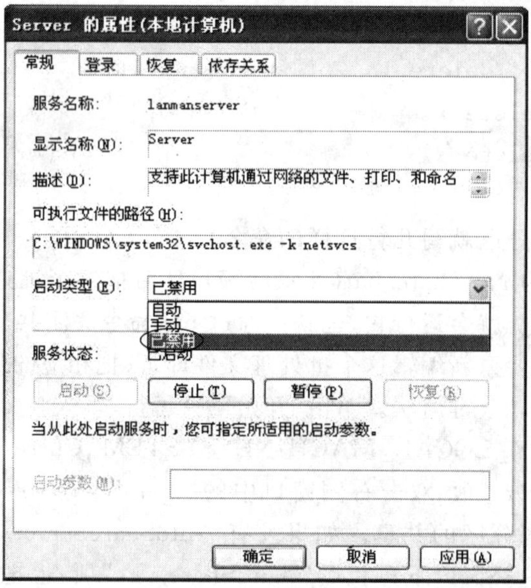

图 7.23　禁用“Server”服务

第五种方法:卸载“文件和打印机共享”法。方法是右击“网上邻居”选择“属性”,在弹出的“网络和拨号连接”窗口中右击“本地连接”选择“属性”,从“此连接使用下列选定的组件”中选中“Microsoft 网络的文件和打印机共享”后,单击“卸载”按钮,再单击“确定”按钮，如图 7.24 所示。

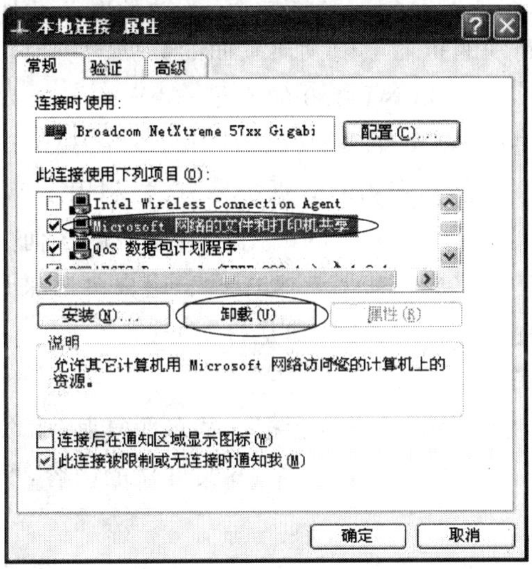

图 7.24　卸载“Microsoft 网络的文件和打印机共享”协议

注意：本方法最大的缺陷是当在某个文件夹上右击时，弹出的快捷菜单中的“共享”一项消失了，因为对应的功能服务已经被卸载了，以后如果再想用共享时，需要重新加载这个协议。

3. 禁用 Dump 文件

在系统崩溃和蓝屏的时候，Dump 文件是一份很有用的资料，可以帮助查找问题。然而，也能够给黑客提供一些敏感信息，如一些应用程序的密码等。通常需要禁止它，打开“控制面板”→“系统属性”→“高级”→“启动和故障恢复”，把“写入调试信息”改成“无”，如图 7.25 所示。

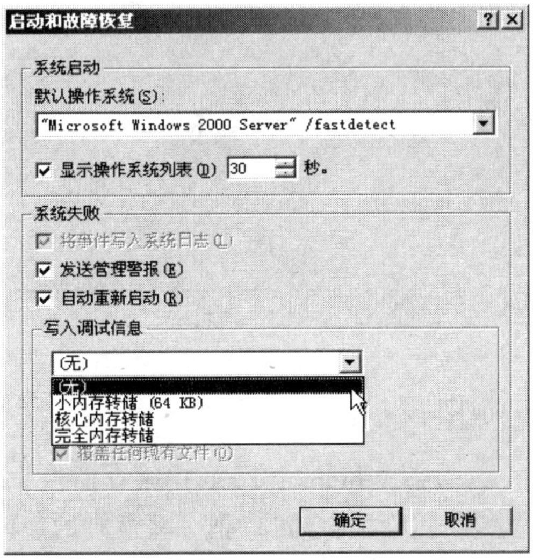

图 7.25　禁用 Dump 文件

4. 文件加密系统

Windows 2000 强大的加密系统能够给磁盘、文件夹或文件加上一层安全保护。这样可以防止别人把硬盘挂到别的机器上以读出里面的数据。

微软公司为了弥补 Windows NT 4.0 的不足,在 Windows 2000 中,提供了一种基于新一代 NTFS:NTFS v5 的加密文件系统(Encrypted File System,EFS)。

EFS 实现的是一种基于公共密钥的数据加密方式,利用了 Windows 2000 中的CryptoAPI 结构。使用起来对于用户是透明的。用户只要右击任何一个磁盘、文件夹或文件选择高级选项里的“加密”就完成加密了。这样对于用户自己来说,用起来就好像没有加密一样。但是当黑客复制走文件时,文件却是打不开的。

5. 加密 Temp 文件夹

一些应用程序在安装和升级的时候,会把一些东西复制到 Temp 文件夹,但是当程序升级完毕或关闭的时候,并不会自己清除 Temp 文件夹的内容,所以给 Temp 文件夹加密可以给文件多一层保护。

一般来说,在 C 盘根目录下和 Windows 目录或 Winnt 目录下都会有一个 Temp 文件夹。最好将它加密一下。

6. 锁住注册表

在 Windows 2000 中,只有 Administrators 和 Backup Operators 才有从网络上访问注册表的权限。当账户的密码泄露以后,黑客也可以在远程访问注册表,当服务器放到网络上的时候,一般需要锁定注册表。修改 HKEY_CURRENT_USER 下的子键 Software\Microsoft\Windows\CurrentVersion\Policies\System,把 DisableRegistryTools 的值改为 0,类型为 DWORD,如图 7.26 所示。

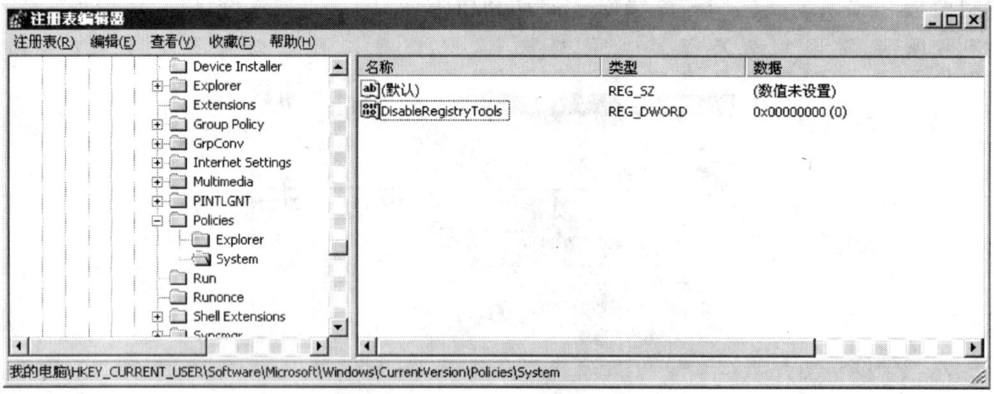

图 7.26　锁住注册表

7. 关机时清除文件

页面文件也就是调度文件,是 Windows 2000 用来存储没有装入内存的程序和数据文件部分的隐藏文件。一些第三方的程序可以把一些没有的加密的密码存在内存中,页面文件中可能含有另外一些敏感的资料。要在关机的时候清楚页面文件,可以编辑注册表修改主键 HKEY_LOCAL_MACHINE 下的子键 SYSTEM\CurrentControlSet\Control\Session Manager\Memory Management，把 ClearPageFileAtShutdown 的值设置成 1，如图 7.27 所示。

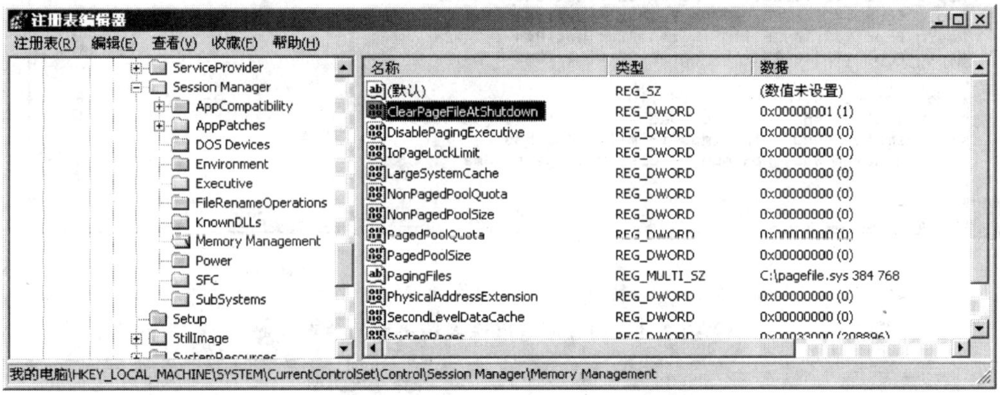

图 7.27 关机时清除文件

8. 禁止软盘或光盘启动

一些第三方的工具能通过引导系统来绕过原有的安全机制。如一些管理员工具，从软盘上或者光盘上引导系统以后，就可以修改硬盘上操作系统的管理员密码。

如果服务器对安全要求非常高，可以考虑使用可移动软盘和光驱，把机箱锁起来仍然不失为一个好方法。

9. 使用智能卡

对于密码，总是使安全管理员进退两难，容易受到一些工具的攻击，如果密码太复杂，用户为了记住密码，会把密码到处乱写。如果条件允许，用智能卡来代替复杂的密码是一个很好的解决方法。

10. 使用 IPSec

正如其名字的含义，IPSec 提供 IP 数据包的安全性。IPSec 提供身份验证、完整性和可选择的机密性。发送方计算机在传输之前加密数据，而接收方计算机在收到数据之后解密数据。利用 IPSec 可以使得系统的安全性能大大增强。

如果条件允许，可以使用 VPN 里的 IPSec 来加密传输信息。

11. 禁止通过 TTL 判断主机类型

黑客利用 TTL(Time-To-Live，活动时间)值可以鉴别操作系统的类型，通过 ping 指令能判断目标主机类型。ping 的用处是检测目标主机是否连通。

许多入侵者首先会 ping 一下主机，因为攻击某一台计算机需要根据对方的操作系统是 Windows 还是 Unix。如 TTL 值为 128 就可以认为系统为 Windows 2000，如图 7.28 所示。

从图 7.28 中可以看出，TTL 值为 128，说明该主机的操作系统是 Windows 2000 操作系统。表 7.4 给出了一些常见操作系统的对照值。

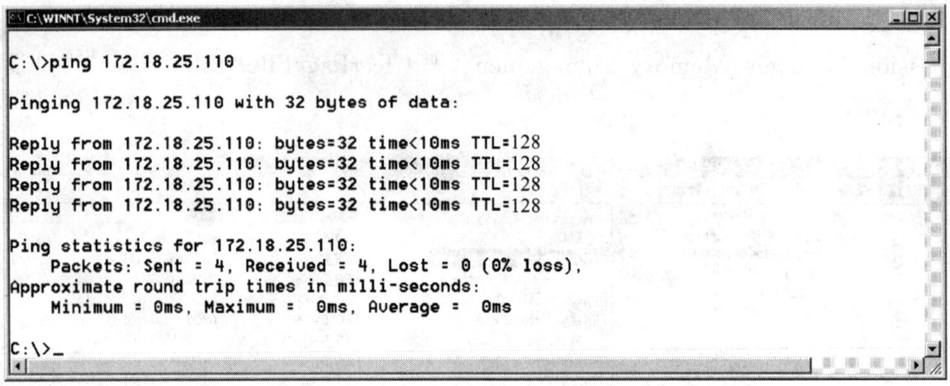

图 7.28 ping 命令

表 7.4 TTL 值与操作系统类型的关系

操作系统类型	TTL 返回值	操作系统类型	TTL 返回值
Windows 2000	128	IRIX	240
Windows NT	107	AIX	247
Windows 9x	128 或 127	Linux	241 或 240
solaris	252		

修改 TTL 的值,入侵者就无法入侵计算机了,例如将操作系统的 TTL 值改为 111。方法是修改主键 HKEY_LOCAL_MACHINE 的子键 SYSTEM\CurrentControlSet\Services\Tcpip\Parameters 中 defaultTTL 的键值。如果没有,则新建一个双字节值 defaultTTL,如图 7.29 所示;然后将其值改为十进制的 111,如图7.30所示。设置完毕,重新启动计算机,再用 ping 指令,发现 TTL 的值已经被改成 111 了,如图 7.31 所示。

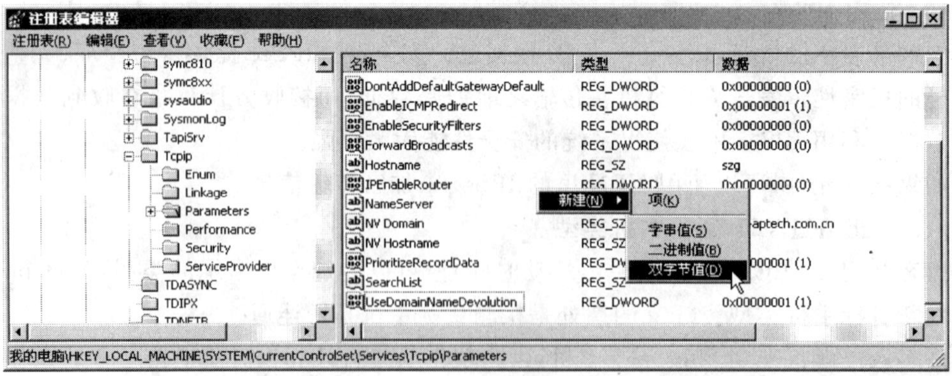

图 7.29 新建 defaultTTL 键

图 7.30　修改 TTL 的值

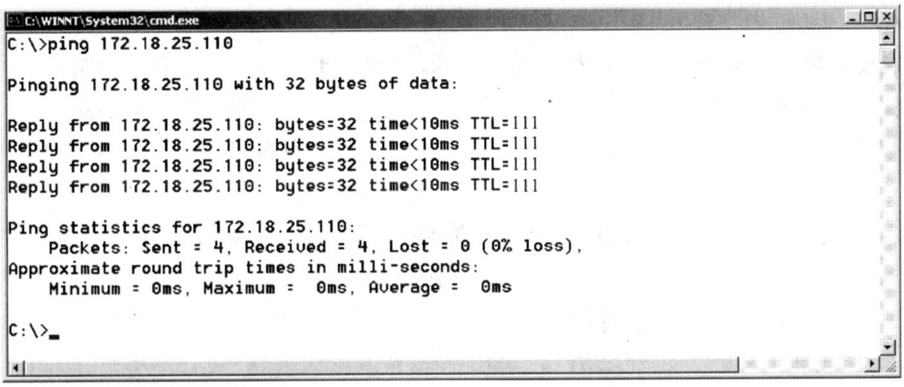

图 7.31　TTL 值修改成功

12. 抵抗 DDoS 攻击

添加注册表的一些键值，可以有效的抵抗 DDoS 的攻击。在键值 HKEY_LOCAL_MACHINE\System\CurrentControlSet\Services\Tcpip\Parameters 下增加相应的键及其说明如表 7.5 所示。

表 7.5　抵抗 DDoS 攻击表

增加的键值	键值说明
"EnablePMTUDiscovery"=dword:00000000 "NoNameReleaseOnDemand"=dword:00000000 "KeepAliveTime"=dword:00000000 "PerformRouterDiscovery"=dword:00000000	基本设置
"EnableICMPRedirects"=dword:00000000	防止 ICMP 重定向报文的攻击
"SynAttackProtect"=dword:00000002	防止 SYN 洪水攻击
"TcpMaxHalfOpenRetried"=dword:00000080 "TcpMaxHalfOpen"=dword:00000100	仅在 TcpMaxHalfOpen 和 TcpMaxHalfOpenRetried 设置超出范围时，保护机制才会采取措施
"IGMPLevel"=dword:00000000	不支持 IGMP 协议
"EnableDeadGWDetect"=dword:00000000	禁止死网关监测技术
"IPEnableRouter"=dword:00000001	支持路由功能

13. 禁止 Guest 访问日志

在默认安装的 Windows NT 和 Windows 2000 中,Guest 账户和匿名用户可以查看系统的事件日志,可能导致许多重要信息的泄露,修改注册表来禁止 Guest 访问事件日志。

(1) 禁止 Guest 访问应用日志

在 HKEY_LOCAL_MACHINE\SYSTEM\CurrentControlSet\Services\Eventlog\Application 下添加键值名称为 RestrictGuestAccess ,类型为 DWORD,将值设置为 1。

(2) 禁止 Guest 访问系统日志

在 HKEY_LOCAL_MACHINE\SYSTEM\CurrentControlSet\Services\Eventlog\System 下添加键值名称为 RestrictGuestAccess,类型为 DWORD,将值设置为 1。

(3) 禁止 Guest 访问安全日志

HKEY_LOCAL_MACHINE\SYSTEM\CurrentControlSet\Services\Eventlog\Security 下添加键值名称为 RestrictGuestAccess,类型为 DWORD,将值设置为 1。

14. 快速锁定桌面

如果临时有事,要出去几分钟,但是又不想让别人使用自己的计算机,这就需要快速锁定桌面。锁定桌面的方法之一是按 Ctrl+Alt+Delete 键,然后回车。这样使用起来太麻烦了。有人想使用鼠标可以实现这样的功能吗?答案是可以的。方法如下:在桌面新建一个快捷方式,如图 7.32 所示。在出现“请键入项目位置”时,输入%Windir%\system32\rundll32.exe user32.dll,LockWorkStation 即可,如图 7.33 所示,并且给这个快捷键取名为“锁定桌面”。建好之后,只要用鼠标双击该快捷键就可以快速锁定桌面了。

图 7.32 新建快捷键

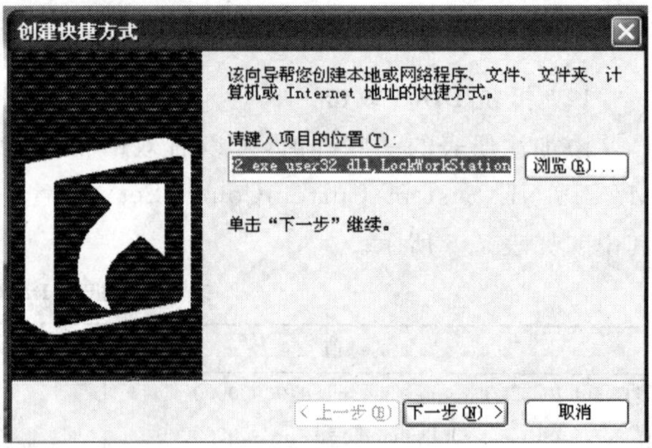

图 7.33 输入执行文件的位置

15. 使用 syskey 对 SAM 文件增加额外的保护

(1) 关于 SAM 文件

SAM(Security Accounts Manager)包含有本地系统或者所控制域上所有用户的用户名和密文形式的密码,这是攻击者最感兴趣的部位。

在早期的 Windows 2000 系统当中,经常遇到忘记计算机密码而进不去系统的情况。这时经常采用的方法是通过系统的输入法漏洞进入文件系统,然后将系统里的 SAM 文件删除，这样系统的密码就为空了，就可以登录了，如图7.34所示。

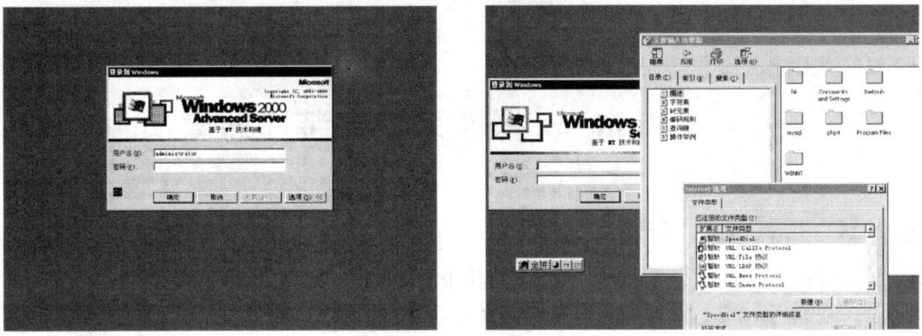

图7.34　删除SAM文件进入系统

(2) 获取SAM的手段

a. 从一个文件系统进行复制；

b. 从关键文件的备份中获取压缩之后的SAM文件；

c. 在线提取密码散列值。

(3) 破解工具

无论是字典破解，还是穷举攻击，往往是很奏效的。通常有如下的密码破解工具：

- Winternals locksmith
- Elcomsoft adanced nt security explorer
- lophtcrack5
- Offine NT password&registry editor
- Windows XP/2000/NT key
- John the ripper

(4) SAM文件的保护

既然SAM文件这么重要，那么就一定要想办法将SAM文件保护起来。在Windows操作系统里，提供了一个保护SAM文件的方法。方法如下：

(1) 在“开始”→“运行”里输入“cmd”，进入系统DOS模式下。

(2) 在DOS模式下，输入命令“syskey”，出现如图7.35所示的画面(注意syskey是系统的内部命令，在DOS状态下随时可以使用)。

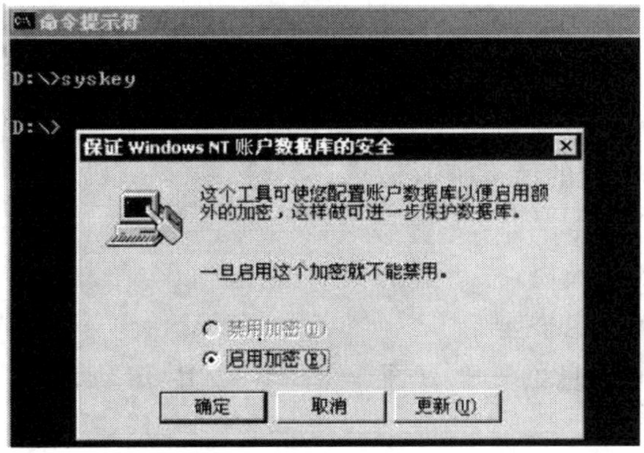

图7.35　启用syskey加密

(3) 在出现的对话框中选择“启用加密”,再按“确定”就行了。

(4) 一旦使用这个加密,就不能取消了。

7.4 Windows 操作系统安装注意事项

在安装 Windows 操作系统时,无论是 Windows 2000 还是 Windows XP、Windows 98、Windows 85、Windows NT 等都需要注意以下事项,并按照以下步骤来做:

(1) 在安装计算机操作系统的时候,请确认拔掉了网线;

(2) 安装操作系统;

(3) 安装防火墙软件和防病毒软件;

(4) 安装防恶意软件;

(5) 安装 EasyRecovery 软件,Firefox 等软件;

(6) 对操作系统进行安全设置;

(7) 插上网线,安装操作系统补丁;

(8) 安装应用程序软件。

7.5 Windows XP 操作系统新安全功能

Windows XP 操作系统相对于 Windows 2000 操作系统来说,在安全方面,主要从以下 5 个方面进行了改进:

1. 网络安全

在网络安全方面,Windows XP SP2 增加了防火墙功能,如图 7.36 所示。

(1) 启用(推荐)(在默认方式下就是开启的)

- 启用 Windows 防火墙;
- 阻止不在“例外”列表的所有外部源连接到计算机。

(2) 不允许例外

- 启用 Windows 防火墙;
- 阻止所有外部源连接到计算机忽略“例外”列表;
- 关闭所有表态端口,停止所有现有的连接;
- 忽略应用程序必须的所有侦听请求。

(3) 关闭

- 禁用 Windows 防火墙。

2. 电子邮件、即时消息安全

在电子邮件和即时消息的安全方面 Windows XP SP2 提供以下三个层面的安全防护:

(1) Windows Messenger 安全

- 阻止不安全的文件传输；
- 需要用户提供显示名。

(2) Outlook Express 安全

- 以文本模式预览(这一点对于安全来说非常重要)，如图 7.37 所示；
- 不下载外部 HTML 内容；
- 附件执行服务(Attachment Execution Services，AES)与 API 整合。

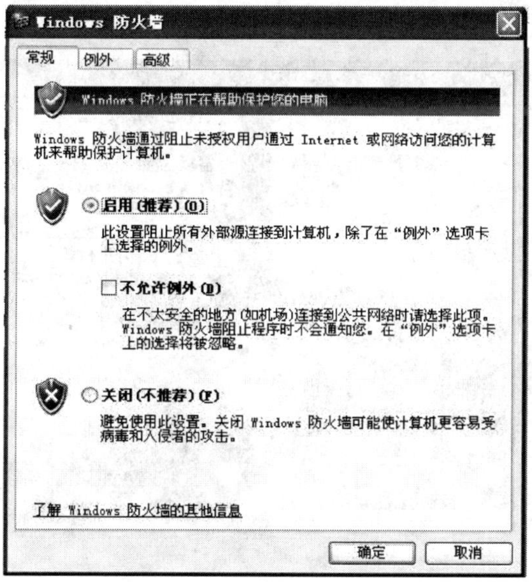

图 7.36 Windows 防火墙

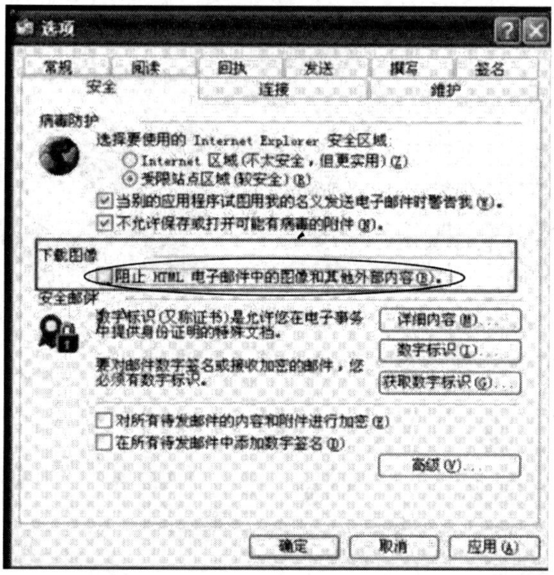

图 7.37 邮件浏览安全

(3) 安全预览

• 创建新的公共 API 处理安全附件(AES),对于附件单独处理。

例如,黑客可以在附件的一个 GIF 文件里加一段恶意的代码。所看到的可能只是一个美女图,但是对计算机来说危害是很大的。

解决方案:现在从文件头和内容来看,而不是从文件的扩展名来看的,如图 7.38 所示,通过设置在接收邮件时就看不到邮件当中的图片,等确认这个图片是安全的后,也可能通过单击"单击此处下载图片"来查看图片。

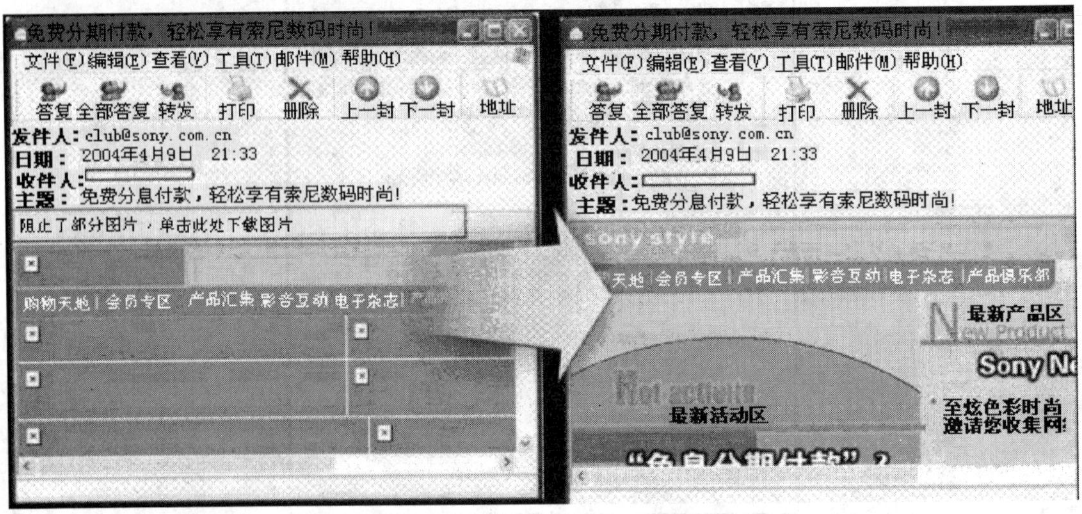

图 7.38 邮件中图片的安全处理

• 默认为不信任"不安全附件";

• Outlook Express, Windows Messenger, IE 使用新的 API;

• 更安全的信息"预览"。

3. 网页安全

现在浏览网页的时候,就会发现网站的广告非常多,越有名的网站,广告越多。这一点也很正常,因为网站要生存,就会有许多的广告。但是它很少考虑这些浏览网站的人的感受。更有甚者,广告是一层接一层,并且不能关闭。

为了解决这一问题,Windows XP SP2 增加了新功能,即阻止弹出窗口。其方法如下:

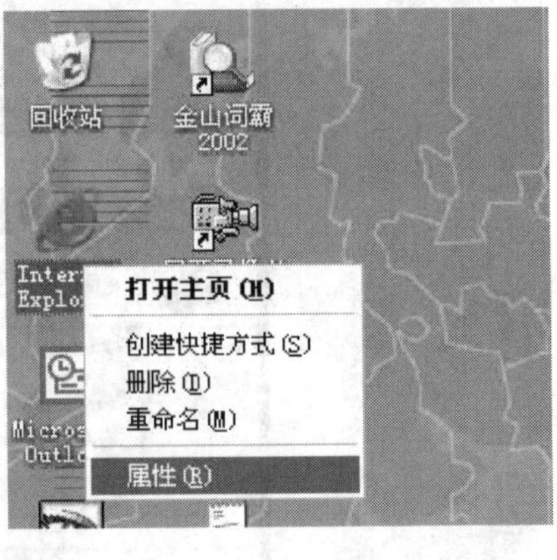

图 7.39 IE 属性

(1) 在桌面上右击"Internet Explorer",选择"属性"。如图 7.39 所示。

(2) 在属性里面,选择"隐私"选项,如图 7.40 所示。

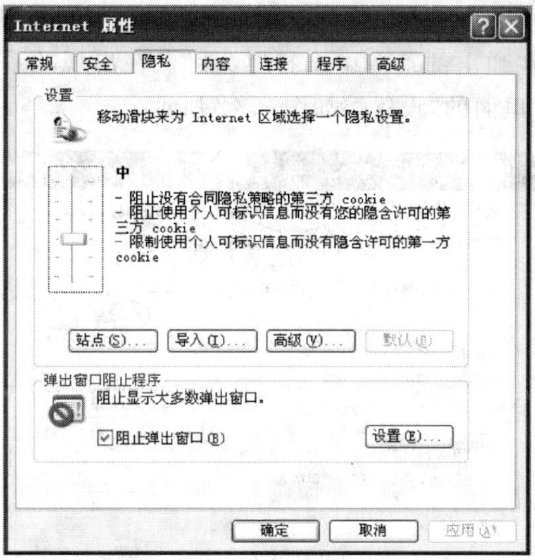

图 7.40　阻止弹出窗口

(3) 该窗口下面有一个“阻止弹出窗口”的选项，将它选上就行了。

以新浪网页为例，下次当再访问新浪网页的时候，就会发现，网页里面许多广告没有了，并且系统会提示“阻止”了一个弹出窗口，如图 7.41 所示。

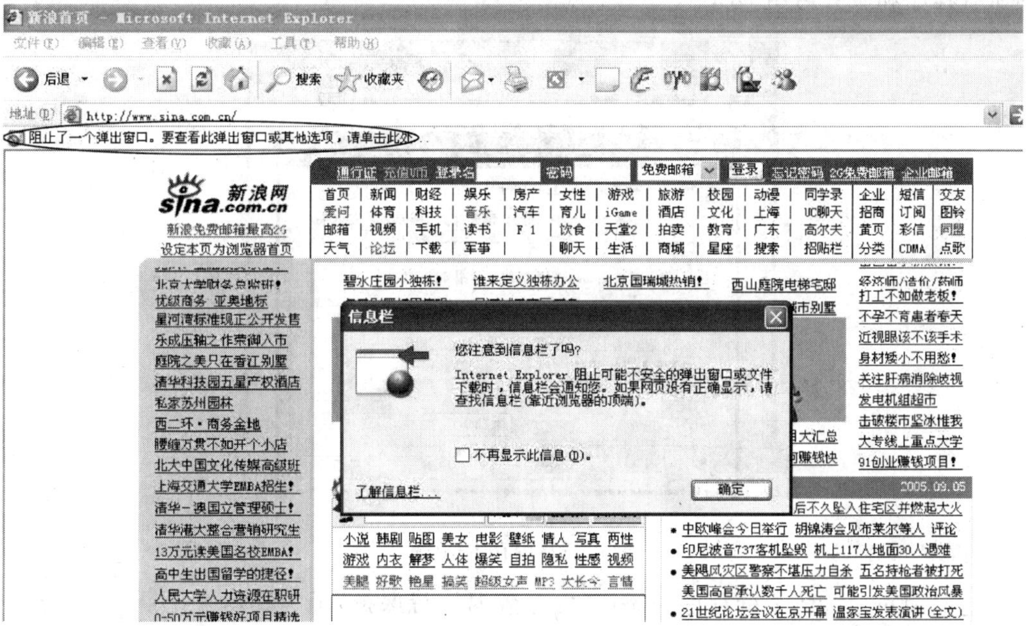

图 7.41　阻止了一个弹出窗口

4. 内存安全

现在网上有许多攻击都是利用操作系统的内存缓冲区溢出漏洞来发起的，所以对于内容的保护就显得尤为重要。也是为了这一点，微软在 Windows XP SP2 当中专门设置了一个“内存 DEP 保护”来防止内存缓冲区攻击的发生。具体的使用方法如下：

右击“我的电脑”，在弹出的菜单中选择“属性”。在出现的系统属性页面上选择“高级”标签，再选择“性能”里面的“设置”，如图 7.42 所示。

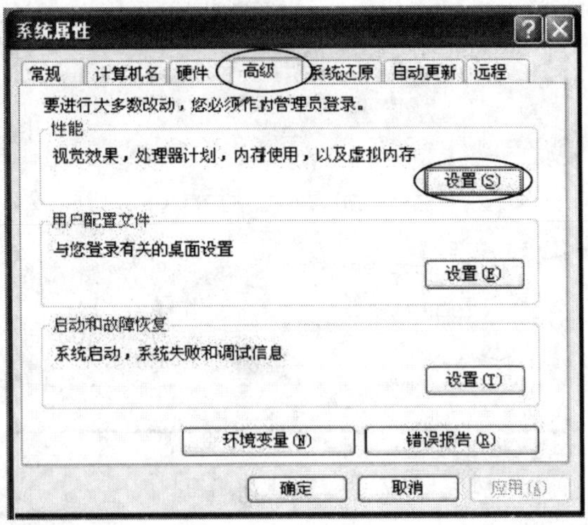

图 7.42　系统属性

这时会出现如图 7.43 所示的“性能选项”对话框，这时选择“为除下列选定程序之外的所有程序和服务启用 DEP”。

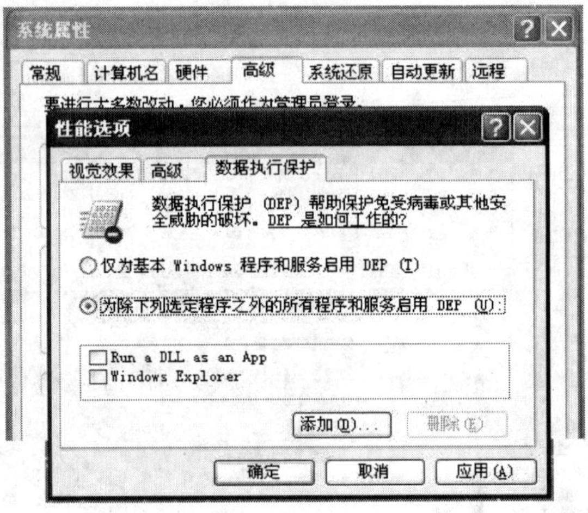

图 7.43　内存 DEP 保护

这时就可以为需要的程序来添加“内存数据执行保护”了。具体来说，以金山词霸软件为例来说明。

通过有 Windows XP 下使用金山词霸软件的时候，会出现一些问题。如在 Windows XP 下使用金山词霸 2002 经常会出现“死机”，或“内存出错”等现象。即使使用高版本的金山词霸，也会出现一些问题，如无法进行屏幕取词等。

这一问题是因为在 Windows XP 当中有“内存数据执行保护”这一功能而引起的。解决办法很简单，只需将 C:\Program Files\Kingsoft\PowerWord 2006\目录下金山词霸的可执行文件"XDICT.exe"文件加入到"内存数据执行保护"列表当中，如图 7.44 所示。

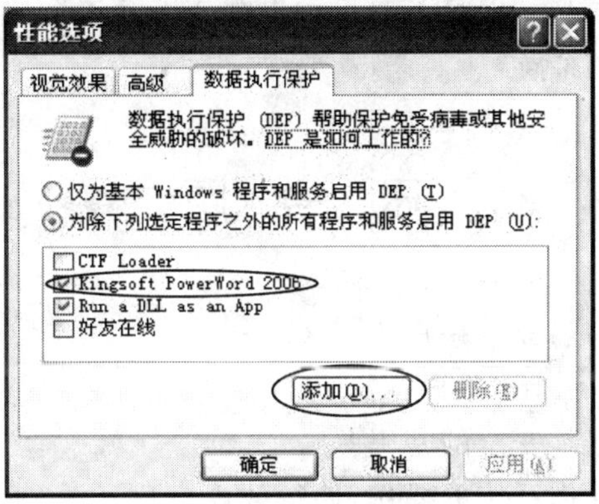

图 7.44 将金山词霸加入到 DEP 当中

5. 维护安全

以前使用 Windows 2000 的时候，需要经常到微软公司的网站上下载操作系统的最新补丁。如果没有下载，最新的病毒就可能进入系统。

为了解决这一问题，微软在最新的 Windows XP SP2 当中，加上了实时下载系统补丁这一功能。这样，一旦微软有最新的补丁发布的话，操作系统就会自己下载。使用方法如下：

依次打开"开始"→"控制面板"→"安全中心"→"自动更新"，如图 7.45 所示。

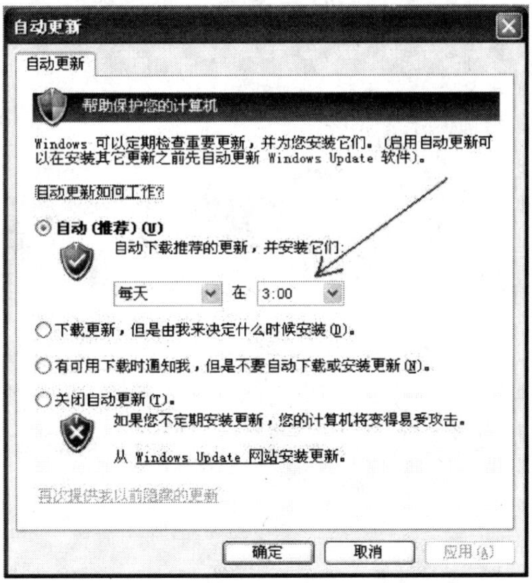

图 7.45 自动更新

这里看到了 4 种选项，分别如下：

(1) 自动(推荐)

自动下载更新并安装，每天 3:00(默认设置)。因为很少有人在晚上 3 点还开机，所以需要重新设置,例如通常设置在早晨9点,上班的时候。

(2) 下载更新,但是由我来决定什么时候安装。

(3) 有可用下载时通知我,但是不要自动下载或安装更新。

(4) 关闭自动更新(不推荐)

思 考 题

1. 如何保护计算机的Guest账户?
2. 如何保护Administrator账户?
3. 什么样的开机密码是安全的密码?
4. 如何通过计算机操作系统的操作,使得计算机只开放21、25、80、110端口?
5. 如何关闭计算机里面默认情况下的硬盘共享?
6. 如何改变Windows操作系统里的TTL值?
7. 给一台新的计算机安装Windows操作系统应该注意些什么?
8. 简述Windows XP相对于Windows 2000有哪些安全新功能?

第 8 章 Linux / Unix 操作系统安全

众所周知,网络安全是一个非常重要的课题,而服务器是网络安全中最关键的环节。Linux 被认为是一个比较安全的因特网服务器。作为一种开放源代码操作系统,一旦 Linux 系统中发现有安全漏洞,因特网上来自世界各地的志愿者会踊跃修补它。Unix 系统作为一个稳定的操作系统,也有许多漏洞需要修补。然而,系统管理员往往不能及时地对 Linux/Unix 系统的漏洞进行修补,这就给黑客带来可乘之机。但是,相对于这些系统本身的安全漏洞,更多的安全问题是由不当的配置造成的,可以通过适当的配置来防止。系统运行的服务越多,不当的配置出现的机会也就越多,出现安全问题的可能性就越大。对此,本章将介绍一些增强 Linux/Unix 系统安全性配置的基本知识。

8.1 Linux / Unix 系统概述

1969 年,Ken Thompson、Dennis Ritchie 和其他一些人在朗讯贝尔实验室开始进行一个“little-used PDP-7 in a corner”的工作,它便是 Unix 的雏形。10 年里,Unix 在朗讯的发展经历了数个版本。v4(1974)用 C 语言重写,这成为系统间操作系统可移植性的一个里程碑。v6(1975)第一次在贝尔实验室以外使用,成为加州大学伯克利分校开发的第一个 Unix 版本的基础。

贝尔实验室继续在 Unix 上工作到 80 年代,有 1983 年的 System 5 版本和 1989 年的 System 4 版本。同时,加利福尼亚大学的程序员改动了朗讯发布的源代码,引发了许多主要论题。BSD(Berkeley Standard Distribution)成为第 2 个主要“Unix”版本。

Unix 操作系统是由美国贝尔实验室开发的一种多用户、多任务的通用操作系统。它从一个实验室的产品发展成为当前使用普遍、影响深远的主流操作系统。

Unix 操作系统经过 20 多年的发展后,已经成为一种成熟的主流操作系统,并在发展过程中逐步形成了一些新的特色,其中主要特色包括 5 个方面。

(1) 可靠性高;

(2) 极强的伸缩性;

(3) 网络功能强;

(4) 强大的数据库支持功能;

(5) 开放性好。

Linux 是一套可以免费使用和自由传播的类 Unix 操作系统,主要用于基于 Intel x86 系列 CPU 的计算机上。这个系统是由全世界各地的成千上万的程序员设计和实现的。其目的是建立不受任何商品化软件的版权制约的、全世界都能自由使用的 Unix 兼容产品。

Linux 最早开始于一位名叫 Linus Torvalds 的计算机业余爱好者,当时他是芬兰赫尔辛基大学的学生。目的是想设计一个代替 Minix(Minix 是由一位名叫 Andrew Tannebaum 的计算机教授编写的一个操作系统示教程序)的操作系统。这个操作系统可用于 386、486 或奔腾处理器的个人计算机上,并且具有 Unix 操作系统的全部功能。

Linus 看到了一个叫做 Minix 的小型 Unix 系统,觉得自己能做得更好。1991 年秋天,他发行了一个叫“Linux”的免费软件内核的源代码——是他的姓和 Minux 的组合。到 1994 年,Linus 和一个内核开发小组发行了 Linux 1.0 版。Linus 和朋友们有一个免费内核,Stallman 和朋友们拥有一个免费的 Unix 克隆系统的其余部分。人们把 Linux 内核和 GNU 合在一起组成一个完整的免费系统,该系统被称为“Linux”。有几种不同类别的 GNU/Linux:一些可以被公司用来支持商业使用,如 Red Hat、Caldera Systems 和 S. U. S. E;其他如 Debian GNU/Linux,更接近于最初的免费软件概念。

Linux 能在几种不同体系结构的芯片上运行,并已经被各界接纳或支持。其支持者有惠普、硅谷图像和 Sun 等有较长历史的 Unix 供应商,还有康柏和戴尔等 PC 供应商以及 Oracle 和 IBM 等主要软件供应商。

Linux 是一个免费的操作系统,用户可以免费获得其源代码,并能够随意修改。它是在共用许可证(General Public License, GPL)保护下的自由软件,也有好几种版本,如 Red Hat Linux、Slackware,以及国内的 Xteam Linux、红旗 Linux 等。Linux 的流行是因为它具有许多优点,典型的优点有如下 7 个:

(1) 完全免费;

(2) 完全兼容 POSIX 1.0 标准;

(3) 多用户、多任务;

(4) 良好的界面;

(5) 丰富的网络功能;

(6) 可靠的安全、稳定性能;

(7) 支持多种平台。

8.2 Linux / Unix 系统安全

Linux/Unix 操作系统有许多安全配置,这里只讲一些基本的安全配置,更多的还需要大家在实际工作学习中认真总结。

1. 系统安全记录文件

操作系统内部的记录文件是检测是否有网络入侵的重要线索。如果系统直接连到因特网，发现有很多人对系统做 Telnet/FTP 登录尝试，可以运行“# more /var/log/secure grep refused”来检查系统所受到的攻击，以便采取相应的对策，如使用 SSH 来替换 Telnet/rlogin 等。

2. 启动和登录安全性

(1) BIOS 安全

设置 BIOS 密码且修改引导次序禁止从软盘启动系统。

(2) 用户口令

用户口令是 Linux 安全的一个基本起点，很多人使用的用户口令过于简单，这等于给侵入者敞开了大门，虽然从理论上说，只要有足够的时间和资源可以利用，就没有不能破解的用户口令，但选取得当的口令是难以破解的。较好的用户口令是那些只有他自己容易记得并理解的一串字符，并且绝对不要在任何地方写出来。选择口令的原则如下：

- 严禁使用空口令和与用户名相同的口令；
- 不要选择可以在任何字典或语言中找到的口令；
- 不要选择简单字母组成的口令；
- 不要选择任何和个人信息有关的口令；
- 不要选择短于 6 个字符或仅包含字母或数字；
- 不要选择作为口令范例公布的口令；
- 采取数字混合并且易于记忆。

如何保管好自己的口令呢？必须做到以下几点：

- 不要把口令写在纸上；
- 不要把口令贴到任何计算机的硬件上面；
- 不要把口令以文件的形式放在计算机里；
- 不要把口令与人共享；
- 防止信任欺骗(电话、E-mail 等)。

(3) 默认账户

应该禁止所有默认的被操作系统本身启动的并且不必要的账户，当第一次安装系统时就应该这么做，Linux 提供了很多默认账户，而账户越多，系统就越容易受到攻击。

可以用下面的命令删除账户：

```
# userdel 用户名
```

或者用以下的命令删除组用户账户：

```
# groupdel username
```

(4) 口令文件

chattr 命令给下面的文件加上不可更改属性，从而防止非授权用户获得权限。

```
# chattr +i /etc/passwd
# chattr +i /etc/shadow
# chattr +i /etc/group
```

```
# chattr +i /etc/gshadow
```

(5) 禁止 Ctrl+Alt+Delete 重新启动计算机命令

修改/etc/inittab 文件,将"ca::ctrlaltdel:/sbin/shutdown -t3 -r now"一行注释掉,然后重新设置/etc/rc.d/init.d/目录下所有文件的许可权限,运行如下命令:

```
# chmod -R 700 /etc/rc.d/init.d/*
```

这样便仅有 root 可以读、写或执行上述所有脚本文件。

(6) 限制 su 命令

如果不想任何人能够使用 su 作为 root,可以编辑/etc/pam.d/su 文件,增加如下两行:

```
auth sufficient /lib/security/pam_rootok.so debug
auth required /lib/security/pam_wheel.so group = isd
```

这时,仅 isd 组的用户可以使用 su 作为 root。此后,如果希望用户 admin 能够使用 su 作为 root,可以运行如下命令:

```
# usermod -G10 admin
```

(7) 删减登录信息

默认情况下,登录提示信息包括 Linux 发行版、内核版本名和服务器主机名等。对于一台安全性要求较高的机器来说这样泄露了过多的信息。可以编辑/etc/rc.d/rc.local 将输出系统信息的如下行注释掉。

```
# This will overwrite /etc/issue at every boot. So, make any changes you
# want to make to /etc/issue here or you will lose them when you reboot.
# echo "" > /etc/issue
# echo "$R" >> /etc/issue
# echo "Kernel $(uname -r) on $a $(uname -m)" >> /etc/issue
# cp -f /etc/issue /etc/issue.net
# echo >> /etc/issue
```

然后,进行如下操作:

```
# rm -f /etc/issue
# rm -f /etc/issue.net
# touch /etc/issue
# touch /etc/issue.net
```

(8) 保护 root

保护 root 可以采用以下方法:

- 除非必要时,一般情况下避免以超级用户登录;
- 严格限制 root 只能在某一个终端登录,远程用户可以使用/bin/su -l 来成为 root;
- 不要随意把 root shell 留在终端上;
- 若某人确实需要以 root 来运行命令,则考虑安装 sudo 这样的工具,它能使普通用户以 root 来运行个人命令并维护日志;
- 不要把当前目录("./")和普通用户的 bin 目录放在 root 账户的环境变量 PATH 中;

• 永远不以 root 运行其他用户的或不熟悉的程序。

(9) Linux 系统中为 LILO 增加开机口令

在/etc/lilo.conf 文件中增加选项，从而使 LILO 启动时要求输入口令，以加强系统的安全性。具体设置如下：

```
boot = /dev/hda
map = /boot/map
install = /boot/boot.b
time-out = 60 #等待1分钟
prompt
default = linux
password =
#口令设置
image = /boot/vmlinuz-2.2.14-12
label = linux
initrd = /boot/initrd-2.2.14-12.img
root = /dev/hda6
read-only
```

此时需注意，由于在 LILO 中口令是以明码方式存放的，所以还需要将 lilo.conf 的文件属性设置为只有 root 可以读写。

```
# chmod 600 /etc/lilo.conf
```

当然，还需要进行如下设置，使 lilo.conf 的修改生效。

```
# /sbin/lilo -v
```

(10) 设置口令最小长度和最短使用时间

口令是系统中认证用户的主要手段，系统安装时默认的口令最小长度通常为 5，但为保证口令不易被猜测攻击，可增加口令的最小长度，至少等于 8。为此，需修改文件/etc/login.defs 中的参数 PASS_MIN_LEN。同时应限制口令使用时间，保证定期更换口令，建议修改参数 PASS_MIN_DAYS。

(11) 用户超时注销

如果用户离开时忘记注销账户，则可能给系统安全带来隐患。可修改/etc/profile 文件，保证账户在一段时间没有操作后，自动从系统注销。

编辑文件/etc/profile，在"HISTFILESIZE="行的下一行增加如下一行：

```
TMOUT = 600
```

则所有用户将在 10 分钟无操作后自动注销。

3. 限制网络访问

(1) NFS 访问

如果使用 NFS 网络文件系统服务，应该确保/etc/exports 具有最严格的访问权限设置，也就是意味着不要使用任何通配符、不允许 root 写权限并且只能安装为只读文件系统。编辑文件/etc/exports 并加入如下两行：

/dir/to/export host1.mydomain.com(ro,root_squash)

/dir/to/export host2.mydomain.com(ro,root_squash)

/dir/to/export 是想输出的目录，host.mydomain.com 是登录这个目录的机器名，ro 意味着 mount 成只读系统，root_squash 禁止 root 写入该目录。为了使改动生效，运行如下命令：

/usr/sbin/exportfs -a

(2) Inetd 设置

首先要确认/etc/inetd.conf 的所有者是 root，且文件权限设置为 600。设置完成后，可以使用"stat"命令进行检查。

chmod 600 /etc/inetd.conf

然后，编辑/etc/inetd.conf 禁止以下服务：

ftp telnet shell login exec talk ntalk imap pop-2 pop-3 finger auth

如果安装了 ssh/scp，也可以禁止掉 Telnet/FTP。为了使改变生效，运行如下命令：

#killall -HUP inetd

默认情况下，多数 Linux 系统允许所有的请求，而用 TCP_WRAPPERS 增强系统安全性是举手之劳，可以修改/etc/hosts.deny 和/etc/hosts.allow 来增加访问限制。例如，将/etc/hosts.deny 设为"ALL：ALL"可以默认拒绝所有访问。然后在/etc/hosts.allow 文件中添加允许的访问。例如，"sshd：192.168.1.10/255.255.255.0 gate.openarch.com"表示允许 IP 地址 192.168.1.10 和主机名 gate.openarch.com 通过 SSH 连接。

配置完成后，可以用 tcpdchk 检查：

tcpdchk

tcpchk 是 TCP_Wrapper 配置检查工具，它检查 tcp wrapper 配置并报告所有发现的潜在/存在的问题。

(3) 登录终端设置

/etc/securetty 文件指定了允许 root 登录的 tty 设备，由/bin/login 程序读取，其格式是一个被允许的名字列表，可以编辑/etc/securetty 且注释掉如下的行：

tty1

tty2

tty3

tty4

tty5

tty6

这时，root 仅可在 tty1 终端登录。

(4) 避免显示系统和版本信息

如果希望远程登录用户看不到系统和版本信息，可以通过一下操作改变/etc/inetd.conf 文件：

telnet stream tcp nowait root /usr/sbin/tcpd in.telnetd -

加-h 表示 Telnet 不显示系统信息，而仅仅显示"login："。

(5) SUID和SGID

什么是SUID和SGID程序呢？Unix中的SUID(Set User ID)/SGID(Set Group ID)设置了用户id和分组id属性,允许用户以特殊权利来运行程序，这种程序执行时具有宿主的权限。如passwd程序,它就设置了SUID位。

```
-r-s--x--x  1 root root 10704 Apr 15 2002 /usr/bin/passwd
```

^SUID程序

passwd程序执行时就具有root的权限。

为什么要有SUID和SGID程序呢？SUID程序是为了使普通用户完成一些普通用户权限不能完成的事而设置的,如每个用户都允许修改自己的密码。但是修改密码时又需要root权限,所以修改密码的程序需要以管理员权限来运行。

SUID程序对系统安全的威胁有哪些呢？黑客可以采用它来执行非法命令和进行权限提升。为了保证SUID程序的安全性,在SUID程序中要严格限制功能范围,不能有违反安全性规则的SUID程序存在。并且要保证SUID程序自身不能被任意修改。

用户可以通过检查权限模式来识别一个SUID程序。如果"x"被改为"s",那么程序是SUID。如：

```
ls-l /bin/su
-rwsr-xr-x    1 root root 12672 Oct 27 1997 /bin/su
```

查找系统中所有的SUID/SGID程序,具体的方法如下：

```
find
find / -type f \( -perm +4000 -or -perm +2000 \) -exec ls -alF {} \;
```

用命令chmod u-s file可去掉file的SUID位。具体的方法如下：

找出root所属的带s位的程序：

```
# find / -type f \( -perm -04000 -o -perm -02000 \) -print |less
```

禁止其中不必要的程序：

```
# chmod a-s program_name
```

4. 防止攻击

(1) 阻止ping

如果没人能ping通系统,安全性自然增加了。为此,可以在/etc/rc.d/rc.local文件中增加如下一行：

```
echo 1 > /proc/sys/net/ipv4/icmp_echo_ignore_all
```

(2) 防止IP欺骗

编辑host.conf文件并增加如下几行来防止IP欺骗攻击：

```
order bind,hosts
multi off
nospoof on
```

(3) 防止DoS攻击

对系统所有的用户设置资源限制可以防止DoS类型攻击,如最大进程数和内存使用数量等。例如,可以在/etc/security/limits.conf中添加如下几行：

- hard core 0
- hard rss 5000
- hard nproc 20

然后必须编辑/etc/pam.d/login 文件检查下面一行是否存在：

session required /lib/security/pam_limits.so

上面的命令禁止调试文件，限制进程数为 50 并且限制内存使用为 5 MB。

(4) 防止堆栈溢出攻击

在 Unix 系统中进行堆栈攻击的方式如下：

- 编写有漏洞的 SUID 程序；
- 在 SUID 程序堆栈中填入过长的数据，使数据覆盖返回地址；
- 执行攻击者指定的代码。

攻击的目标是 SUID 程序和服务进程。

如何更好地防止堆栈溢出攻击呢？可以采用以下 4 种方法：

- 及时发现系统和应用程序存在的问题；
- 及时下载并修补最新的程序和补丁；
- 去掉不必要或者发生问题的 SUID 程序 s 位；
- 养成良好的编程习惯。

5. 其他安全设置

(1) 禁止访问重要文件

对于系统中的某些关键性文件(如 inetd.conf、services 和 lilo.conf 等)可修改其属性，防止意外修改和被普通用户查看。

首先改变文件属性为 600：

chmod 600 /etc/inetd.conf

保证文件的属主为 root，然后还可以将其设置为不能改变：

chattr +i /etc/inetd.conf

这样，对该文件的任何改变都将被禁止。只有 root 重新设置复位标志后才能进行修改：

chattr -i /etc/inetd.conf

(2) 允许和禁止远程访问

在 Linux 中可通过/etc/hosts.allow 和/etc/hosts.deny 这两个文件允许和禁止远程主机对本地服务的访问。通常的做法是：

① 编辑 hosts.deny 文件，加入下列行：

Deny access to everyone.

ALL：ALL@ALL

则所有服务对所有外部主机禁止，除非由 hosts.allow 文件指明允许。

② 编辑 hosts.allow 文件，可加入下列行：

#Just an example：

ftp：202.84.17.11 xinhuanet.com

则将允许 IP 地址为 202.84.17.11 和主机名为 xinhuanet.com 的机器作为 Client 访问 FTP 服务。

③ 设置完成后，可用 tcpdchk 检查设置是否正确。

(3) 限制 Shell 命令记录大小

默认情况下，bash shell 会在文件 $HOME/.bash_history 中存放多达 500 条命令记录(根据具体的系统不同，默认记录条数不同)。系统中每个用户的主目录下都有一个这样的文件。

可以编辑/etc/profile 文件，修改其中的选项 HISTFILESIZE=30 或 HISTSIZE=30。

(4) 注销时删除命令记录

编辑/etc/skel/.bash_logout 文件，增加如下行：

```
rm-f $HOME/.bash_history
```

这样，系统中的所有用户在注销时都会删除其命令记录。

如果只需要针对某个特定用户，如 root 用户进行设置，则可只在该用户的主目录下修改/$HOME/.bash_history 文件，增加相同的一行即可。

(5) 检查开机时显示的信息

Linux 系统启动时，屏幕上会滚过一大串开机信息。如果开机时发现有问题，需要在系统启动后进行检查，可输入下列命令：

```
#dmesg >bootmessage
```

该命令将把开机时显示的信息重定向输出到一个文件 bootmessage 中。

(6) 磁盘空间的维护

经常检查磁盘空间对维护 Linux 的文件系统非常必要。而 Linux 中对磁盘空间维护使用最多的命令就是 df 和 du 了。

df 命令主要检查文件系统的使用情况，通常的用法是：

```
#df-k
Filesystem 1k-blocks Used Available Use% Mounted on
/dev/hda3 1967156 1797786 67688 96% /
```

du 命令检查文件、目录和子目录占用磁盘空间的情况，通常带-s 选项使用，只显示需检查目录占用磁盘空间的总计，而不会显示下面的子目录占用磁盘的情况。

```
% du-s /usr/X11R6/*
34490 /usr/X11R6/bin
1 /usr/X11R6/doc
3354 /usr/X11R6/include
```

经过以上的设置，Linux/Unix 服务器已经可以对绝大多数已知的安全问题和网络攻击具有免疫能力，但一名优秀的系统管理员仍然要时刻注意网络安全动态，随时对已经暴露出的和潜在安全漏洞进行修补。

(7) 系统安装注意事项

- 使用常规介质；

• 备份可能包括改变的代码；
• 对于具有网络功能的设备只安装必要的选项；
• 系统安装结束后，将最新的补丁程序打上；
• 去掉不用的用户名或者修改其密码；
• 使用第二系统来获得补丁程序；
• 在正式装补丁程序前需要校验(md5sum)；
• 随时注意并更新系统和软件补丁。

(8) 日志审计

① 审计特性

• 操作系统都具有一些审计与日志的功能；
• 安全配置的操作系统应使用这些特性；
• 审计与日志会记录各种应用软件的事件，系统消息及用户活动，如用户登录等；
• 应用服务进程自身也有日志功能。

② 启用审计的目的

• 提供一种追踪用户活动的方法；
• 系统管理员可以知道系统的日常活动；
• 及时了解和处理安全事件；
• 它是一种在安全事件发生后，可以提供法律证据的机制。

③ 启用审计的方法

• 在 Unix 中，主要的审计工具是 syslogd；
• 可以通过配置这个后台进程程序，可以提供各种水平的系统审计和指定输出目录。

8.3 Unix 常用服务器软件的配置

服务就是运行在网络服务器上监听用户请求的进程，服务是通过端口号来区分的。如图 8.1 所示为 Unix 系统中的服务。

Service Name	Port Number
FTP	21
FTP Data	20
Telnet	23
SMTP (email)	25
HTTP (WWW)	80
HTTPS (Secure WWW)	443

图 8.1 Unix 系统中的服务

在 Unix 系统中，服务是通过 inetd 进程或启动脚本来启动，如图 8.2 所示。通过

inetd来启动的服务可以通过在/etc/inetd.conf 文件中注释来禁用。

```
# inetd.conf    This file describes the services that will be available
#               through the INETD TCP/IP super server. TO re - configure
#               the running INETD process,edit this file,then send the
#               INETD process a SIGHUP signal.
#
# Echo,discard,daytime,and chargen are used primarily for testing.
#
# To re - read this file after changes,just do a 'killall - HUP inetd'
#
# echo   stream   tcp     nowait  root    internal
# echo   dgram    udp     wait    root    internal
# discard         stream  tcp     nowait  root    internal
# discard         dgram   udp     wait    root    internal
# daytime         stream  tcp     nowait  root    internal
# daytime         dgram   udp     wait    root    internal
# chargen         stream  tcp     nowait  root    internal
# chargen         dgram   udp     wait    root    internal
```

图 8.2 inetd 配置文件

通过启动脚本启动的服务可以通过改变脚本名称的方式禁用。Unix 启动脚本目录为 /etc/rc＊.d/。如图 8.3 所示。

```
[root@smithers rc3.d]# 1s - a
.            s11portmap  s40crond    s55routed  s60rusersd   s85sound
..           s15netfs    s45pcmcia   s55sshd    s60rwhod     s90xfs
K30sendmail  s20random   s50inet     s601pd     s75keytable  s91smb
s05apmd      s30syslog   s50snmpd    s60nfs     s85gpm       s991inuxconf
```

图 8.3 通过启动脚本启动的服务

要想禁用启动脚本，可以改变脚本名，使它不以大写的 S 开头。

8.3.1 Unix 系统中 WWW 服务器安全

通常 WWW 服务器出现问题会带来以下问题：

- 损失很大；
- 企业形象的损害；
- 信息资产的流失；
- 对公众开放，成为众多攻击者的目标。

通常使用的 WWW 服务器是 Apache 服务器，典型的 Apache 服务器配置如图 8.4

所示。

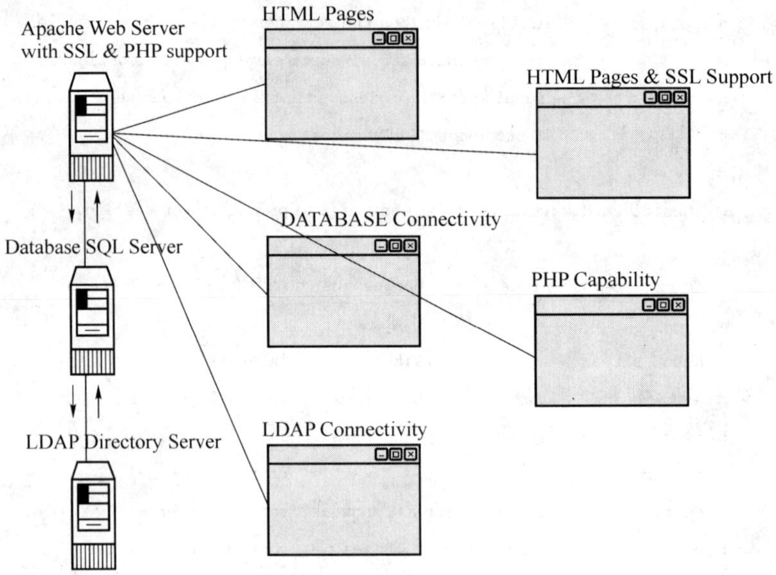

图 8.4 典型的 Apache 服务器配置图

Apache 服务器软件的编译和安装相关网地址如下：

- http://www.apache.org/dist/httpd/
- http://www.php.net/
- http://www.openssl.org/
- http://www.modssl.org/

Apache 服务器配置应注意如下一些问题：

(1) 尽量使用高版本的服务器程序；

(2) 给 WWW 文档所在目录设置正确的权限；

(3) 不要以 root 身份运行服务器程序；

(4) 在 CGI 程序中不要信任用户输入的任何信息，特别是"& ; ` ' \ " | * ? ~ <> ^( ) [ ] { } $ \n \r \t \0 # ../"一类的字符；

(5) 禁止自动目录列表 (Options - Indexes)。

Apache 日志审查如下所示：

(1) Access_log：

192.168.7.110 - - [24/Nov/2002:19:45:25 +0800] "GET / HTTP/1.1" 304 - "-""Mozilla/4.0 (compatible; MSIE 6.0; Windows NT 5.0)"

192.168.7.110 - - [24/Nov/2002:19:45:25 +0800] "GET /icons/apache_pb.gif HTTP/1.1" 304 - "http://192.168.7.114/" "Mozilla/4.0 (compatible; MSIE 6.0; Windows NT 5.0)"

(2) Error_log：

[Mon Nov 25 08:53:28 2002] [notice] child pid 898 exit signal Segmentation fault (11)

[Mon Nov 25 12:07:14 2002] [error] [client 192.168.7.114] request failed: error reading the headers

[Mon Nov 25 12:10:06 2002] [error] [client 192.168.7.114] request failed: error reading the headers

8.3.2 Unix 系统中 FTP 服务器安全

一般来说 FTP 必须以 root 身份运行，以明文传输数据(包括用户名和口令)。FTP 服务器必须注意以下安全事项：

- 对匿名 FTP 服务器尽量不要开放写权限；
- 禁止 root 登录；
- 敏感信息不要通过 FTP 传递；
- 对连接数和带宽加以限制；
- 记录详细的日志；
- 进行访问控制；
- 使用安全性好的 FTP 服务器；
- 对于提供 FTP 账户的用户，如果是系统用户，最好能把用户 shell 设置成/bin/true。

关于 FTP 服务器软件，推荐使用 proftpd。proftpd 的特点如下：

- 高度可配置的 FTP 服务器；
- 良好的安全性；
- 很容易配置多个虚拟服务器和匿名服务器；
- 匿名服务器的根目录不需要特殊的目录结构，执行文件和库文件等；
- 没有 SITE EXEC 命令。

下载、编译和安装 proftpd 的网址为 http://www.proftpd.org/，当前版本 1.2.5。关于 proftpd 需要注意以下内容：

(1) proftpd 的访问控制功能

① Allow 和 Deny

举例：

```
<Limit LOGIN>
Order Allow,Deny
Allow from 128.44.26.,128.44.26.,.trusteddomain.org
Allow from 9.2.0.0/22
Deny from all
</Limit>
```

② UseHostsAllowFile/UseHostsDenyFile

用/etc/hosts.allow ，/etc/hosts.deny 来作为允许/禁止的地址列表。

(2) proftpd 预防拒绝服务攻击的选项

① CommandBufferSize：用户输入命令允许的最大长度；

② MaxClients：允许的最大连接数；

③ MaxClientsPerHost：每个客户允许的最大连接数；

④ MaxInstances：允许的最大进程数。

(3) proftpd 其他和安全有关的配置命令

① Quotas：磁盘空间配额；

② RateReadBPS/RateWriteBPS：上/下传的带宽限制；

③ MaxLoginAttempts：登录尝试的次数限制；

④ UseReverseDNS：使用反向域名解析。

8.3.3 Unix 系统中 DNS 服务器安全

DNS 服务是因特网上最重要的服务之一，因此 DNS 服务器的安全问题就尤为重要。目前大多数 DNS 服务器都是采用 BIND 来实现的。BIND 服务器软件存在不少远程溢出漏洞和拒绝服务漏洞，因此它会带来许多安全问题。

以 BIND9 为例，讲述使用 BIND9 提供的安全特性来确保服务器的安全。

1. 限制查询

allow-query 子句的语法：

```
options{
    allow - query { 地址匹配列表 }
};
```

例如：

```
options{
    allow - query { 9.1.1/24;9.1.2/24 }
};
```

2. 防止未授权的区传送

对某个域的区传送的限制：

```
zone "demo.com" {
    type master;
    file "db.demo";
    allow—transfer{9.1.1.1;9.1.2.1}
};
```

全局的区传送访问控制列表：

```
options{
    allow - transfer {9.1.1/24;9.1.2/24}
}
```

3. 隐藏 BIND 的版本信息

在 options 可以自定义版本信息，例如：

```
options{
    ...
    version "unknow"
    ...
}
```

4. 以普通用户身份运行 BIND

启动 namcd 时使用以下参数：

-u 以该用户名或用户 id 来运行 named，例如：-u nobody。

-g 以该用户组或组 id 来运行 named，例如：-g nogroup。

8.4 了解 Unix 系统入侵

8.4.1 如何知道系统已经被入侵

(1) 如果系统被入侵，则会有以下明显的特征：

① Web 站点主页面被删除或者被篡改。

② 文件突然被删除或者被修改。

③ 系统速度突然变慢。

④ 系统用户异常。

⑤ 某些程序运行失败。

(2) 如果系统被入侵，其他异常情况：

① 网络流量出现异常。

② 用户登录次数明显增多。

③ 使用 netstat 查看确定有不明连接或者不明端口。

④ 日志文件内容、大小、日期异常。

⑤ ps ax 列举有不明进程。

8.4.2 入侵检查一般步骤和要求

在出现以上或者其他异常情况后，首先应该使主机与网络断开，可能的话不使用已经被入侵的系统启动。然后再做以下一些事情：

(1) 检查系统日志(. bash_history，last 等)

- last，lastlog 命令的输出；
- /var 目录下的很多日志文件；
- messages 文件；

- . bash_history 文件；

(2) 检查敏感的命令是否被改动(ls,ps,su…等)

- 检查文件内容和日期；
- 手工用 strings 命令查看；
- 利用系统本身提供的校验功能；
- 和其他同样版本操作系统的可信主机对比。

(3) 检查系统启动文件

- 检查/etc 目录文件内容及日期；
- 与同样版本的可信系统作对比。

(4) 检查入侵者留下的目录/文件

这里主要是使用 Find 命令来检测，如：

```
find / -type d -name ". *"
find / -type d -name " *"
find / -perm -004000
```

(5) 检查核心级的后门(module 等)

可根据系统的不同分别对以下系统检测：

- Linux 系统的检查
- FreeBSD 系统的检查
- Solaris 系统的检查

(6) 检查是否已经成了入侵内网的跳板

检查是否已经成为跳板比较困难，运气好的话可以在.bash_profile 或者 acct 文件里面看到一些日志记录。还可以通过以下方式来检测：

- 检查入侵者遗留下来的程序或者文件是否有提供包转发功能。
- 检查入侵者遗留下来的程序或者文件是否有指定内网 IP。
- 检查内网机器，看是否有何异常。

思 考 题

1. 在 Unix 系统里如何禁止 Ctrl+Alt+Delete 重新启动机器命令？
2. 在 Unix 系统里如何限制 su 命令？
3. 在 Unix 系统里如何删减登录信息？
4. 在 Unix 系统里如何保护 root?
5. 在 Unix 系统里什么是 SUID 和 SGID 程序？

第4部分　应用层安全

第9章 计算机病毒与恶意软件

近年来，由于计算机病毒的泛滥，全世界平均不到20分钟就会产生一个新的病毒。据统计，在我国企业、公司级的网络系统中，有90%的计算机都曾受到过病毒的感染。60%以上的计算机都曾因病毒而丢失过文件、数据等。计算机病毒的侵犯已成为计算机安全的最大问题，由它带来的人力和经济损失是巨大的。尤其随着计算机信息交换的增多，病毒具有更大的危害和破坏力，因此只要还在使用冯·诺依曼体系结构的计算机，病毒就会存在，其强大的威力并不亚于硬杀伤性武器，因此需要对计算机病毒进行深入的研究。

9.1 计算机病毒概述

由于计算机病毒隐藏在合法用户文件中，因此病毒程序的执行也是对系统功能的合法调用。关于计算机病毒，有以下3个基本观点：

(1) 计算机病毒是人为制造的具有破坏性的程序；

(2) 计算机病毒的运行是非授权入侵；

(3) 计算机病毒可以隐藏在可执行文件或数据文件中。

以前有人认为计算机病毒是计算机自己产生的，这是不可能的。本小节将介绍关于计算机病毒的基本知识。

“病毒”一词最早用来表达此意是在弗雷德·科恩(Fred Cohen)1984年的论文《电脑病毒实验》。

1994年2月18日，我国正式颁布实施了《中华人民共和国计算机信息系统安全保护条例》，在第二十八条中明确指出：“计算机病毒，是指编制或者在计算机程序中插入的破坏计算机功能或者毁坏数据，影响计算机使用，并能自我复制的一组计算机指令或者程序代码。”此定义具有法律性、权威性。

计算机病毒的产生是计算机技术和以计算机为核心的社会信息化进程发展到一定阶段的必然产物。其产生的过程可分为：程序设计—传播—潜伏—触发、运行—实行攻击。究其产生的原因不外乎以下几种。

(1) 一些计算机爱好者出于好奇或兴趣，也有的是为了满足自己的表现欲，故意编制出一些特殊的计算机程序，让别人的计算机出现一些动画，或播放声音，或提出问题让使用者回答，以显示自己的才干。而此种程序流传出去就会演变成计算机病毒，此类病毒破坏性一般不大。

(2) 产生于个别人的报复心理。如我国台湾地区的学生陈盈豪，就是出于此种情况；他以前购买了一些杀病毒软件，可拿回家一用，并不如厂家所说的那么厉害，杀不了什么病毒，于是他就想亲自编写一个能避过各种杀病毒软件的病毒，这样，CIH 就诞生了。

(3) 来源于软件加密，一些商业软件公司为了不让自己的软件被非法复制和使用，运用加密技术，编写一些特殊程序附在正版软件上，如遇到非法使用，则此类程序自动激活，于是又会产生一些新病毒，如“巴基斯坦”病毒。

(4) 产生于游戏，编程人员在无聊时互相编制一些程序输入计算机，让自编的程序去销毁对方的程序，如最早的“磁芯大战”，这样，另一些病毒也产生了。

(5) 用于研究或实验而设计的“有用”程序，由于某种原因失去控制而扩散出来。

(6) 由于政治、经济和军事等特殊目的，一些组织或个人也会编制一些程序用于进攻对方计算机，给对方造成灾难或直接性的经济损失。

1983 年，美国计算机安全专家 Fred Cohen 博士在 VAX-11 上通过实验证明了计算机病毒的存在。

1986 年，巴基斯坦两兄弟为追踪非法复制其软件的人制造了“巴基斯坦”病毒，成了世界上公认的第一个传染 PC 兼容机的病毒，并且很快在全球流行。

1988 年，“小球”病毒传入我国，在几个月之内迅速传染了 20 多个省、市，成为我国第一个病毒案例。

1989 年 12 月，一个叫做“艾滋病”(AIDS)的特洛伊木马出现，大约 2 万张上面写着“艾滋病信息磁盘版本 2.0”的磁盘被发放，启动 90 次以后，这个木马程序会加密磁盘上的所有文件，设置属性为不可见，除了一个文件是可读的，其中包含了一张 189 美元的账单，以及邮寄的地址：“巴拿马邮政信箱 7#”。当然，这一拙劣的敲诈行为使该病毒作者很快被起诉并被送进了监狱。

Windows 95/98 时代大名鼎鼎的 CIH 病毒属于文件型病毒，其别名有 Win95.CIH、Spacefiller、Win32.CIH、PE_CIH，它主要感染 Windows95/98 下的可执行文件。使得一些计算机的 BIOS 受到破坏。

后来网上还出现了骇人听闻的“女鬼”病毒，这种病毒在网页上出现，有令人恐怖的图片和音乐，而且网页很难关掉。

Windows NT 时代的“白雪公主”病毒发作时，巨大的黑白螺旋占据了屏幕位置，使计算机使用者无法进行任何操作。

在此之后，如同打开的潘多拉的盒子，各种计算机病毒层出不穷，特别是一些通过互联网传播的病毒，其破坏性更大，如 NIMDA、“红色代码”病毒等。现在就连许多手机上都有病毒。

计算机病毒的传播主要是通过复制文件、传送文件、运行程序等方式进行，而主要的传播途径有以下几种。

(1) 硬盘

因为硬盘存储数据多，在其互相借用或维修时，将病毒传播到其他的硬盘或软盘上。

(2) 软盘

软盘主要是携带方便，早期时候在网络还不普及时，为了计算机之间互相传递文件，经常使用软盘，这样，通过软盘，也会将一台计算机的病毒传播到另一台计算机。

(3) 光盘

光盘的存储容量大，所以大多数软件都刻录在光盘上，以便互相传递；由于各普通用户的经济收入不高，购买正版软件的人就少，一些商人就将软件刻录在光盘上，在制作过程中难免会将带病毒文件刻录在上面，因其只读，所以上面即使有病毒也不能清除。

(4) 网络

在计算机日益普及的今天，人们通过计算机网络互相传递文件、信件，这样给病毒的传播速度又加快了；因为资源共享，人们经常在网上下载免费、共享软件，病毒也难免会夹在其中。人们常使用的IM聊天工具等都容易传播病毒。

(5) U盘

U盘即USB盘的简称，而优盘只是U盘的谐音称呼。U盘是闪存的一种，因此也叫闪盘。最大的特点就是：小巧便于携带、存储容量大、价格便宜，是移动存储设备之一。一般的U盘容量有64 M、128 M、256 M、512 M、1 G、2 G、4 G等。目前在个人计算机上U盘有取代软件的趋势。目前，在传递文件资料的时候U盘得到了广泛的应用，但同时，病毒也会通过U盘传入计算机。

计算机病毒的特征主要有传染性、非授权性、隐蔽性、潜伏性、破坏性和不可预见性。

9.2 计算机病毒工作原理

典型的病毒运行机制可以分为：感染、潜伏、繁殖和发作4个阶段。

1. 感染

感染是指病毒自我复制并传播给其他程序。病毒主要通过电子邮件、外部介质、下载这3种途径入侵个人计算机。

2. 潜伏

潜伏是指病毒等非法程序为了逃避用户和防病毒软件的监视而隐藏自身行踪的行为。在潜伏过程中，病毒为躲避用户和防病毒软件的侦察而进行隐藏。通过与防病毒软件之间不断地“斗智斗勇”，有的病毒已经逐渐具备了非常高级的隐身法。最具代表性的潜伏方法是隐蔽和自我变异。

3. 繁殖

繁殖是非法程序不断地由一部计算机向其他计算机进行传播的状态。就像在感染阶段一样，病毒主要通过电子邮件入侵个人计算机。将电子邮件用做传播媒介的就是蠕虫。

4. 发作

发作是非法程序所实施的各种恶意行为。如果把破坏程度分为3个等级，那么破坏程度最大的大概就算是格式化硬盘和删除文件等直接破坏行为。尤其是计算机 BIOS 的发作症状,由于计算机将不能启动,用户将无法进行修复,经济上的损失非常大。

计算机病毒发作时,通常会出现以下几种情况。

(1) 计算机运行速度比平时慢。

(2) 程序载入时间比平时久。有些病毒能控制程序或系统的启动程序,当系统刚开始启动或是一个应用程序被载入时,这些病毒将执行它们的动作,因此会花更多时间来载入程序。

(3) 对一个简单的工作,磁盘似乎花了比预期长的时间。例如,储存一页的文字若需一秒,但病毒可能会花更长时间来寻找未感染文件。

(4) 不寻常的错误信息出现。例如,可能得到以下的信息:

```
write protect error on driver A
```

表示病毒已经试图去存取软盘并感染它,特别是当这种信息出现频繁时,表示系统已经中毒了。

(5) 硬盘的指示灯无缘无故变亮。当没有存取磁盘操作,但磁盘指示灯亮时,表明计算机已经受到了病毒感染。

(6) 系统内存容量忽然大量减少。有些病毒会消耗可观的内存容量,曾经执行过的程序,再次执行时,突然告诉没有足够的内存可以利用,表示病毒已经存在计算机中。

(7) 磁盘可利用的空间突然减少。这个信息是警告病毒已经开始复制了。

(8) 可执行程序的大小改变。正常情况下,这些程序应该维持固定的大小,有些病毒会增加程序的大小。

(9) 坏轨增加。有些病毒会将某些磁区标注为坏轨,而将自己隐藏其中,往往杀毒软件也无法检查病毒的存在,例如 Disk Killer 会寻找 3～5 个连续未用的磁区,并将其标示为坏轨。

(10) 程序同时存取多部磁盘。

(11) 内存中增加来路不明的常驻程序。

(12) 文件奇怪地消失。

(13) 文件的内容被加上一些奇怪的资料。

(14) 文件名称、扩展名、日期、属性被更改过。

9.3 计算机病毒的清除

下面提供一些清除病毒的建议供参考。

(1) 如果发现病毒,首先是停止使用计算机。如果正在上网,则应先将网线拔掉,然后用干净启动软盘启动,将所有资料备份。

(2) 用正版杀毒软件进行杀毒,最好能将杀毒软件升级到最新版。

(3) 如果一个杀毒软件不能清除,可到网上找一些专业性的杀病毒网站下载最新版的其他杀病毒软件,进行查杀。

(4) 如果多个杀毒软件均不能杀除,可将此病毒发作情况发布到网上,或到专门的BBS论坛留下帖子。

(5) 可用此染毒文件上报杀病毒网站,让专业性的网站或杀毒软件公司帮助解决。

9.4 典型病毒实例

9.4.1 CIH病毒

CIH病毒是一位名叫陈盈豪的台湾地区大学生所编写的,从台湾传入大陆地区的。CIH的载体是一个名为"ICQ中文Ch_at模块"的工具,并以热门盗版光盘游戏如"古墓奇兵"或Windows95/98为媒介,经互联网各网站互相转载,使其迅速传播。目前传播的主要途径是通过因特网和电子邮件,当然随着时间的推移,其传播主要仍将通过软盘或光盘途径。

CIH病毒,别名Win95.CIH\Spacefiller\Win32.CIH\ PE_CIH等,属文件型病毒,使用面向Windows的VxD技术编制,主要感染Windows 95/98下的可执行文件,并且在DOS、Windows3.2及Windows NT中无效。正是因为CIH病毒独特地使用了VxD技术,使得这种病毒在Windows环境下传播,它的实时性和隐蔽性都特别强,使用一般反病毒软件很难发现这种病毒在系统中的传播。

感染CIH病毒后会出现如下症状:系统不能正常启动,这时如果重新热启动,将会给病毒破坏BIOS带来机会,如果是不可升级的BIOS将会使CMOS参数变为出厂时的状态,如果是可升级的BIOS将使主板受到破坏。应用程序不能正常运行,并出现死机现象。系统不能正常关闭,当系统出现"Windows正在关机…"画面时会出现死机,这时如果热启动,将可能使硬件受破坏。另外,感染CIH病毒的软件体积增大,程序被破坏。

对付CIH病毒关键是如何防范。首先,不要用盗版软件,坚持使用正版软件。其次,对网络上、光盘和软盘上的软件在安装或使用前一律用杀毒软件进行检查,要求所有的杀毒软件要有查杀自解压或压缩包中CIH病毒的能力。第三,可在Windows 9x系统中安装查杀CIH病毒的全天候实施监视软件,并且定期运行杀毒软件,对系统程序和应用程序进行全面的扫描。

9.4.2 "震荡波"病毒

2004年5月初,许多杀毒公司都截获利用微软重大漏洞的高危病毒——"震荡波"病毒(I-Worm/Sasser),该病毒使因特网和用户计算机系统面临重大危险。

"震荡波"病毒会在网络上自动搜索系统有漏洞的计算机,并直接引导这些计算机下载病毒文件并执行,因此整个传播和发作过程不需要人为干预。只要这些用户的计算机没有安装补丁程序并接入因特网,就有可能被感染。

"震荡波"病毒的发作特点,类似于造成大规模计算机系统瘫痪的"冲击波"病毒,它会通过 FTP 的 5554 端口攻击计算机,使系统文件崩溃,造成计算机反复重启,如图 9.1 所示。病毒如果攻击成功,会在 C:\WINDOWS 目录下产生名为 avserve.exe 的病毒体,用户可以通过查找该病毒文件来判断是否中毒。

"震荡波"病毒会随机扫描 IP 地址,对存在有漏洞的计算机进行攻击,并会打开 FTP 的 5554 端口,用来上传病毒文件,该病毒还会在注册表 HKEY_LOCAL_MACHINE\SOFTWARE\Microsoft\Windows\CurrentVersion\Run 中建立:"avserve.exe"=%windows%\avserve.exe 的病毒键值进行自启动。

该病毒会使"安全认证子系统"进程——LSASS.exe 崩溃,出现系统反复重启的现象,并且使跟安全认证有关的程序出现严重运行错误。

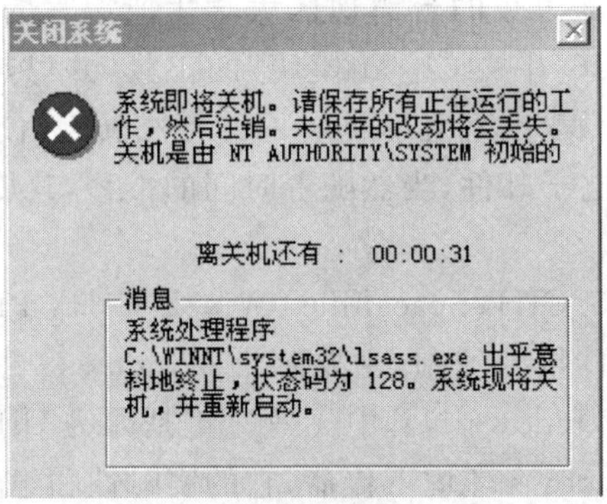

图 9.1 "震荡波"病毒发作后系统重启

清除这种病毒可以使用"震荡波"专杀工具,然后再将系统的补丁打上就可以使系统恢复正常。

9.4.3 "灰鸽子"病毒

1. "灰鸽子"的发展

"灰鸽子"自 2001 年出现至今,主要经历了模仿期、飞速发展期以及全民黑客时代三大阶段。

(1) 模仿期(2001—2003 年)

2001 年,国内互联网逐步走向普及,网络病毒也伴随着互联网的发展日益取代传统意义上的病毒,而到了 2002 年,以"电子邮件"、"网络下载和浏览"等方式传播的病毒开始大量涌现,互联网安全成为大众关注的焦点。

与此同时,随着网络的普及,人们已经可以足不出户的工作和学习。有了网络人们可以在城市的一端使用计算机远程控制另外一端的计算机,从而不用人们花费大量精力亲自到机房操作服务器,远程控制管理软件也由此诞生。

2002 年,远程控制软件已经步入了成熟阶段,是网管人员必备的工具。但同时一些带有恶意行为的远程控制软件(后门)也在互联网中流传,其中国内最为著名的就是"冰河"木马后门。"冰河"在当时被泛滥的用于控制各种网络服务器,在黑客成功攻陷一个服务器后，都会被安装上“冰河”的服务端，2002年的中国十大病毒中，位列第3位。

而“灰鸽子”最早出现的时候就是在模仿“冰河”。“灰鸽子”是2001年出现的，采用Delphi编写，最早并未以成品方式发布，更多的是以技术研究的姿态，采用了源码共享的方式出现在因特网，至今仍可搜索到“灰鸽子”早期版本的源码。“灰鸽子”在出现的时候使用了当时讨论最多的“反弹端口”连接方式，用以躲避大多数个人网络防火墙的拦截。“灰鸽子”在当时的名气不及“冰河”，因此只出现了少量的感染，但其开放源码的方式也让“灰鸽子”逐渐增大了传播量。

“灰鸽子”出现后以源码开放，所以出现多种不同的版本，由于服务端都以隐藏方式启动，就奠定了其恶意后门木马的地位，当时，大部分安全厂商将对用户上报和监测到的“灰鸽子”服务端都认定为“黑客程序”，并坚决查杀，在一定程度上遏制了“灰鸽子”的发展速度。

(2) 飞速发展期(2004—2005年)

2004年至2005年，中国互联网化进程飞速发展，大量的商业动作实现了互联网化，电子商务成为普通网民进行消费的选择之一，网络游戏在中国大地全面开花。在这样的年代下，计算机病毒也逐步转向了以经济利益为中心的方向发展。大量通过IM(即时通信软件)传播的木马/黑客/病毒，它们不择手段的从用户系统中盗取网银账户、网游账户及密码。这些病毒给中国互联网提出了新的考验——用户的网络虚拟资产正在受到威胁。

也就在2004年至2005这两年之间，“灰鸽子”逐步进入了成熟的状态，由于源码的释放，大量变种在互联网中衍生。2004年“灰鸽子”总共发现了1 000多变种，而在2005年，这个数字迅速上升到了3 000多种。“灰鸽子”最大的危害在于潜伏在用户系统中，由于其使用的“反弹端口”原理，一些在局域网(企业网)中的用户也受到了“灰鸽子”的侵害，使得受害用户数大大提高，2004年的感染统计表现为103 483人，而到2005年数字攀升到890 321人。“灰鸽子”本身所具备的键盘记录、屏幕捕捉、文件上传下载和运行、摄像头控制等功能，将使用户没任何隐私可言，更可怕的是服务端高度隐藏自己，使受害者无从得知感染此病毒。如图9.2所示为“灰鸽子”病毒变种数量的变化。

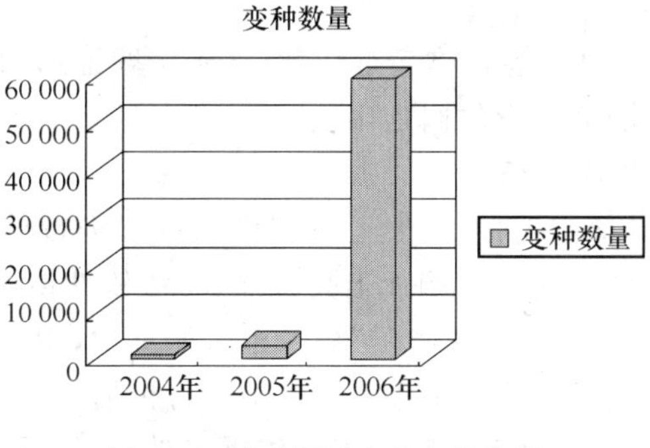

图9.2 “灰鸽子”病毒变种数量

(3) 全民黑客时代(2006—2007年)

2006年，计算机病毒呈爆炸式增长，共截获新增病毒样本总计240 156种，其中木马病毒新增数占总病毒新增数的73%，高达175 313种；随着计算机技术的普及，由于制作工具的泛滥，病毒变种增多，病毒的制作也逐渐呈现商业化的运作。某些制作者小组甚至可以根据使用者的要求为其提供针对特定目标的专门版本。病毒程序的模块化使得病毒制作的门槛降低，很多具备一定计算机知识的用户可以根据自己的需要对其自行组合。因此，2006年病毒的变种迅速增加，以典型的“灰鸽子”木马为例，高峰时期几乎每天增加10余个不同变种，迄今为止共出现了6万余种变种，并连续3年荣登国内十大病毒排行榜。而且这类木马往往通过自我升级功能频繁的进行更新以对抗反病毒软件。

2007年2月23日，“灰鸽子”2007 beta2版本发布。该版本的隐形性更强，可以任意插入常见的程序，如QQ、下载工具等，程序性能也得到提升，可以同时监视多个目标主机，并对远程监视的计算机进行如下操作：编辑注册表；上传下载文件；查看系统信息、进程、服务；查看操作窗口；记录键盘；修改共享；开启代理服务器；命令行操作；监视远程屏幕；操控远程语音视频设备；关闭；重启机器等。而由于“灰鸽子”采取了直接进程注入方式，利用HOOK API的方式实现病毒文件及病毒进程的隐藏，所有盗取用户信息的操作，远程计算机的操作人员可能毫不知情。

普通网民很难了解到在他们的生活之外竟然有一个如此完整的制造、贩卖病毒的“生态圈”。浏览各大网络论坛，购买、出售“灰鸽子”木马的人比比皆是，而购买“灰鸽子”教程、批量出售被“灰鸽子”控制的“肉鸡”、企图利用“灰鸽子”进行不法勾当的人更是数不胜数。尤其是伴随着“灰鸽子2007”的推出，这种不正之风正在互联网迅速蔓延。

2. “灰鸽子”的五大表现

(1) 隐身长驻：普通用户根本感觉不到“灰鸽子”的存在，就好比有个穿隐身衣的贼在你家中长驻。

(2) 借尸还魂：病毒名由入侵者定制的，不固定，Windows任务管理器也无法查看，好比玩借尸还魂。

(3) 全权控制：中“灰鸽子”后的计算机会被远程黑客操作，机密文件可能在毫不知情的情况下被人拿走。

(4) 盗窃偷拍：黑客将获得你的QQ号、游戏账户、银行账户。更有甚者控制摄像头，把你家里拍个遍。

(5) 销毁证据：攻击者可以远程将病毒卸载，达到销毁证据的目的。这好比隐身贼在你家拿走东西，大大方方的从隐形的门走出去。

3. “灰鸽子”的四大传播途径

“灰鸽子”自身并不具备传播性，一般通过捆绑的方式进行传播。“灰鸽子”传播的四大途径包括网页传播、邮件传播、IM聊天工具传播、非法软件传播。

(1) 网页传播：病毒制作者将“灰鸽子”病毒植入网页中，用户浏览即感染。

(2) 邮件传播：“灰鸽子”被捆绑在邮件附件中进行传播。

(3) IM聊天工具传播：通过即时聊天工具传播携带“灰鸽子”的网页链接或文件。

(4) 非法软件传播：病毒制作者将“灰鸽子”病毒捆绑进各种非法软件，用户下载解压安装即感染。

4. “灰鸽子”病毒的查杀方案

由于“灰鸽子”本身的隐蔽性很强，用Windows系统自带的工具，很难发现“灰鸽子”

入侵。如何去发现计算机中已经被植入的“灰鸽子”病毒呢？一般而言人们可采用杀毒软件将“灰鸽子”病毒查杀掉，但是由于“灰鸽子”不断变种，因此人们需要经常更新，而且即使更新也难以跟上“灰鸽子”的变种速度。一般计算机用户还可以去下载一些专杀工具，如果即使下载专杀工具仍无法完全清除“灰鸽子”的话，建议计算机用户可采用手工杀毒的办法来清除“灰鸽子”木马程序。

9.5 恶意软件

上过因特网的人，没有一个人没中过病毒、木马的，而对中国网民来说，还得面对一个“国情”——恶意软件。它们或者悄悄地潜入，或者强行插入，总之，一旦进驻用户计算机，它们就死皮赖脸不肯走，直到系统崩溃、格式化硬盘了事。

恶意软件俗称流氓软件。目前因特网上有许多恶意软件，如一搜工具条、完美网译通、博采网摘、百度搜霸、3721上网助手、很棒小秘书、网络猪、划词搜索等。目前，在中国对于恶意软件定义最权威的要属于中国互联网协会反恶意软件协调工作组对恶意软件的定义。

9.5.1 恶意软件的定义

什么是恶意软件呢？2006年11月，中国互联网协会反恶意软件协调工作组在充分听取成员单位意见的基础上，最终确定了“恶意软件”定义并向社会公布：

恶意软件是指在未明确提示用户或未经用户许可的情况下，在用户计算机或其他终端上安装运行，侵害用户合法权益的软件，但不包含我国法律法规规定的计算机病毒。

具有下列特征之一的软件可以被认为是恶意软件。

(1) 强制安装：指未明确提示用户或未经用户许可，在用户计算机或其他终端上安装软件的行为。

(2) 难以卸载：指未提供通用的卸载方式，或在不受其他软件影响、人为破坏的情况下，卸载后仍然有活动程序的行为。

(3) 浏览器劫持：指未经用户许可，修改用户浏览器或其他相关设置，迫使用户访问特定网站或导致用户无法正常上网的行为。

(4) 广告弹出：指未明确提示用户或未经用户许可，利用安装在用户计算机或其他终端上的软件弹出广告的行为。

(5) 恶意收集用户信息：指未明确提示用户或未经用户许可，恶意收集用户信息的行为。

(6) 恶意卸载：指未明确提示用户、未经用户许可，或误导、欺骗用户卸载其他软件的行为。

(7) 恶意捆绑：指在软件中捆绑已被认定为恶意软件的行为。

(8) 其他侵害用户软件安装、使用和卸载知情权、选择权的恶意行为。

中国互联网协会在反恶意软件问题上始终采用公正、透明的工作机制。目的是通过行业自律的方式约束互联网企业的行为,维护互联网用户的合法权益,维护良好的网络环境。

9.5.2 恶意软件的类型

根据恶意软件的表现,可以分为以下 9 类。

1. 广告软件

广告软件(Adware)是指未经用户允许,下载并安装或与其他软件捆绑并通过弹出式广告或以其他形式进行商业广告宣传的程序。

2. 间谍软件

间谍软件(Spyware)是能够在使用者不知情的情况下,在用户计算机上安装后门程序的软件。用户的隐私数据和重要信息会被那些后门程序捕获,甚至这些“后门程序”还能使黑客远程操纵用户的计算机。

3. 浏览器劫持

浏览器劫持是一种恶意程序,通过 DLL 插件、BHO、Winsock LSP 等形式 对用户的浏览器进行篡改。

4. 行为记录软件

行为记录软件(Track Ware)是指未经用户许可窃取、分析用户隐私数据,记录用户使用计算机、访问网络习惯的软件。

5. 恶意共享软件

恶意共享软件(Malicious Shareware)是指采用不正当的捆绑或不透明的方式强制安装在用户的计算机上 ,并且利用一些病毒常用的技术手段造成软件很难被卸载或采用一些非法手段强制用户购买的免费、共享软件。

6. 搜索引擎劫持

搜索引擎劫持是指未经用户授权,自动修改第三方搜索引擎结果的软件。

7. 自动拨号软件

自动拨号软件是指未经用户允许,自动拨叫软件中设定的电话号码的程序。

8. 网络钓鱼

网络钓鱼(Phishing)一词,是“Fishing”和“Phone”的综合体,由于黑客始祖起初是以电话作案,所以用“Ph”来取代“F”,创造了“Phishing”,Phishing 发音与 Fishing 相同。

9. ActiveX 控件

ActiveX 是指使无论任何语言产生的软件在网络环境中能够实现互操作性的一组技术。ActiveX 建立在 Microsoft 的组件对象模型(COM) 基础上。尽管 ActiveX 能用于桌面应用程序和其他程序,但目前主要用于开发 WWW 网上的可交互内容。

9.5.3 恶意软件的清除

如何防止恶意软件入侵呢? 大家最好能做到以下几点:

(1) 养成良好健康的上网习惯,不访问不良网站,不随便点击小广告;

(2) 下载安装软件尽量到该软件的官方网站,或者信任度高的大下载站点进行下载;

(3) 安装软件的时候每个安装步骤最好能仔细看清楚,防止捆绑软件入侵;

(4) 安装恶意软件清理工具如 360 安全卫士、超期兔子等,定时对系统做诊断,查杀恶意软件。

思 考 题

1. 什么是计算机病毒?
2. 计算机病毒的传播途径有哪些?
3. 典型的病毒运行机制可以分为哪几个阶段?
4. 恶意软件有哪些特征?
5. 如何清除恶意软件?

第 5 部分 管理层安全

第10章 信息系统安全管理

信息作为组织的重要资产，需要得到妥善保护。但随着信息技术的高速发展，特别是因特网的问世及网上交易的启用，许多信息安全的问题也纷纷出现：系统瘫痪、黑客入侵、病毒感染、网页改写、客户资料的流失及公司内部资料的泄露等。这些已给组织的经营管理、生存甚至国家安全都带来严重的影响。安全问题所带来的损失远大于交易的账面损失，它可分为3类。

- 直接损失：丢失订单，减少直接收入，损失生产率；
- 间接损失：恢复成本，竞争力受损，品牌、声誉受损，负面的公众影响，失去未来的业务机会，影响股票市值或政治声誉；
- 法律损失：法律、法规的制裁，带来相关联的诉讼或追索等。

所以，在享用现代信息系统带来的快捷、方便的同时，如何充分防范信息的损坏和泄露，已成为当前企业迫切需要解决的问题。

俗话说“三分技术，七分管理”。目前，组织普遍采用现代通信、计算机、网络技术来构建组织的信息系统。但大多数组织的最高管理层对信息资产所面临的威胁的严重性认识不足，缺乏明确的信息安全方针、完整的信息安全管理制度，相应的管理措施不到位，如系统的运行、维护、开发等岗位不清，职责不分，存在一人身兼数职的现象。这些都是造成信息安全事件的重要原因。缺乏系统的管理思想也是一个重要的问题。所以，需要一个系统的、整体规划的信息安全管理体系，从预防控制的角度出发，保障组织的信息系统与业务之安全与正常运作。

10.1 信息系统安全管理概述

长久以来，很多人自觉不自觉地都会陷入技术决定一切的误区当中，尤其是那些出身信息技术行业的管理者和操作者。最早的时候，人们把信息安全的希望寄托在加密技术上面，认为一经加密，什么安全问题都可以解决。随着互联网的发展，在一段时期又常听到“防火墙决定一切”的论调。乃至更多安全问题的涌现，入侵检测、PKI、VPN等新的技术应用被接二连三地提了出来，但无论怎么变化，还是离不开技术统领信息安全的路子。

可这样的思路能够真正解决安全问题吗？也许可以解决一部分，但却解决不了根本。实际上，对安全技术和产品的选择运用，这只是信息安全实践活动中的一部分，只是实现安全需求的手段而已。信息安全更广泛的内容，还包括制定完备的安全策略，通过风险评估来确定需求，根据需求选择安全技术和产品，并按照既定的安全策略和流程规范来实施、维护和审查安全控制措施。归根到底，信息安全并不是技术过程，而是管理过程。

之所以有这样的认识误区，原因是多方面的，从安全产品提供商的角度来看，既然侧重于产品销售，自然从始至终向客户灌输的都是以技术和产品为核心的理念。而从客户角度来看，只有产品是有形的，是看得见摸得着的，对决策投资来说，这是至关重要的一点，而信息安全的其他方面，比如无形的管理过程，自然是遭致忽略。

正是因为有这样的错误认识，就经常看到：许多组织使用了防火墙、IDS、安全扫描等设备，但却没有制定一套以安全策略为核心的管理措施，致使安全技术和产品的运用非常混乱，不能做到长期有效和更新。虽然组织制定有安全策略，却没有通过有效的实施和监督机制去执行，使得策略空有其文成了摆设而未见效果。

实际上对待技术和管理的关系应该有充分理性的认识：技术是实现安全目标的手段，管理是选择、实施、使用、维护、审查包括技术措施在内的安全手段的整个过程，是实现信息安全目标的必由之路。

在现实的信息安全管理决策当中，必须关注以下几点：

- 应该制定信息安全方针和多层次的安全策略，以便为各项信息安全管理活动提供指引和支持；
- 应该通过风险评估来充分发掘组织真实的信息安全需求；
- 应该遵循预防为主的理念；
- 应该加强人员安全意识和教育；
- 管理层应该足够重视并提供切实有效的支持；
- 应该持有动态管理、持续改进的思想；
- 应该以业务持续发展为目标，达成信息安全控制的力度、使用的便利性以及成本投入之间的平衡。

1. 信息安全管理模式

在信息安全管理方面，BS 7799 标准提供了指导性建议，即基于 PDCA（Plan、Do、Check 和 Act，即戴明环）的持续改进的管理模式，如图 10.1 所示。

PDCA 是管理学惯用的一个过程模型，最早是由休哈特（Walter Shewhart）于 19 世纪 30 年代构想的，后来被戴明（Edwards Deming）采纳、宣传并运用于持续改善产品质量的过程当中。随着全面质量管理理念的深入发展，PDCA 最终得以普及。

2. 信息安全管理的标准

在信息安全管理的标准方面，目前有 3 个非常著名的标准，即 BS 7799、ISO 17799 和 ISO 27001。本节介绍它们之间的关系和主要内容。

(1) BS 7799、ISO 17799 和 ISO 27001 概述

BS 7799 是英国标准协会（British Standards Institute，BSI）针对信息安全管理而制定的一个标准，最早始于 1995 年，后来几经改版，成为目前由两部分内容构成的并且被广

泛接受的信息安全管理标准。

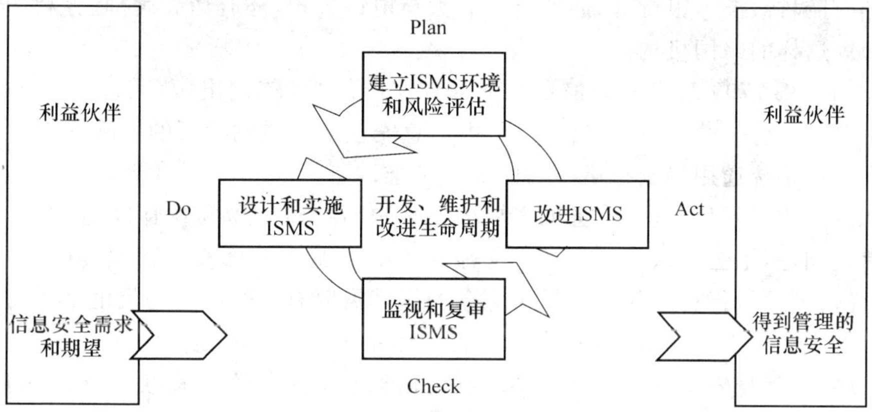

图 10.1 PDCA 信息安全管理模式

BS 7799 分两个部分,第一部分,也就是被 ISO 组织吸纳成为 ISO/IEC 17799:2005 标准的部分,是信息安全管理实施细则(Code of Practice for Information Security Management),主要供负责信息安全系统开发的人员作为参考使用,分 11 个标题,定义了 133 项安全控制(最佳惯例)。

BS 7799 标准的第二部分内容,即最新的 ISO/IEC 27001:2005,是建立信息安全管理体系的一套规范(Specification for Information Security Management Systems),其中详细说明了建立、实施和维护信息安全管理体系的要求,可用来指导相关人员去应用 ISO/IEC 17799,其最终目的在于建立适合企业需要的信息安全管理体系。

虽然 BS 7799 最初是以所谓的"英国标准(British Standard)"而推出的,但并非只适用于英国,BS 7799(目前准确来说应该是 ISO/IEC 17799 : 2005 和 ISO/IEC 27001 : 2005)所包含的最佳惯例可以在不同的法律和文化背景下实施。由于 BS 7799 两个部分都已经先后转化成正式的国际标准,所以从发展眼光来看,今后几年时间里,以该标准为参照的信息安全相关活动,势必在全球范围内广泛开展起来。

顺便提及的是,英国标准协会(BSI)是世界上最早的全国性标准化机构,同时也是国际标准化组织的核心成员之一,它不受政府控制但得到了政府的大力支持。BSI 制定和修订的许多英国标准最终都转化成了国际标准,其在 ISO 中的贡献率达到了 17%,包括 ISO 9000 质量管理体系(源自 BS 5750)、ISO 14000 环境管理体系(源自 BS 7750)和 OHSAS 18000 职业健康和安全管理体系(源自 BS 8800)等。

(2) BS 7799 的发展历程

BS 7799 从诞生到现在只不过 10 年的事情,但基本上可以看出一个标准"源于生活,高于生活"的发展特点,也就是说,一个真正普遍适用并能被普遍接受的标准,必然是能体现相关领域最佳惯例并能为最佳惯例的推广起指导作用的。

BS 7799 最初是由英国贸工部(DTI)立项的,是业界、政府和商业机构共同倡导的,旨在开发一套可供开发、实施和测量有效安全管理惯例并提供贸易伙伴间信任的通用框架。负责标准开发和管理工作的 BSI-DISC Committee BDD/2 是由来自贸易和工业部门的众多代表共同组成的,其成员在各自的领域都具有足够的影响力,包括金融业的英国保险协会、渣打银行、汇丰银行等,通信行业有大英电讯公司,还有像壳牌、联合利华、毕马威(KPMG)等这样的跨国机构。

1995 年,BS 7799-1:1995《信息安全管理实施细则》首次出版(其前身是 1993 年发布的 PD 0005),它提供了一套综合性的、由信息安全最佳惯例构成的实施细则,目的是为确定各类信息系统通用控制提供唯一的参考基准。

在随后一段时间里,电子商务的发展引发客户、供应商、贸易伙伴间对各自信息保护能力的信任问题,第三方认证成为一个急需解决的问题。信息安全管理遵循一套最佳惯例,但怎样做的?执行程度如何?是否完备?这就需要有一个共同的尺度来进行衡量。

1998 年,BS 7799-2:1998《信息安全管理体系规范》公布,这是对 BS 7799-1 的有效补充,它规定了信息安全管理体系的要求和对信息安全控制的要求,是一个组织信息安全管理体系评估的基础,可以作为认证的依据。至此,BS 7799 标准初步成型。

1999 年 4 月,BS 7799 的两个部分被重新修订和扩展,形成了一个完整版的 BS 7799:1999。

新版本充分考虑了信息处理技术应用的最新发展,特别是在网络和通信领域。除了涵盖以前版本所有内容之外,新版本还补充了很多新的控制,包括电子商务、移动计算、远程工作等。

由于 BS 7799 日益得到国际认同,使用的国家也越来越多,2000 年 12 月,国际标准化组织 ISO/IEC JTC 1/SC27 工作组认可 BS 7799-1:1999,正式将其转化为国际标准,即所颁布的 ISO/IEC 17799:2000《信息技术——信息安全管理实施细则》。作为一个全球通用的标准,ISO/IEC 17799 并不局限于 IT,也不依赖于专门的技术,它是由长期积累的一些最佳实践构成的,是市场驱动的结果。

2002 年,BSI 对 BS 7799:2-1999 进行了重新修订,正式引入 PDCA 过程模型,以此作为建立、实施、持续改进信息安全管理体系的依据,同时,新版本的调整更显示了与 ISO 9001:2000、ISO 14001:1996 等其他管理标准以及经济合作与开发组织(OECD)基本原则的一致性,体现了管理体系融合的趋势。2004 年 9 月 5 日,BS 7799-2:2002 正式发布,随即提交 ISO 并迈入"快速通道",经修订后,于 2005 年 10 月 15 日作为国际标准 ISO/IEC 27001:2005 年发布。

在 BSI 的官方网站(www.bsi-global.com)上对 BS 7799 是这么介绍的:

ISO/IEC 17799 Code of practice for Information Security Management

BS 7799-2:2002 Specification for Information Security Management

(3) BS 7799 的现状

虽然 BS 7799 目前还没有完全成为国际标准,但经过一段时间广泛的实施、评审和讨论,BS 7799 作为通用的信息安全管理标准,已经逐渐被全球接受,目前已有 20 多个国家和地区引用 BS 7799 作为国家标准,并有 41 个国家和地区开展了此项业务,其中包括澳大利亚/新西兰(前国标 AS/NZS 4444,现在国标 AS/NZS 7799)、巴西、捷克、芬兰、爱尔兰、冰岛、荷兰(SPE 20003)、挪威、意大利、瑞典(SS 627799)、日本(JIS X 5080,相当于 BS 7799-1)、印度。

中国台湾地区和香港地区也已经采用并推广了BS 7799标准。在中国台湾地区，BS 7799-1：1999被引用为CNS 17799，而BS 7799-2：2002则被引用为CNS 17800。在中国大陆，BS 7799标准的国标化一直是个热点议题，而相关的ISMS认证工作正在试点运行。

其实，如果单从BSI网站对在线采购BS 7799标准的组织分布来看，就能大概看出BS 7799目前在全球的受关注情况，如图10.2所示。

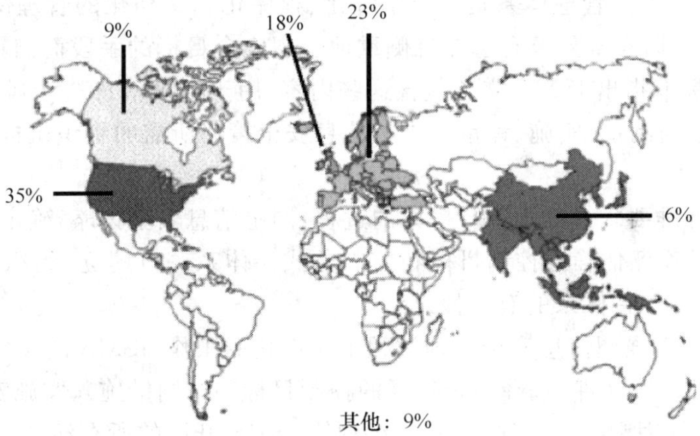

图10.2 采购BS 7799标准的组织分布

(4) BS 7799-1主要内容

BS 7799-1：1999(即ISO/IEC 17799：2000)，信息安全管理实施细则(Code of Practice for Information Security Management)，从10个方面定义了127项控制措施，可供信息安全管理体系实施者参考使用，这10个方面是：

- 安全策略(Security policy)；
- 组织安全(Organization security)；
- 资产分类和控制(Asset classification and control)；
- 人员安全(Personnel security)；
- 物理和环境安全(Physical and environmental security)；
- 通信和操作管理(Communication and operation management)；
- 访问控制(Access control)；
- 系统开发和维护(System development and maintenance)；
- 业务连续性管理(Business continuity management)；
- 符合性(Compliance)。

这其中，除了访问控制、系统开发与维护、通信与操作管理这3个方面跟信息安全技术关系更紧密之外，其他7个方面更侧重于组织整体的管理和运营操作，由此也可以看出，信息安全中“三分技术，七分管理”的思想还是有所依据的。

(5) BS 7799-2的主要内容

BS 7799-2是建立信息安全管理系统的一套规范，其中详细说明了建立、实施和维护信息安全管理系统的要求，指出实施机构应该遵循的风险评估标准，当然，如果要得到

BSI 最终的认证(对依据 BS 7799-2 建立的 ISMS 进行认证),还有一系列相应的注册认证过程。作为一套管理标准,BS 7799-2 指导相关人员怎样去应用 ISO/IEC 17799,其最终目的还在于建立适合企业需要的信息安全管理系统。

BS 7799 标准之所以能被广为接受,一方面是它提供了一套普遍适用且行之有效的全面的安全控制措施,而更重要的,还在于它提出了建立信息安全管理体系的目标,这和人们对信息安全管理认识的加强是相适应的。与以往技术为主的安全体系不同,BS 7799-2 提出的信息安全管理体系是一个系统化、程序化和文档化的管理体系,这其中,技术措施只是作为依据安全需求有选择有侧重地实现安全目标的手段而已。

BS 7799-2 标准指出 ISMS 应该包含这些内容:用于组织信息资产风险管理、确保组织信息安全,包括为制定、实施、评审和维护信息安全策略所需的组织机构、目标、职责、程序、过程和资源。

BS 7799-2 标准要求建立 ISMS 框架的过程:制定信息安全策略,确定体系范围,明确管理职责,通过风险评估确定控制目标和控制方式。体系一旦建立,组织应该实施、维护和持续改进 ISMS,保持体系的有效性。

BS 7799-2 非常强调信息安全管理过程中文件化的工作,ISMS 的文件体系应该包括安全策略、适用性声明文件(选择与未选择的控制目标和控制措施)、实施安全控制所需的程序文件、ISMS 管理和操作程序,以及组织围绕 ISMS 开展的所有活动的证明材料。

10.2 企业级安全管理策略

企业计算机网络是在一定的硬件体系架构下各种信息数据流通、汇总、处理的物质载体。它是企业内部办公自动化(OA)、企业信息管理系统(MIS)、企业内部信息广播或交互平台等的基础。企业内部网络的信息处理和交互能力为企业的数据信息共享、日常管理、商务处理提供了极大的便利性,但也为病毒的小范围迅速传播和爆发打开了方便之门。而且对于企业网络,因特网的接入在现阶段已经不可或缺。本节探讨了基于企业级的安全管理策略的整体要求,为企业用户制定安全管理策略,同时也探讨企业如何选用安全管理软件提供一定的参考。

10.2.1 企业的整体安全管理策略

(1) 企业安全管理,“防”字为先。

从 20 世纪 60 年代出现起,计算机病毒,各种黑客攻击这些信息化的负产品就同与之针锋相对的安全防范技术构成了信息时代最为令人瞩目的矛与盾的关系。而现今随着病毒以万为数量级的增长、变异能力的不断增强,以及更具危害性的网络攻击手段的出现,安全管理提出了一种全新的“防”的理念,就是利用可行的技术手段,在各种恶意攻击的传播途径中设置防护屏障,尽可能扩大安全防范范围,进行更全面的安全管理,将攻击隔离于所防护的网络系统之外,最大限度地保证网络环境安全。

(2) 良好的兼容适应性。

如同前面所说,网络的硬件环境是数据信息流通和处理的物质载体。其对企业网络系统环境的适应性不仅决定了本身的安全管理能力,更关系到网络系统运行的稳定,良好的兼容与适应性是应用于企业级网络安全管理的基本要求。

(3) 整体的安全防范,实现全网各节点和终端的统一管理、统一调控。

企业网络的安全管理是具有鲜明整体效应的,以反毒软件来说,一个反病毒所涵盖的范围直接影响了整个网络防毒能力的强弱,对于一个网络系统,即使只有其中某一个数据节点没有做好安全管理工作,它也很可能成为病毒散播的温床,黑客攻击的跳板,从而导致网络其他部分的安全管理部署形同虚设。对于企业级网络,分散凌乱的管理控制方法显然不具备可行性,那样只会是网络管理人员疲于应对各个局部受控点不同的安全需求,网络管理人员需要的是从一个有集中控制能力与权限的中心节点下发各种指令来操控整个网络的安全管理工作。

(4) 实现全网防毒统一升级和更新,从而实现安全管理体系的整体性与智能性。

出于成本考虑,企业对其网络系统不可能安排大量网管人员来进行系统管理与升级工作,这就需要企业级安全管理反病毒软件具有自动统一升级的能力,具有这种能力的软件不仅解决了系统本身的更新和优化,更重要的是,它使得网管人员能够从繁杂而机械的劳动(升级)中解脱出来,从而能够更为专注地应对网络管理的其他问题。

(5) 强大的信息收集和反馈机制。

网络系统的安全状况不是静止的,伴随着网络软硬件资源的变更,安全管理部署也应不断跟进和调整,而用户的管理和策略组织需要建立在全面详细的信息收集基础之上。所谓知己(掌握网络自身防护状况和指令操作状)知彼(了解病毒特征和活动情况),百战而不殆。

(6) 安全措施的灵活与智能化。

企业网络体系中,服务器、客户机拥有不同的地位与作用,这就要求能够根据受保护计算机的不同要求来制定相应的安全措施,而企业网络的复杂性又决定了部署方式的多样性。因此,企业级安全管理措施要能够具备多种部署方案,而这又在一定程度上取决于式,这一点后文中将有介绍,此处不再赘述。

(7) 选用安全防范产品的技术支持与服务要有可靠性和持续性的保证。

安全防范不是一劳永逸的,这是一个持续不间断的过程,这就要求选用安全防范产品的技术支持和服务具有相当的可靠性与持续性。这不但包括了传统上的产品更新和升级,对于企业级用户更要求有专业化高技术含量的技术支持与售后服务。

10.2.2 企业选用安全防范产品的策略

1. 先进的工作模式

目前业界产品的工作模式基本可分为 C/S(Client/Server)和 B/S(Browser/Server)两种。其中 C/S 模式的优点是拥有强壮的数据操纵和事务处理能力,以及数据的安全性和完整性约束。但它也有诸如对客户端软硬件要求较高、移植困难、不利于推广使用、维护复杂且升级麻烦、新技术不能轻易应用等缺点。

相对于C/S工作模式,B/S工作模式下的产品简化了客户端,它无需像C/S工作模式那样针对客户端的差异性采取不同的措施,而只需安装通用的浏览器软件,这样不但可以节省客户机的硬盘空间与内存,而且安装过程更加简便、网络结构更加灵活,其次B/S工作模式使产品简化了系统维护,只需把所有的功能都实现在Web服务器上,就能为各个组别的用户设置不同的权限。

2. 集中式统一管理

集中式统一管理和多层次分级管理,这两种管理方式有机结合的成效绝对是1+1>2的。中心管理节点实现对全网的统一调控和配置,同时得到中心节点授权的下级节点又可以实现对所控制区域有针对性的配置,这种模式可以将企业行政架构、计算机网络系统及防毒体系三者完全融合,使得信息安全的管理模式迈上一个新台阶。

3. 全网统一漏洞扫描和修复

能够通过中心管理节点实现对全网统一漏洞扫描,并能够集中下载补丁安装,降低对网络资源占用的同时还能够降低网管人员工作量。其具体特点如下:

(1) 漏洞扫描结合修复安装

全网漏洞扫描的目的是为了针对系统漏洞进行修补,漏洞扫描与修复紧密结合的方式将极大降低网管人员的工作量,使得全网漏洞扫描真正富有意义。

(2) 实现主动修复和针对性修复

所谓主动修复是指管理员通过控制节点发出扫描修复指令后,系统能够自动下载修复补丁程序自动安装,从而体现自动性和实时性,有利于应对紧急事件。而针对性修复则强调了网络系统的复杂性与差异性,网络中每个防护点的机器状况、系统环境都不尽相同,这就要求能够根据实际的情况安装合适的漏洞补丁。

4. 自动化、智能化级连升级

拥有独立于各个管理节点的升级服务器,能够支持升级数据流灵活部署,实现各个升级服务器的负载均衡,优化网络整体性能。同时在保证过程可控前提下实现自动化升级,使用户能够通过简单的操作完成整个升级过程。

5. 多途径病毒报警机制和强大的日志报表功能

管理节点能够通过SNMP Trap、NT事件、E-mail和信使等多种方式接收客户机的病毒事件报警,及时了解网络内部病毒的侵入事件。能够使用数据库技术和LDAP技术进行策略和日志的存储、用户管理等功能,以增强用户管理能力、策略组织能力,提高策略调用速度,而且便于以后向日志分析等方面扩展。

6. 可靠的技术支持和服务

拥有便捷的信息反馈渠道:生产安全防范产品的厂家建立专职的客户服务部门,可以将客户反映的问题及时交由专业技术人员分析解答;渠道多样,可以通过传统的纸张邮件,又可以通过因特网快速递交。安全服务产品背后应该有一支专业的技术支持队伍:由富有经验的专业技术人员组成,并通过培训、模拟试验等方式使他们掌握快速解决问题的办法。同时他们能够始终提供及时的咨询服务,应急快速反应。

人们越来越意识到企业信息安全的重要性,同时企业市场对性能可信、能够抗击现在和以后混合威胁的反病毒,反恶意攻击产品和服务的需求也在不断增长。企业级安全管理市场正在走向成熟,传统意义上的产品已经不能适应快速发展的需求,业内厂商需要把相关安全解决方案以及服务支持结合起来,这样才能形成可抗击混合威胁的安全卫士。

10.2.3 企业反病毒管理策略

对于企业反病毒来说,如何通过少量的管理员来维护庞大的内部网络是首要问题,各个防病毒厂商的网络版杀毒软件就是针对企业用户的这个特殊性而推出的,如何通过整体的管理策略和解决方案,来让企业网络管理员能便捷、轻松、放心地掌控企业信息安全,是网络版杀毒软件要实现的首要目标。可以说,企业防毒"三分技术,七分管理"。

1. 集中管理

任何企业都有对反病毒客户端集中管理的需求,这样才能实现少量的管理员维护庞大的内部网络这一目标。在管理方式上,可分为B/S架构和C/S架构两大主流,B/S架构相对C/S架构来说实现更为复杂,但给管理员提供了一个可移动的管理控制台,更便捷、灵活。而C/S架构则具有实时性的优点,能够实时反映状态信息。

2. 分级(分地)管理

在集中管理的基础上,衍生出分级(分地)管理的策略,针对那些有分支机构的企业,提供中央+地方的管理模式。中央的管理员能够管理企业网络内所有计算机,而分支机构的日常维护工作则由地方管理员来执行;对于这样的企业来说,这样的管理策略显然比单纯的集中管理更可靠、灵活。

对于拥有三级以上分支机构的企业来说,单纯的二级管理并不能满足他们的需求,因此,分级(分地)管理还可以演化为多级(分地)管理的模式,由于企业的分支机构绝大部分是树状的,多级(分地)管理在逻辑上也应当采用树状结构。

3. 分组管理

分组管理是对一个企业机器群的细分管理方式。一个企业内部可能分为研发、市场、财务等部门,而相应的安全性、稳定性的要求是不一样的,分组管理在客户端设置、警报级别等方面进行细分管理,帮助企业管理员制定更完善和有针对性的安全管理策略。

4. 权限管理

权限管理是一种强制性策略,管理员通过设置客户端权限,来保护整个网络的利益。由于当前的蠕虫病毒感染性很强,一旦局域网内某台机器中招,将迅速波及未防范的机器,而由于企业员工的安全意识参差不齐,必须通过集权手段来保障整体网络安全,通过权限管理,管理员可限制反病毒客户端的直接控制权,如开/关防火墙、卸载客户端、关闭客户端、更改客户端设置。

5. 升级管理

保证全网所有客户端病毒库的及时更新是升级管理的目的,为了减少网络带宽和管理员维护的难度,在企业内网搭建专用的升级服务器是极佳解决方案。升级服务器包括自动更新、手动更新、升级包更新等升级方式,相应的管理接口有日志管理、病毒库管理。

对于大型企业来说,一个升级服务器不能满足所有分支机构升级,由此可以衍生出多级升级服务器的方式。下级升级服务器到上级升级服务器下载更新数据,而一旦上级升级服务器死机,下级升级服务器也可以单独升级。总而言之,升级的管理是非常重要的,必须提供多途径,多方式,而且具备稳定性、可靠性,以保证新的恶性病毒爆发时能及时更新病毒库,否则后果是灾难性的。

6. 警报与日志

警报在疫情发生或者将要发生时提醒管理员,使管理员可以预先防范,或者采取应急措施,保障企业数据安全。而日志是管理员对行为的一种回溯途径,可以帮助管理员查找历史记录、可疑操作以及越权操作,以发现安全管理隐患。日志与警报是任何一款网络管理软件都必需的。

10.3 无线局域网安全管理策略

无线局域网(Wireless Local Area Network,WLAN)具有可移动性、安装简单、高灵活性和扩展能力,作为对传统有线网络的延伸,在许多特殊环境中得到了广泛的应用。随着无线数据网络解决方案的不断推出,“不论您在任何时间、任何地点都可以轻松上网”这一目标被轻松实现了。

由于无线局域网采用公共的电磁波作为载体,任何人都有条件窃听或干扰信息,因此对越权存取和窃听的行为也更不容易防备。在2001年拉斯维加斯的黑客会议上,安全专家就指出,无线网络将成为黑客攻击的另一块热土。一般黑客的工具盒包括一个带有无线网卡的微机和一片无线网络探测卡软件,被称为无线网络探测器(Netstumbler)。因此,在一开始应用无线网络时,就应该充分考虑其安全性。

10.3.1 常见的无线网络安全技术

(1) 服务集标识符(SSID)

通过对多个无线接入点AP(Access Point)设置不同的SSID,并要求无线工作站出示正确的SSID才能访问AP,这样就可以允许不同群组的用户接入,并对资源访问的权限进行区别限制。因此可以认为SSID是一个简单的口令,从而提供一定的安全,但如果配置AP向外广播其SSID,那么安全程度还将下降。由于一般情况下,用户自己配置客户端系统,所以很多人都知道该SSID,很容易共享给非法用户。目前有的厂家支持“任何(ANY)”SSID方式,只要无线工作站在任何AP范围内,客户端都会自动连接到AP,这将跳过SSID安全功能。

(2) 物理地址过滤(MAC)

由于每个无线工作站的网卡都有唯一的物理地址,因此可以在AP中手工维护一组允许访问的MAC地址列表,实现物理地址过滤。这个方案要求AP中的MAC地址列表必须随时更新,可扩展性差;而且MAC地址在理论上可以伪造,因此这也是较低级别的授权认证。物理地址过滤属于硬件认证,而不是用户认证。这种方式要求AP中的MAC

地址列表必须随时更新，目前都是手工操作；如果用户增加，则扩展能力很差，因此只适合于小型网络规模。

(3) 连线对等保密(WEP)

在链路层采用 RC4 对称加密技术，用户的加密密钥必须与 AP 的密钥相同时才能获准存取网络的资源，从而防止非授权用户的监听以及非法用户的访问。WEP 提供了 40 位(有时也称为 64 位)和 128 位长度的密钥机制，但是它仍然存在许多缺陷，例如，一个服务区内的所有用户都共享同一个密钥，一个用户丢失钥匙将使整个网络不安全。而且 40 位的钥匙在今天很容易被破解；钥匙是静态的，要手工维护，扩展能力差。目前为了提高安全性，建议采用 128 位加密钥匙。

(4) Wi-Fi 保护接入(WPA)

WPA(Wi-Fi Protected Access)是继承了 WEP 基本原理而又解决了 WEP 缺点的一种新技术。由于加强了生成加密密钥的算法，因此即便收集到分组信息并对其进行解析，也几乎无法计算出通用密钥。其原理为根据通用密钥，配合表示计算机 MAC 地址和分组信息顺序号的编号，分别为每个分组信息生成不同的密钥。然后与 WEP 一样将此密钥用于 RC4 加密处理。通过这种处理，所有客户端的所有分组信息所交换的数据将由各不相同的密钥加密而成。无论收集到多少这样的数据，要想破解出原始的通用密钥几乎是不可能的。WPA 还追加了防止数据中途被篡改的功能和认证功能。由于具备这些功能，WEP 中此前备受指责的缺点得以全部解决。WPA 不仅是一种比 WEP 更为强大的加密方法，而且有更为丰富的内涵。作为 802.11i 标准的子集，WPA 包含了认证、加密和数据完整性校验 3 个组成部分，是一个完整的安全性方案。

(5) 国家标准(WAPI)

无线局域网鉴别与保密基础结构(WLAN Authenticationand Privacy Infrastructure，WAPI)是针对 IEEE802.11 中 WEP 协议安全问题，在中国无线局域网国家标准GB15629.11 中提出的 WLAN 安全解决方案。同时本方案已由 ISO/IEC 授权的机构 IEEE Registration Authority 审查并获得认可。它的主要特点是采用基于公钥密码体系的证书机制，真正实现了移动终端(MT)与无线接入点(AP)间双向鉴别。用户只要安装一张证书就可在覆盖 WLAN 的不同地区漫游，方便用户使用。与现有计费技术兼容的服务，可实现按时计费、按流量计费、包月等多种计费方式。AP 设置好证书后，无需再对后台的 AAA 服务器进行设置，安装、组网便捷，易于扩展，可满足家庭、企业、运营商等多种应用模式。

(6) 端口访问控制技术(802.1x)

该技术也是用于无线局域网的一种增强性网络安全解决方案。当无线工作站 STA 与无线访问点 AP 关联后，是否可以使用 AP 的服务要取决于 802.1x 的认证结果。如果认证通过，则 AP 为 STA 打开这个逻辑端口，否则不允许用户上网。802.1x 要求无线工作站安装 802.1x 客户端软件，无线访问点要内嵌 802.1x 认证代理，同时它还作为Radius 客户端，将用户的认证信息转发给 Radius 服务器。802.1x 除提供端口访问控制能力之外，还提供基于用户的认证系统及计费，特别适合于公共无线接入解决方案。

10.3.2 无线局域网安全防范措施

(1) 采用端口访问技术(802.1x)进行控制,防止非授权的非法接入和访问。

(2) 采用128位WEP加密技术,并不使用厂商自带的WEP密钥。

(3) 对于密度等级高的网络采用VPN进行连接。

(4) 对AP和网卡设置复杂的SSID,并根据需求确定是否需要漫游来确定是否需要MAC绑定。

(5) 禁止AP向外广播其SSID。

(6) 修改默认的AP密码,Intel的AP的默认密码是Intel。

(7) 布置AP的时候要在公司办公区域以外进行检查,防止AP的覆盖范围超出办公区域(难度比较大),同时要让保安人员在公司附近进行巡查,防止外部人员在公司附近接入网络。

(8) 禁止员工私自安装AP,通过便携机配置无线网卡和无线扫描软件可以进行扫描。

(9) 如果网卡支持修改属性需要密码功能,要开启该功能,防止网卡属性被修改。

(10) 配置设备检查非法进入公司的2.4 G电磁波发生器,防止被干扰和DoS。

(11) 制定无线网络管理规定,规定员工不得把网络设置信息告诉公司外部人员,禁止设置P2P的Ad hoc网络结构。

(12) 跟踪无线网络技术,特别是安全技术(如802.11i对密钥管理进行了规定),对网络管理人员进行知识培训。

10.4 信息安全相关法律法规

在信息安全法律法规方面,国内外都有许多。本章概要介绍其中主要的一些法律法规情况。

10.4.1 国内信息安全相关法律法规

国内信息安全相关法律法规主要有如下几个。

(1)《计算机及信息系统安全法规,计算机软件保护条例》,1991年5月24日国务院第八十三次常务会议通过,1991年6月4日中华人民共和国国务院令第84号发布。

(2)《中华人民共和国计算机信息系统安全保护条例》,1994年2月18日中华人民共和国国务院令147号发布。

(3)《计算机信息系统安全专用产品检测和销售许可证管理办法》,1997年6月28日公安部部长办公会议通过,1997年12月12日施行,中华人民共和国公安部令第32号发布中华人民共和国计算机信息系统安全保护条例。

(4)《计算机信息网络国际联网安全保护管理办法》,1997年12月11日国务院批准,

1997年12月30日公安部发布。

(5)《计算机病毒防治管理办法》,中华人民共和国公安部令第51号令,2000年4月26日。

(6)《国家信息化领导小组关于加强信息安全保障工作的意见》(中办发2003年27号文件),2003年9月7日中共中央办公厅、国务院办公厅发出通知,并要求各地结合实际认真贯彻落实。

10.4.2 国外信息安全相关法律法规

1990年美国人John Perry Barlow第一个使用“CyberSpace”一词来表示网络世界。因此现在国际上一般用“Cyberlaw”或者“Cyberspace Law”来表示网络法。但是由于相对于传统法规建设而言,网络立法发展时间很短,所以现在有关网络案件的审理,大多是依据传统法律与新制定的网络法规的结合进行的。下面是一些主要的法律。

(1) 美国《数字时代版权法》。美国国会于1998年10月12日通过,当月28日克林顿签署生成法律。该法是为了贯彻执行世界知识产权保护组织(WIPO) 1996年12月签订的条约,要求公共图书馆、学校、教育机构等各种团体和个人,不得非法复制、生产或传播包括商业软件在内的各种信息资料。

(2) 欧盟《数据库指令》,1996年3月欧共体制定。该指令主要为了保护数据库版权。

(3) 欧盟《电信方面隐私保护指令》,1997年12月欧共体制定。该指令主要为了保护电信传送过程中的个人数据。

(4) 美国《儿童网络隐私保护法》,2000年4月21日正式生效。该法保护13岁以下儿童的隐私,要求网站在向13岁以下儿童询问个人信息时,必须先得到其家长的同意。

(5) 俄罗斯《联邦信息、信息化和信息保护法》,1995年制定。该法明确界定了信息资源开放和保密的范畴,提出了保护信息的法律责任。

(6) 日本《特定电信服务提供商损害责任限制及要求公开发送者身份信息法》,2002年5月制定。该法规定了电信服务提供商的必要责任,使服务提供商可以采取迅速、恰当的措施,处理在互联网网站、BBS上发布信息时发生的侵权行为。

(7) 美国《儿童上网保护法案》,1998年制定。该法案保护儿童免受互联网上可能对其生理和心理产生不良影响的内容的伤害,防止青少年通过网络接受色情信息,建议用.kids域名来表示专门的适合儿童的网站。

(8) 英国《三R安全规则》,1996年制定。其中“三R”分别代表分级认定、举报告发、承担责任。该规则旨在从网络上消除儿童色情内容和其他有害信息,对提供网络服务的机构、终端用户和编发信息的网络新闻组,尤其对网络提供者作了明确的职责分工。

(9) 美国《禁止电子盗窃法案》,1997年12月16日克林顿签署。该法案主要针对使用网络上未经认证的计算机进行的严重犯罪,如蓄意破坏和欺诈。

(10) 日本《反黑客法》,2000年2月13日起开始实施。该法主要保护个人数据的安全与自由传送。该法规定擅自使用他人身份及密码侵入计算机网络的行为都将被视为违法犯罪行为,最高可判处10年监禁。

(11) 美国《反垃圾邮件法案》,2000 年 7 月 18 日通过。该法案专门对滥发邮件行为进行了规范和惩治。要求任何未经允许的商业邮件必须注明有效的回复地址,以便于用户决定是否从邮件目录中接收该邮件。

(12) 美国《禁止网络盗版商标法案》,1999 年 10 月制定。该法案主要针对网络上侵犯商标权的问题。

思 考 题

1. 如何理解信息安全领域"三分技术,七分管理"这句话?
2. 在现实的信息安全管理决策当中,必须关注哪些内容?
3. PDCA 模型具有哪些特点?
4. 组织建立、实施与保持信息安全管理体系将会产生哪些作用?
5. BS 7799 的主要内容是什么?
6. ISO 17799 的主要内容是什么?
7. ISO 27001 的主要内容是什么?
8. 国内在计算机病毒方面有哪些法律法规?
9. 国外在计算机病毒方面有哪些法律法规?

第11章 信息安全风险管理与评估

当前,无论是政府还是企业,对于自身的信息安全都非常重视。在这个数字化的时代,当某个组织或企业为了更好地支持其业务而使用自动化信息技术系统处理其信息时,风险管理(Risk Management)就在保护该机构的信息资产,或者说其任务远离和IT相关的风险中扮演着关键的角色。

有效的风险管理过程是一个成功的IT安全规划中的重要组成部分。一个组织的风险管理过程中,最关键的目标应该是保护组织以及组织完成其任务的能力,而不仅仅是其IT资产。因此,风险管理过程不应当被看作是一个主要由操作和管理IT系统的专业人员实现的技术行为,而应该是组织的一项实质的管理行为。

11.1 风险管理概述

风险(Risk)是对系统弱点进行利用后产生的负面的影响,包括这种影响的可能性和已经发生的影响。风险管理是识别风险、评估风险以及采取步骤降低风险到可接受范围内的过程。

风险指在某一特定环境下,在某一特定时间段内,特定的威胁利用资产的一种或一组薄弱点,导致资产的丢失或损害的潜在可能性,即特定威胁事件发生的可能性与后果的结合。ISO 27001要求组织通过风险评估来识别组织的潜在风险及其大小,并按照风险的大小安排控制措施的优先等级。

进行风险管理的目标主要有3点。首先是为了更好地保护存储、处理、传输组织信息的IT系统;其次,通过管理的手段做出相应的风险管理决策进而提出正当开销作为IT预算的一部分;最后,以风险管理执行后导出的支持文档为基础,在管理方面协助对系统的批准。

11.2 风险管理的过程

风险管理在项目管理中有非常重要的地位,具体来说其重要性表现在以下几个方面:

(1) 有效的风险管理可以提高项目的成功率。在项目早期就应该进行必要的风险分析,并通过规避风险降低失败概率,避免返工造成成本上升。

(2) 提前对风险制定对策,就可以在风险发生时迅速做出反应,避免忙中出错造成更大损失。

(3) 风险管理可以增加团队的健壮性。与团队成员一起做风险分析可以让大家对困难有充分估计,对各种意外有心理准备,不至受挫后士气低落;而项目经理如果心中有数就可以在发生意外时从容应对,大大提高组员的信心从而稳定队伍。

(4) 有效的风险管理可以帮助项目经理抓住工作重点,将主要精力集中于重大风险,将工作方式从被动救火转变为主动防范。风险管理可以简单分成 5 个步骤:风险识别、风险分析、风险计划、风险跟踪和风险应对,如图 11.1 所示。

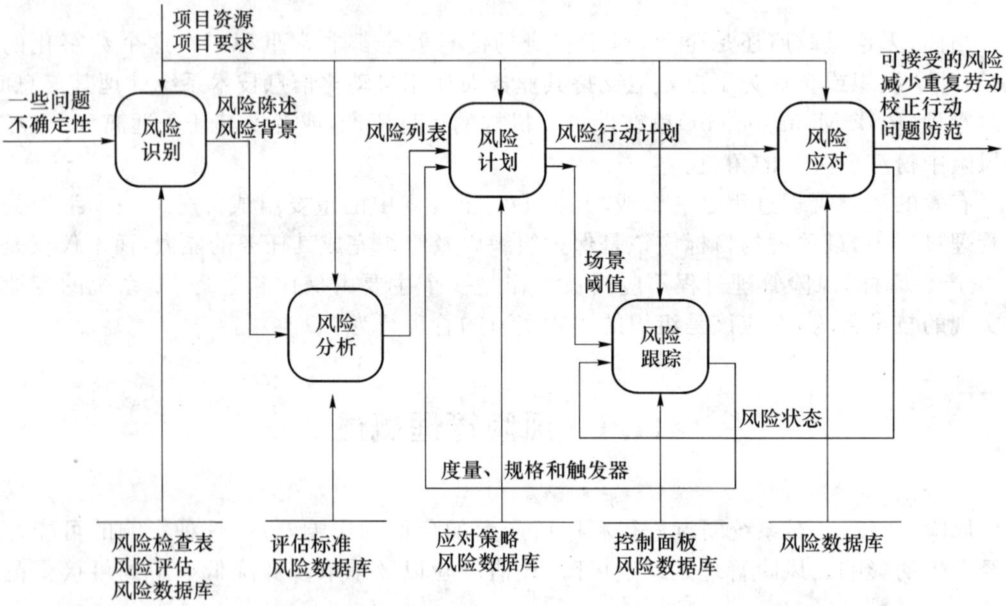

图 11.1 风险管理过程

识别风险和分析风险包含了评估风险所需的活动。计划风险、跟踪风险和应对风险包含了控制风险所需的实践。

11.2.1 风险识别

风险识别过程的活动是将不确定性转变为明确的风险陈述。包括下面几项,它们在执行时可能是重复,也可能是同时进行的。

(1) 进行风险评估。在项目的初期,以及主要的转折点或重要的项目变更发生时进行。这些变更通常指成本、进度、范围或人员等方面的变更。

(2) 系统地识别风险。采用下面 3 种简单的方法识别风险:风险检查表,定期会议(周例会上),日常输入(每天晨会上)。

(3) 将已知风险编写为文档。通过编写风险陈述和详细说明相关的风险背景来记录已知风险，相应的风险背景包括风险问题的何事、何时、何地、如何及原因。

(4) 交流已知风险。同时以口头和书面方式交流已知风险。在大家都参加的会议上交流已知风险，同时将识别出来的风险详细记录到文档中，以便他人查阅。

11.2.2 风险分析

风险分析过程的活动是将风险陈述转变为按优先顺序排列的风险列表。包括以下活动：

(1) 确定风险的驱动因素。为了很好地消除软件风险，项目管理者需要标识影响软件风险因素的风险驱动因子，这些因素包括性能、成本、支持和进度。项目管理者联盟，项目管理问题。

(2) 分析风险来源。风险来源是引起风险的根本原因。

(3) 预测风险影响。如果风险发生，就将可能性和后果来评估风险影响。可能性被定义为大于0而小于100，分为5个等级(1、2、3、4、5)。将后果分为4个等级(低等、中等、高等、关键的)。采用风险可能性和后果对风险进行分组。

(4) 对风险按照风险影响进行优先排序，优先级别最高的风险，其风险严重程度等于1，优先级别最低的风险，其风险严重程度等于20。对级别高的风险优先处理。

11.2.3 风险计划

风险计划过程的活动是将按优先级排列的风险列表转变为风险应对计划。包括以下内容：

(1) 制定风险应对策略。风险应对策略有接受、避免、保护、减少、研究、储备和转移几种方式。

(2) 制定风险行动步骤。风险行动步骤详细说明了所选择的风险应对途径。它将详细描述处理风险的步骤。

11.2.4 风险跟踪

风险跟踪过程的活动包括监视风险状态以及发出通知启动风险应对行动，包括以下内容：

(1) 比较阈值和状态。通过项目控制面板来获取。如果指标的值在可接受标准之外，则表明出现了不可接受的情况。

(2) 对启动风险进行及时通告。对要启动的风险，在每天的晨会上通报给全组人员，并安排负责人进行处理。

(3) 定期通报风险的情况。在定期的会议上通告相关人员目前的主要风险以及它们的状态。

11.2.5 风险应对

风险应对过程的活动是执行风险行动计划,以求将风险降至可接受程度,包括以下内容:

(1) 对触发事件的通知做出反应。得到授权的个人必须对触发事件做出反应。适当的反应包括回顾当前现实以及更新行动时间框架,并分派风险行动计划。

(2) 执行风险行动计划。应对风险应该按照书面的风险行动计划进行。

(3) 对照计划,报告进展。确定和交流对照原计划所取得的进展。定期报告风险状态,加强小组内部交流。小组必须定期回顾风险状态。项目管理者联盟,项目管理问题。

(4) 校正偏离计划的情况。有时结果不能令人满意,就必须换用其他途径。将校正的相关内容记录下来。

11.3 风险评估概述

11.3.1 风险评估简介

风险评估 (Risk Assessment)有时候也称为风险分析,是组织使用适当的风险评估工具,对信息和信息处理设施的威胁(Threat)、影响(Impact)和薄弱点(Vulnerability)及其发生的可能性的评估,也就是确认安全风险及其大小的过程。它是风险管理的重要组成部分。

风险评估是信息安全管理的基础,它为安全管理的后续工作提供方向和依据,后续工作的优先等级和关注程度都是由信息安全风险决定的,而且安全控制的效果也必须通过对剩余风险的评估来衡量。

风险评估是在一定范围内识别所存在信息安全风险,并确定其大小的过程。风险评估保证信息安全管理活动可以有的放矢,将有限的信息安全预算应用到最需要的地方,风险评估是风险管理的前提。

1. 风险评估的意义

长期以来,人们对保障信息安全的手段偏重于依靠技术,从早期的加密技术、数据备份、防病毒到近期网络环境下的防火墙、入侵检测、身份认证等。厂商在安全技术和产品的研发上不遗余力,新的技术和产品不断涌现;消费者也更加相信安全产品,把仅有的预算投入到安全产品的采购上。

但实际情况是,单纯依靠技术和产品保障企业信息安全往往差强人意。复杂多变的安全威胁和隐患靠产品难以消除。"三分技术,七分管理"这个在其他领域总结出来的实践经验和原则,在信息安全领域也同样适用。

根据信息产业部披露的数字,在所有的计算机安全事件中,约有52%是人为因素造成的，25%是由火灾、水灾等自然灾害引起的。其中技术错误占10%，组织内部人员作案占10%，仅有3%左右是由外部不法人员的攻击造成。

不难看出，属于内部人员方面的原因超过70%，而这些安全问题中的95%是可以通过科学的信息安全风险评估来避免。

可见，对于一个企业来说，搞清楚信息系统现有以及潜在的风险，充分评估这些风险可能带来的威胁和影响，将是企业实施安全建设必须首先解决的问题，也是制定安全策略的基础与依据。

目前，国内众多部门和行业都开始投入精力进行风险评估或者风险评估规范的制定。据悉，信息产业部、公安部等都推出了各自的风险评估规范，而电信、金融等行业则已经开始进行风险评估工作，将评估推向了实践。

专家指出，风险评估的意义在于对风险的认识，而风险的处理过程，可以在考虑了管理成本后，选择适合企业自身的控制方法，对同类的风险因素采用相同的基线控制，这样有助于在保证效果的前提下降低风险评估的成本。如图11.2所示为信息安全风险评估的要素。

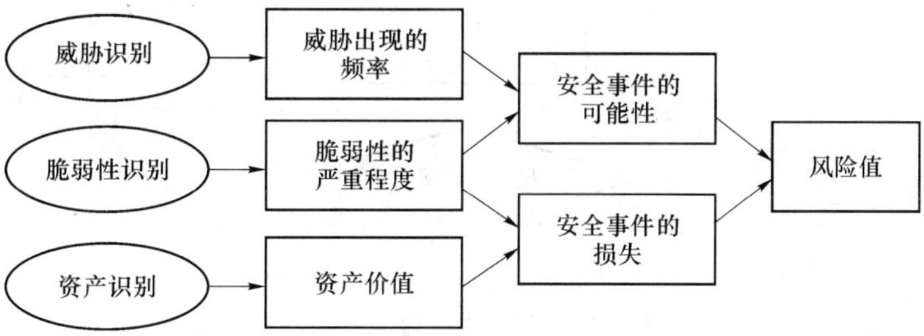

图11.2 信息安全风险评估要素

2. 风险评估的标准、过程与工具

Gartner的风险评估报告指出，未来企业信息化的发展关键在于：关键资产数字化、高速无线网络、网络空间获取、生物访问控制、复杂应用系统、分布系统网络互联、全球化生产等方面。为此，Gartner建议企业的信息安全风险评估重点在于如何评估复杂的分布式系统和如何保障复杂应用系统的安全两个方面。

从国内的实际情况看，复杂应用系统已经初步呈现，许多企业的核心业务系统安全性较弱，且网络建设与安全建设不协调，已经给企业用户带来了极大的挑战。针对这些挑战，主流安全厂商提出了动态安全评估标准。

此标准针对现有安全需求进行评估和分析，定义安全策略，建立安全框架，实施安全方案，得出合规性报告，确定目前的安全基线，并随着业务的发展，进行周期性的再评估，保障信息系统的安全。

针对风险评估的工程实现，SSE-CMM、OCTAVE等标准和方法对评估过程给予了较好的指导。常规的风险评估方法包括以下阶段：项目准备阶段、项目执行阶段、项目维护阶段。

为保障评估的规范性、一致性,降低人工成本,目前国内外普遍开发了一系列的评估工具。其中,网络评估工具主要有 Nessus、Retina、天镜、ISS 等漏洞扫描工具,依托这些网络扫描工具,可以对网络设备、主机进行漏洞扫描,给出技术层面存在的安全漏洞、等级和解决方案建议。

管理评估工具主要有以 BS 7799-1(ISO/IEC 17799)为基础的 COBRA、天清等,借助管理评估工具,结合问卷式调查访谈,可以给出不同安全管理域在安全管理方面存在的脆弱性和各领域的安全等级,给出基于标准的策略建议。图 11.3 所示为风险评估的流程。

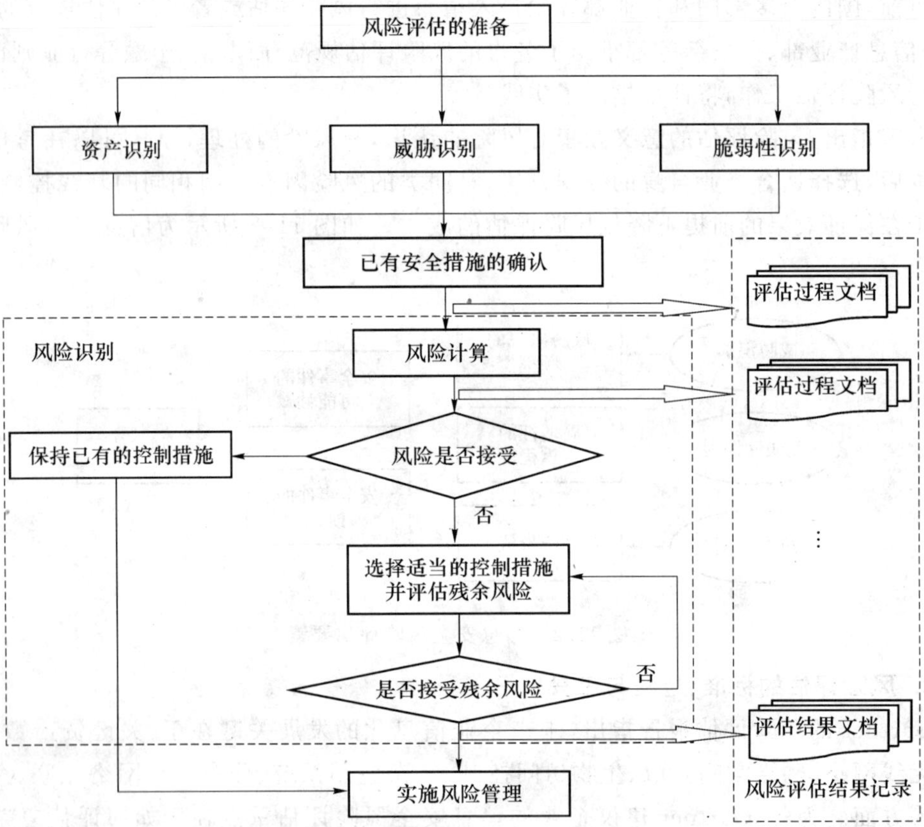

图 11.3　风险评估流程

11.3.2　主要风险评估方法

主要的风险评估方法有以下 6 种:

1. 定制个性化的评估方法

虽然已经有许多标准评估方法和流程,但在实践过程中,不应只是这些方法的套用和复制,而是以它们作为参考,根据企业的特点及安全风险评估的能力,进行“基因”重组,定制个性化的评估方法,使得评估服务具有可裁剪性和灵活性。评估种类一般有整体评估、

IT 安全评估、渗透测试、边界评估、网络结构评估、脆弱性扫描、策略评估、应用风险评估等。

2. 安全整体框架的设计

风险评估的目的，不仅在于明确风险，更重要的是为管理风险提供基础和依据。作为评估直接输出，用于进行风险管理的安全整体框架至少应该明确。但是由于不同企业环境差异、需求差异，加上在操作层面可参考的模板很少，使得整体框架应用较少。但是，企业至少应该完成近期 1～2 年内框架，这样才能做到有律可依。

3. 多用户决策评估

不同层面的用户能看到不同的问题，要全面了解风险，必须进行多用户沟通评估。将评估过程作为多用户决策过程，对于了解风险、理解风险、管理风险、落实行动，具有极大的意义。事实证明，多用户参与的效果非常明显。多用户决策评估，也需要一个具体的流程和方法。

4. 敏感性分析

企业的系统越发复杂且互相关联，使得风险越来越隐蔽。要提高评估效果，必须进行深入关联分析，例如对一个漏洞，不是简单地分析它的影响和解决措施，而是要推断出可能相关的其他技术和管理漏洞，找出“病根”，开出有效的“处方”。这需要强大的评估经验知识库支撑，同时要求评估者具有敏锐的分析能力。

5. 集中化决策管理

安全风险评估需要具有多种知识和能力的人参与，对这些能力和知识的管理，有助于提高评估的效果。集中化决策管理，是评估项目成功的保障条件之一，它不仅是项目管理问题，而且还是知识、能力等“基因”的组合运用。必须选用具有特殊技能的人，去执行相应的关键任务。如控制台审计和渗透性测试，由不具备攻防经验和知识的人执行，就达不到任何效果。

6. 评估结果管理

安全风险评估的输出，不应是文档的堆砌，而是一套能够进行记录、管理的系统。它可能不是一个完整的风险管理系统，但至少是一个非常重要的可管理的风险表述系统。企业需要这样的评估管理系统，使用它来指导评估过程，管理评估结果，以便在管理层面提高评估效果。

11.4 国内外风险评估标准

关于风险评估理论标准，国际上较为认可的有 ISO/IEC 13335 IT 安全管理指南、AS/NZS 4360 风险管理标准、BS 7799-1(ISO/IEC 17799)基于风险管理的信息安全管理体系等几种，这些均对风险评估给予了明确的定义和指导。

与风险评估相关的标准还有 NIST SP800，其中，NIST SP800-53/60 描述了信息系统与安全目标及风险级别对应指南，NIST SP800-26/30 分别描述了自评估指南和风险管理指南。

另外,COBIT、ITIL 等逐渐引起人们的关注。目前业内使用的评估方法,基本是由这几类标准演化而来。在具体国家的应用方面,美国有 TCSEC 标准,我国有计算机安全等级划分标准,下面对这两个标准加以介绍。

11.4.1 美国信息安全评估标准

TCSEC(Trusted Computer System Evalution Criteria)是计算机信息安全评估的第一个正式标准,具有划时代的意义。该准则于 1970 年由美国国防科学委员会提出,并于 1985 年 12 月由美国国防部公布。TCSEC 将安全分为 4 个方面:安全政策、可说明性、安全保障和文档。该标准将以上 4 个方面分为 7 个安全级别,按安全程度从最低到最高依次是 D、C1、C2、B1、B2、B3、A1。

D 类:最低保护。无须任何安全措施。属于这个级别的操作系统有:DOS、Windows、Apple 的 Macintosh System7.1。

C1 类:自决的安全保护。系统能够把用户和数据隔开,用户可以根据需要采用系统提供的访问控制措施来保护自己的数据,系统中必有一个防止破坏的区域,其中包含安全功能。用户拥有注册账户和口令,系统通过账户和口令来识别用户是否合法,并决定用户对程序和信息拥有什么样的访问权。

C2 类:访问控制保护。控制粒度更细使得允许或拒绝任何用户访问单个文件成为可能。系统必须对所有的注册、文件的打开、建立和删除进行记录。审计跟踪必须追踪到每个用户对每个目标的访问。能够达到 C2 级的常见操作系统有:UNIX 系统、XENIX、Windows NT。

B1 类:有标签的安全保护。系统中的每个对象都有一个敏感性标签而每个用户都有一个许可级别。许可级别定义了用户可处理的敏感性标签。系统中的每个文件都按内容分类并标有敏感性标签,任何对用户许可级别和成员分类的更改都受到严格控制。较流行的 B1 级操作系统是 OSF/1。

B2 类:结构化保护。系统的设计和实现要经过彻底的测试和审查。系统应结构化为明确而独立的模块,实施最少特权原则。必须对所有目标和实体实施访问控制。政策要由专职人员负责实施,要进行隐蔽信道分析。系统必须维护一个保护域,保护系统的完整性,防止外部干扰。目前,UnixWare 2.1/ES 作为国内独立开发的具有自主版权的高安全性 Unix 系统,其安全等级为 B2 级。

B3 类:安全域。系统的安全功能足够小,以利广泛测试。必须满足参考监视器需求以传递所有的主体到客体的访问。要有安全管理员,审计机制扩展到用信号通知安全相关事件,还要有恢复规程,系统高度抗侵扰,XTS-300 防火墙,多级安全平台。

A1 类:核实保护。最初设计系统就充分考虑安全性。有“正式安全策略模型”,其中包括由公理组成的数学证明。系统的顶级技术规格必须与模型相对应,系统还包括分发控制和隐蔽信道分析。

11.4.2 我国信息安全评估标准

为了切实加强重要领域信息系统安全的规范化建设和管理，全面提高国家信息系统安全保护的整体水平，使公安机关公共信息网络安全监察工作更加科学、规范，指导工作更具体、明确，公安部组织制定了《计算机信息系统安全保护等级划分准则》（以下简称《准则》）国家标准，并于1999年9月13日由国家质量技术监督局审查通过并正式批准发布，已于2001年1月1日执行。该准则的发布为计算机信息系统安全法规和配套标准的制定和执法部门的监督检查提供了依据，为安全产品的研制提供了技术支持，为安全系统的建设和管理提供了技术指导，是我国计算机信息系统安全保护等级工作的基础。

国家标准《准则》就是要从安全整体上进行保护，从整体上、根本上、基础上来解决等级保护问题。要建立良好的国家整体保护制度，标准体系是基础。由国家的统一标准要求对系统进行评估，《准则》的配套标准分两类：一是《计算机信息系统安全保护等级划分准则应用指南》，它包括技术指南、建设指南和管理指南；二是《计算机信息系统安全保护等级评估准则》，它包括安全操作系统、安全数据库、网关、防火墙、路由器和身份认证管理等。目前，国家正在组织有关单位完善信息系统安全等级保护制度的标准体系。

《准则》对计算机信息系统安全保护能力划分了5个等级，计算机信息系统安全保护能力随着安全保护等级的增高，逐渐增强。高级别的安全要求是低级别要求的超集。《准则》将计算机安全保护划分为以下5个级别：

第1级：用户自主保护级。它的安全保护机制使用户具备自主安全保护的能力，保护用户的信息免受非法的读写破坏。

第2级：系统审计保护级。除具备第1级所有的安全保护功能外，要求创建和维护访问的审计跟踪记录，是所有的用户对自己行为的合法性负责。

第3级：安全标记保护级。除继承前一个级别的安全功能外，还要求以访问对象标记的安全级别限制访问者的访问权限，实现对访问对象的强制访问。

第4级：结构化保护级。在继承前面安全级别安全功能的基础上，将安全保护机制划分为关键部分和非关键部分，对关键部分直接控制访问者对访问对象的存取，从而加强系统的抗渗透能力。

第5级：访问验证保护级。这一个级别特别增设了访问验证功能，负责仲裁访问者对访问对象的所有访问活动。

思 考 题

1. 风险管理的意义有哪些？
2. 主要的风险评估方法有哪6种？
3. 关于风险评估理论标准，国际上较为认可的有哪些？

第12章 信息系统应急响应

进入信息时代以来，计算机技术特别是网络技术的进步，给人们的生活带来很大的便利。然而在人们越来越依赖网络的同时，网络安全形势日趋严峻，大规模互联网攻击事件频繁发生。与此同时，我国的广大互联网使用者还只是刚刚享受到互联网的乐趣，网民的整体安全意识薄弱，技术水平很低，加上国家在网络安全方面的法律法规不健全，与互联网攻击相应的法律法规的制定明显滞后。另外，在组织体系以及协调机制方面都存在很多不和谐不规范的地方，加强国内的网络安全建设，特别是加强信息安全应急响应的建设是一件紧急迫切的任务。为此国家还专门建立了中国计算机网络应急技术协调处理中心（China Computer Emergency Response Team/Coordination Center，CNCERT/CC）。

12.1 应急响应概述

1. 应急响应的概念

英文中，应急响应有两种表示法，即 Emergency Response 和 Incident Response，其含义是指安全技术人员在遇到突发事件后所采取的措施和行动。而突发事件则是指影响一个系统正常工作的情况。

2. 应急响应的目标和任务

应急响应通常需要达到的目标首先是要确认或排除突发事件的发生。从网管的角度来看，经常会面临各种流量异常的情况，其中有时候只是网络中用户应用情况的反映，而有时候却是网络中正在发生某种大量的攻击行为造成的。

应急响应的第一项任务就是要尽快恢复系统或网络的正常运转。应急响应的第二项任务就是要使系统和网络操作所遭受的破坏最小化。最后应急响应要提供准确的分析统计报告和有价值的建议，在响应工作结束时提交的分析。

3. 计算机应急响应组织

在 1988 年 11 月的“Internet worm”事件之后 1 周，美国国防部（DoD）在 Carnegie

Mellon 大学的软件工程研究所成立了全球最早的计算机应急响应协调中心(Computer Emergency Response Team/Coordination Center,CERT/CC),对计算机安全方面的事件做出反应、采取行动,CERT/CC 是目前网络安全方面最权威的组织,提供最新的网络安全漏洞及方案。现在许多组织都有了 CERT/CC,如中国计算机网络应急处理协调中心 CNCERT/CC(http://www.cert.org.cn/)、泛欧学术网络组织 TERENA 的 CERT EuroCERT(http://www.eurocert.net/)、日本的 JPCERT/CC(http://www.jpcert.or.jp/english/index.html)。

12.2 应急响应的过程

我国在应急响应方面的起步较晚,按照国外有关材料的总结,通常把应急响应分成几个阶段的工作,即准备、事件检测、抑制、根除、恢复、跟进、报告等阶段。

12.2.1 准备阶段

在事件真正发生之前应该为事件响应做好准备,这一阶段十分重要。准备阶段的主要工作包括建立合理的防御/控制措施,建立适当的策略和程序,获得必要的资源和组建响应队伍等。具体来说包括以下一些内容:

- 对信息系统进行初始化的快照。

系统快照是信息系统进程、账户、服务端口和关键文件签名等状态信息的记录。

- 准备应急响应工具包。
- 建立安全保障措施。
- 建立监控设施和安全事件应急预案。
- 进行应急演练。
- 按照安全策略配置安全设备和软件。
- 扫描,风险分析,打补丁。

准备阶段的流程如图 12.1 所示。

第 1 步:系统维护人员按照系统的初始化策略对系统进行安装和配置加固。

第 2 步:系统维护人员对安装和配置加固后的系统进行自我检查,确认是否加固完成。

第 3 步:系统维护人员建立系统状态快照。

第 4 步:系统维护人员对快照信息进行完整性签名,以防止快照被非法篡改。

第 5 步:系统维护人员将快照保存在与系统分离的存储介质上。

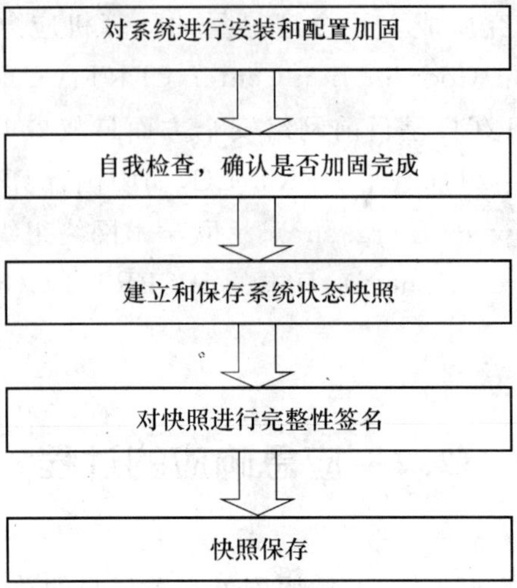

图 12.1 准备阶段的流程

12.2.2 检测阶段

检测阶段要做出初步的动作和响应,根据获得的初步材料和分析结果,估计事件的范围,制定进一步的响应战略,并且保留可能用于司法程序的证据。

系统维护人员使用初级检测技术进行检测,确定系统是否出现异常。在发现异常情况后,形成安全事件报告,由安全技术人员和安全专业技术人员介入进行高级检测来查找安全事件的真正原因,明确安全事件的特征、影响范围和标识安全事件对受影响的系统所带来的改变。检测阶段的流程如图 12.2 所示。

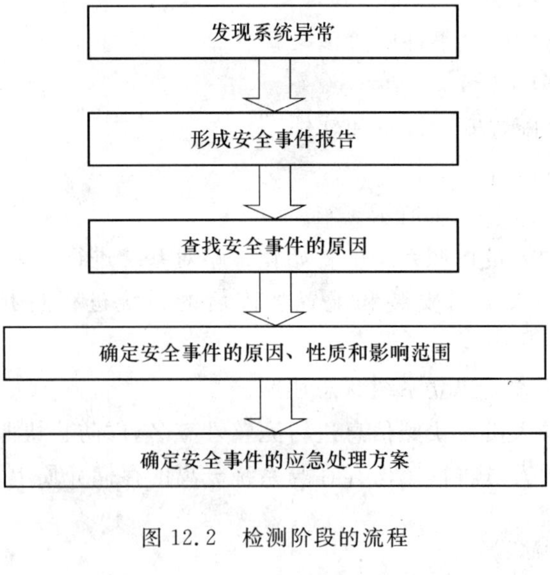

图 12.2 检测阶段的流程

检测阶段的步骤如下：

第 1 步：系统维护人员或安全技术人员在执行日常任务和检测中发现系统异常。

第 2 步：发现异常情况后，形成安全事件报告。

第 3 步：安全技术人员、系统维护人员和第三方安全事件应急服务人员查找安全事件的原因。

第 4 步：安全技术人员、系统维护人员和第三方安全事件应急服务人员确定安全事件的原因、性质和影响范围。

第 5 步：安全技术人员、系统维护人员和第三方安全事件应急服务人员确定安全事件的应急处理方案。

12.2.3 抑制阶段

抑制的目的是限制攻击的范围。抑制措施十分重要，因为太多的安全事件可能迅速失控。抑制是对攻击所影响的范围、程度进行扼制，通过采取各种方法，控制、阻断、转移安全攻击。抑制阶段主要是针对前面检测阶段发现的攻击特征，如攻击利用的端口、服务、攻击源、攻击利用系统漏洞等，采取有针对性的安全补救工作，以防止攻击进一步加深和扩大。

典型的例子就是具有蠕虫特征的恶意代码的感染。可能的抑制策略一般包括：关闭所有的系统、从网络上断开相关系统、修改防火墙和路由器的过滤规则、封锁或删除被攻破的登录账户、提高系统或网络行为的监控级别、设置陷阱、关闭服务、反击攻击者的系统等。

12.2.4 根除阶段

在事件被抑制之后，通过对有关恶意代码或行为的分析结果，找出事件根源并彻底清除。对于单机上的事件，主要可以根据各种操作系统平台的具体的检查和根除程序进行操作就可以了；但是大规模爆发的带有蠕虫性质的恶意程序，要根除各个主机上的恶意代码，是十分艰巨的一个任务。很多案例的数据表明，众多的用户并没有真正关注他们的主机是否已经遭受入侵，有的甚至持续一年多，任由它感染蠕虫的主机在网络中不断地搜索和攻击别的目标。造成这种现象的重要原因是各网络之间缺乏有效的协调，或者是在一些商业网络中，网络管理员对接入到网络中的子网和用户没有足够的管理权限。

根除阶段是在抑制的基础上，对引起该类安全问题的最终技术原因在技术上进行完全的杜绝，并对这类安全问题所造成的后果进行弥补和消除。在根除阶段，采取的措施最大的风险主要是在系统升级或补丁时可能造成系统故障，所以必须做好备份工作。

根除阶段的流程如图 12.3 所示。

第 1 步:应急处理方案获得授权。

第 2 步:系统维护人员、安全技术人员和第三方安全事件应急服务人员共同测试应急处理方案验证效果。

第 3 步:系统维护人员、安全技术人员和第三方安全事件应急服务人员共同测试应急处理方案是否影响系统运行,对系统的影响程度不可接受时返回检测阶段。

第 4 步:实施应急处理方案。

第 5 步:当实施应急处理方案失败的情况下,采取应变和回退措施,并返回到检测阶段。

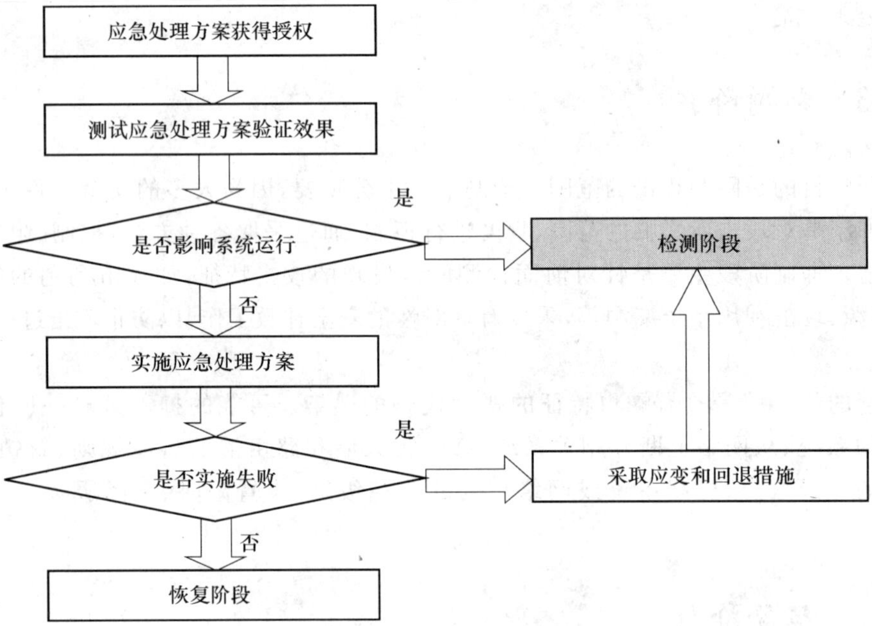

图 12.3　根除阶段的流程

12.2.5　恢复阶段

恢复阶段的目标是把所有被攻破的系统和网络设备彻底还原到它们正常的任务状态。恢复工作应该十分小心,避免出现误操作导致数据的丢失。另外,恢复工作中如果涉及机密数据,需要额外遵照机密系统的恢复要求。对不同任务的恢复工作的承担单位,要有不同的担保。如果攻击者获得了超级用户的访问权,一次完整的恢复应该强制性地修改所有的口令。

恢复阶段的流程如图 12.4 所示。

第 1 步:根据应急处理方案中列明所有系统变化,删除并恢复所有变化,实施安全加固。

第 2 步:如果存在应急处理方案中未列明的系统变化,备份重要数据,低级格式化磁盘。

第 3 步:严格按照系统的初始化安全策略安装和加固。

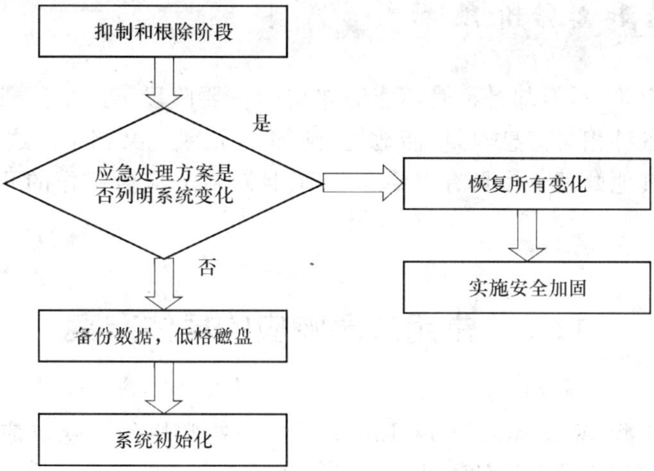

图 12.4　恢复阶段的流程

12.2.6　跟进阶段

跟进阶段的主要任务是确认系统有没有被再入侵,确认系统有没有被再入侵是通过对抑制或根除的效果进行审计完成的。关注系统恢复以后的安全状况,特别是曾经出问题的地方。建立跟踪文档,规范记录跟踪结果。最后,对响应效果给出评估。

跟进阶段的流程如图 12.5 所示。

第 1 步:执行完整的检测阶段流程。

第 2 步:确认系统是否再次被入侵。如果有请回到抑制和根除阶段。

第 3 步:总结安全事件的处理过程和技能,调整安全策略,输出总结文档。

第 4 步:输出跟进阶段的报告内容。

第 5 步:安排再次审计,内容同以上 4 个步骤。

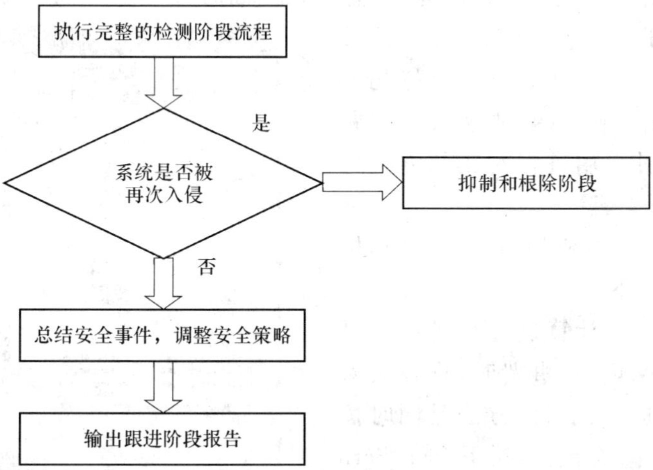

图 12.5　跟进阶段的流程

12.2.7 报告和总结阶段

这是最后一个阶段,但却是绝对不能够忽略的重要阶段。这个阶段的目标是回顾并整理发生事件的各种相关信息,尽可能地把所有情况记录到文档中。这些记录的内容,不仅对有关部门的其他处理工作具有重要意义,而且对将来应急工作的开展也是非常重要的积累。

12.3 常用应急响应的具体方案

这一节介绍一些 Windows、Unix、Linux 下的一些常用的应急响应方案。这些方案都是在实际当中使用比较有效的方法。

12.3.1 Windows 系统应急响应方案

在 Windows 操作系统下,如果某一天在使用计算机的时候,发现计算机出现诸如硬盘灯不断闪烁、鼠标乱动、使用起来非常慢、内存使用率非常高、CPU 使用率非常高等情况,则应怀疑计算机出了安全问题,那么出于安全的考虑,应该做些什么呢?如何找出问题出在哪里?具体的解决方法如下。

1. 拔掉网线

无论出现任何安全问题,或者怀疑有安全问题,请记住,所要做的第一件事就是将自己的计算机进行物理隔离。这样可以防止事态进一步恶化。

具体来说就是拔掉网线;如果使用的是无线上网,则可禁用无线上网功能。

2. 查看、对比进程,找出出问题的进程

通常怀疑计算机有安全问题的时候,需要采用同时按 Ctrl+Alt+Delete 3 个键的方法来查看系统的进程,如图 12.6 所示。找出出问题的进程。但是计算机里有好几十个进程,怎样找出是哪一个进程出了问题呢?这里介绍一种采用进程对比的方式进行查找。

图 12.6 系统进程

(1) 在刚装完计算机的时候,将计算机里所有的进程记录下来。

如果采用手工将计算机每个进程记录下来的方式比较麻烦,费事费时,推荐大家采用图片的方式进行记录。方法是同时按 Ctrl+Alt+Delete 3 个键,再按下 Prnt Scrn 键将计算机的屏幕当图片复制下来。然后,再打开画笔程序，按下 Ctrl+v 键将图片复制到画图里面，再保存就行了。有时候一屏保存不完，可以进行全屏、多屏保存，这样就可以将所有的进程保存下来。

(2) 将目前怀疑有问题的进程调出来，与上面保存的进程进行对比，找出出问题的进程。

对比的时候，最好将进程进行字母排序，这样对比起来更快一些。排序的方法是在进程图中用鼠标点击“映像名称”即可。如图 12.7 所示，通过对比发现多了一个进程，原来进程数是 49 个，现在是 50 个。再通过进一步的对比发现多了一个 Maxthon.exe 进程。

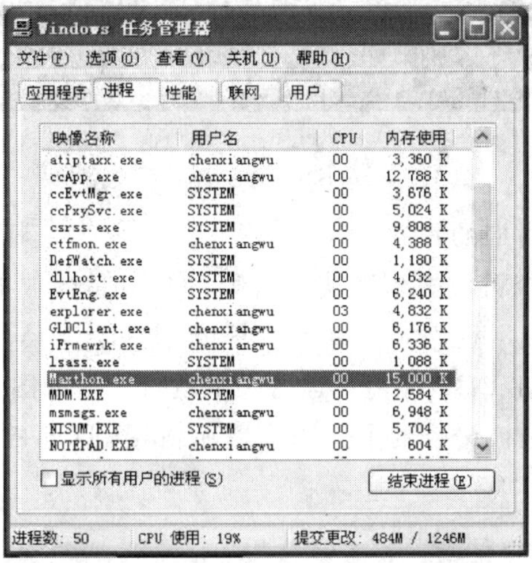

图 12.7　找出出问题的进程

(3) 通过搜索引擎等找出问题根源。

通过查看、对比的方法找出了可能出问题的进程。这时，就可以在搜索引擎上搜索一下，看看这个进程是做什么的，是不是病毒等。如果是病毒的话，网上一般会有关于这种病毒的防治方法。

再以刚才的例子为例，在 www.baidu.com 上搜索一下 Maxthon.exe，会发现它是系统的“傲游浏览器”进程，是一个正常的系统进程。

3. 查看、对比端口，找出出问题的端口

通常怀疑计算机有安全问题的时候，也通过查看端口的方法来判断，特别是在怀疑计算机里面中了木马的时候。因为木马通常都有自己的端口，例如著名的“冰河”木马，它所使用的端口是 7626。这里如果发现自己的计算机端口里面有 7626 端口是开放的，那计算机很可能是中了“冰河”木马了。

如此一来，关键是如果找出出问题的进程。查看进程的时候，可以使用 DOS 命令 netstat 来完成。方法是在用鼠标点击“开始”→“运行”，输入“cmd”进入 DOS 提示符状态。然后输入 DOS 命令“netstat”或“netstat-an”来查看系统的端口。如图 12.8 所示，为采用 netstat 命令查看端口。

找出出问题的端口的方法和上面所讲的找出出问题进程的方法是一样的，也是采用图片对比的方式。找出出问题的端口后，也可以在搜索引擎上查找问题的端口的信息，这里就不再赘述。

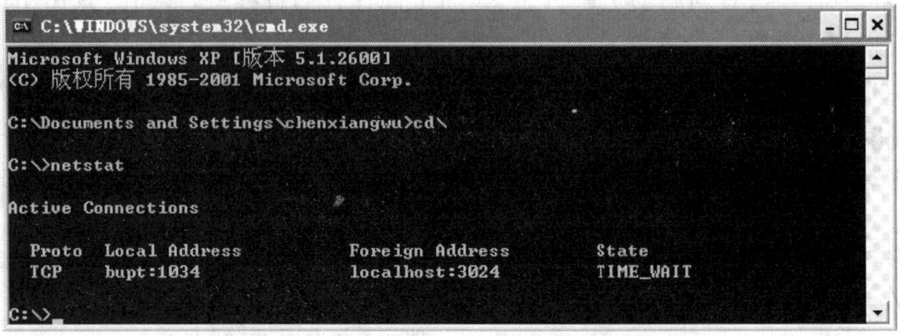

图 12.8　netstat 命令查看系统端口

4. 查看开放端口所对应的程序

上面通过 netstat 命令可以看到系统里有哪些端口是开放的。但是通常更需要知道的是开放端口所对应的应用程序是哪些？这里介绍一个工具名叫“fport. exe”。大家只要将这个文件下载下来，在 DOS 环境下运行一下就行了。如图 12.9 所示，可以很清楚地看到，TCP 的 1025 端口是被诺顿的个人防火墙所占用，TCP 的 6792 端口被联众程序所占用。

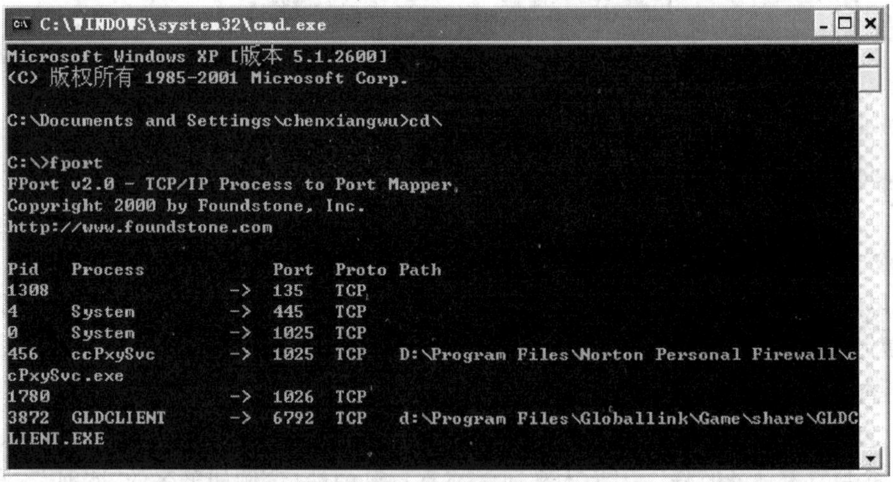

图 12.9　fport 的使用

5. 查看、对比注册表

通常怀疑计算机有安全问题的时候，还可以通过查看对比注册表的方式来找出问题的根源。注册表的“HKEY_LOCOL_MACHINE \SOFTWARE \Microsoft \Windows \CurrrentVersion \Run”里面存放的是计算机启动之后系统自动要加载的项，如图 12.10 所示。这里通常也是黑客感兴趣的地方，许多病毒、木马程序经常将自己的可执行文件放在这里，以便开机之后能自动运行。

找出注册表出问题的项的方法和上面所讲的找出出问题进程的方法是一样的，也是采用图片对比的方式。找出出问题的注册表项后，也可以在搜索引擎上查找问题的端口的信息，这里就不再赘述。

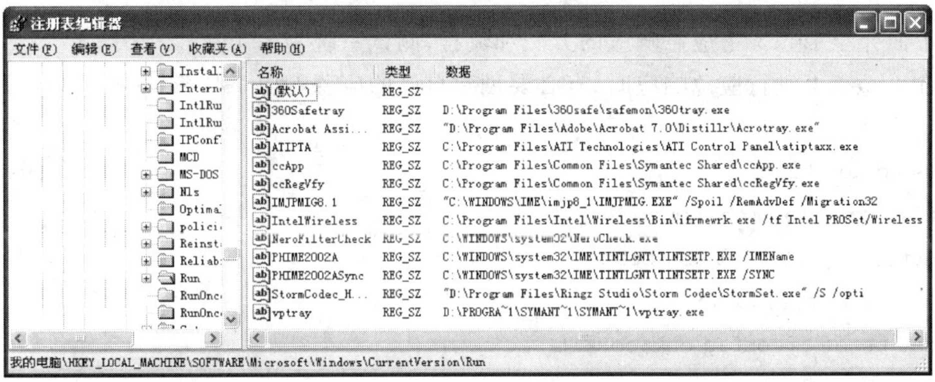

图 12.10 注册表的 Run 键值

6. 查看攻击者 IP 地址的地理位置

如果通过防火墙日志等方式知道攻击者的 IP，那么下一步就要知道这个 IP 的具体地理位置，最少要知道大概攻击者在什么地方。这时可以到一些专门的网站上查找，比如到 www.ip.cn 或 www.ip138.com 等网站上搜一下就可以了。如图 12.11 所示，在 www.ip138.com 上输入 59.64.158.161，很快在网站上会出现该地址来自北京邮电大学。

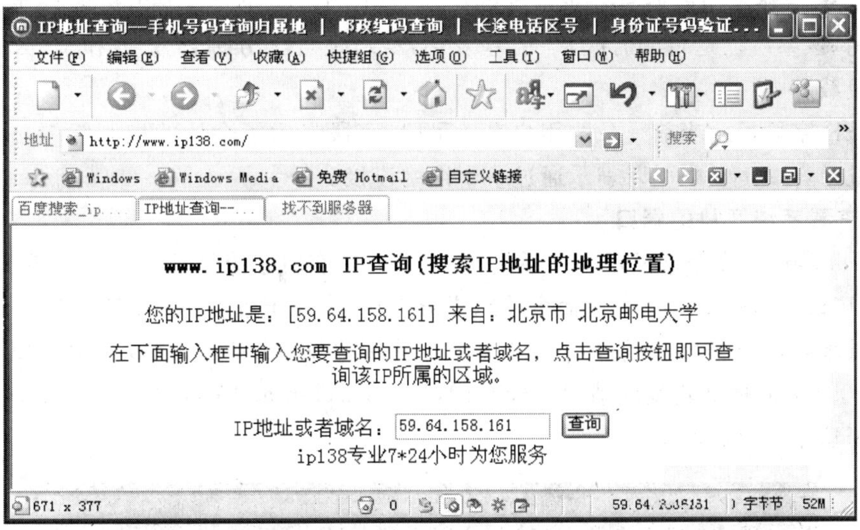

图 12.11 搜索 IP 地址的地理位置

7. 查看其他安全工具的日志

通过查看其他安全工具日志的方式，也可以找出问题的根源，其他工具如防火墙、入侵检测、网络蜜罐等。

12.3.2 Linux 系统应急响应方案

下面介绍 Linux 下应急响应的方法和流程,测试系统为 redhat9.0。

在 Linux 上进行应急响应时,有必要创建自己的应急响应工具箱,这些工具包括如下命令:

ls dd des file

find cat lsof md5 sum nc

netstat pcat perl ps strace

strings truss df vi

cat kstat ifconfig chkrootkit

more gzip last w rm

script bash modinfo lsmod

在 Linux 上创建响应工具包时,可以用 gcc 的-static 参数编译源代码,或者用 ldd 检查动态连接库,在响应工具包存储介质上建立库文件目录,并复制所有工具需要的动态连接库的副本,最后设置环境变量。

当有了自己的应急工具箱之后,就可以进行具体的应急响应步骤了,这里分如下几个步骤。

1. 查看登录系统的用户

用 w 命令显示当前所有登录系统的用户,如图 12.12 所示,输出标题行显示了当前系统时间,该系统已运行的时间,当前登录用户数,最近 1 分钟,5 分钟和 15 分钟内的平均系统负载。

USER 字段显示当前登录的用户名。TTY 字段显示了会话的控制终端,tty 表示从控制台登录,pts/typ 则可以表示通过一个网络连接。

2. 查看系统开放的端口

用 netstat-an 命令来显示当前系统开放的端口,有时系统开放的端口比较多,一页显示不了,可以用|more 这个管道命令使结果分页显示,便于查看,如图 12.13 所示,输出行有 5 个结果,其中比较重要的是 proto 显示了使用协议,local address 显示了使用的本地 IP,这对于 NAT 地址转换的情况比较有用,还有 foreign address 显示了外部 IP,state 显示了当前这个连接的状态。

```
[root@www root]# w
 11:03:34  up 27 days, 15:04,  1 user,  load average: 0.00, 0.00, 0.00
USER     TTY      FROM              LOGIN@   IDLE   JCPU   PCPU  WHAT
root     pts/0    61.51.85.105      11:02am  0.00s  0.00s  0.00s  w
[root@www root]#
```

图 12.12　w 命令显示当前登录系统的用户

```
[root@www root]# netstat -an |more
Active Internet connections (servers and established)
Proto Recv-Q Send-Q Local Address           Foreign Address         State
tcp        0      0 0.0.0.0:3306            0.0.0.0:*               LISTEN
tcp        0      0 0.0.0.0:80              0.0.0.0:*               LISTEN
tcp        0      0 0.0.0.0:22              0.0.0.0:*               LISTEN
tcp        0      0 192.168.3.7:22          218.94.99.183:35225     ESTABLISHED
tcp        0      0 192.168.3.7:22          218.94.99.183:58198     TIME_WAIT
tcp        0      0 192.168.3.7:22          218.94.99.183:58198     TIME_WAIT
tcp        0      0 192.168.3.7:22          218.94.99.183:58646     TIME_WAIT
tcp        0      0 192.168.3.7:22          218.94.99.183:58198     TIME_WAIT
tcp        0      0 192.168.3.7:22          218.94.99.183:58646     TIME_WAIT
tcp        0      0 192.168.3.7:22          218.94.99.183:58198     TIME_WAIT
tcp        0      0 192.168.3.7:22          218.94.99.183:58646     TIME_WAIT
```

图 12.13　netstat-an 查看系统开放的端口

3. 查看系统进程

用 ps-aux 来查看系统的进程列表，如果进程很多，同样用|more 管道来分页显示结果，如图 12.14 所示，ps 命令输出中的 START 字段显示了程序开始运行的时间，对于查出攻击时间很有帮助。有时仅通过时间就能识别可疑进程。

```
[root@www root]# ps -aux |more
USER       PID %CPU %MEM   VSZ  RSS TTY      STAT START   TIME COMMAND
root         1  0.0  0.0  1368  468 ?        S    Jun06   0:23 init
root         2  0.0  0.0     0    0 ?        SW   Jun06   0:00 [migration/0]
root         3  0.0  0.0     0    0 ?        SW   Jun06   0:00 [migration/1]
root         4  0.0  0.0     0    0 ?        SW   Jun06   0:00 [keventd]
root         5  0.0  0.0     0    0 ?        SWN  Jun06   0:00 [keventd]
root         6  0.0  0.0     0    0 ?        SWN  Jun06   0:00 [keventd]
root        11  0.0  0.0     0    0 ?        SW   Jun06   0:00 [keventd]
root         7  0.0  0.0     0    0 ?        SW   Jun06   0:00 [keventd]
root         8  0.0  0.0     0    0 ?        SW   Jun06   0:00 [keventd]
root         9  0.0  0.0     0    0 ?        SW   Jun06  19:28 [kscand/Normal]
root        10  0.0  0.0     0    0 ?        SW   Jun06   0:00 [kscand/HighMem]
```

图 12.14　ps-aux 显示系统的进程

4. 检测 rootkit

仅仅做了以上工作是不够的，Linux 和几乎所有的 Unix 都支持 LKM(Loadable Kernel Modules)，用普通的方法无法检测其存在，这给应急响应带来了极大的挑战性。解决的办法是找到那些 rootkit。所谓 rootkit，就是有心人士整理一些可以方便黑客攻入主机时，在受害的主机上顺利地编译和安装木马程序的程序套件。有时 lkm rootkit 虽然被成功装载，但在系统的某些细节上会出现异常，甚至可能使系统在运行一段时间后彻底崩溃。还有，lkm 虽然活动在 ring0 核心态，但是攻击者往往会在系统的某处留下痕迹，比如攻击者为了让系统每次关闭或重启后能自动装入它安置的内核后门，可能会改写 /etc/modules. conf 或/etc/rc. local 等。可以通过 chkrootkit 来检测。

chkrootkit 检测系统常用命令以及系统的日志和文件，查看是否有恶意程序侵入系统，并且寻找关联到不同恶意程序的信号。使用 chkrootkit 非常简单：编译程序，解压 tar. gz 文件，然后如下执行＃ make sense 即可编译。

在完成这个过程之后，就会看到一个可执行程序 chkrootkit。把这个可执行程序的路径加入系统 PATH 路径，定期地运行这个程序，就可以定期检测机器上是否有恶意 rootkit 软件。检测过程如图 12.15 所示。

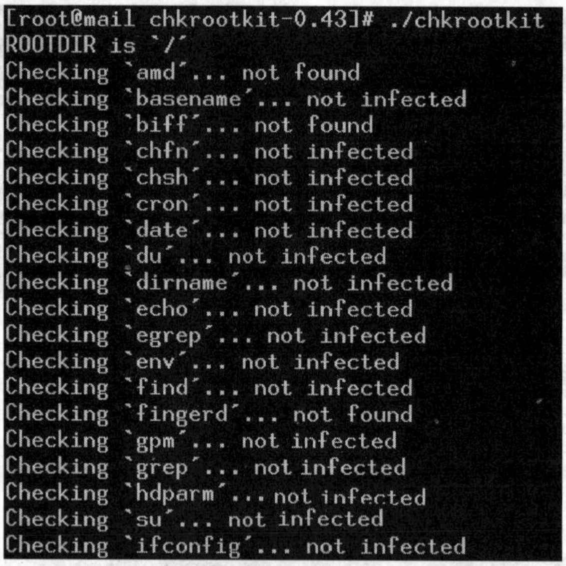

```
[root@mail chkrootkit-0.43]# ./chkrootkit
ROOTDIR is `/'
Checking `amd'... not found
Checking `basename'... not infected
Checking `biff'... not found
Checking `chfn'... not infected
Checking `chsh'... not infected
Checking `cron'... not infected
Checking `date'... not infected
Checking `du'... not infected
Checking `dirname'... not infected
Checking `echo'... not infected
Checking `egrep'... not infected
Checking `env'... not infected
Checking `find'... not infected
Checking `fingerd'... not found
Checking `gpm'... not infected
Checking `grep'... not infected
Checking `hdparm'... not infected
Checking `su'... not infected
Checking `ifconfig'... not infected
```

图 12.15　chkrootkit 检测 rootkit

5. 获取系统日志

大多数 Unix 的日志在/var/log 和/var/adm 目录下，各种 Unix 派生系统日志的具体位置有所不同。

在此之前，有必要了解针对特定系统的日志存储位置。

比较重要的二进制日志文件有：

- utmp，用 w 工具访问；
- wtmp，用 last 工具访问；
- lastlog，用 lastlog 工具访问；
- 进程记账日志，用 astcomm 工具访问。

在这些日志文件中，最有用的是 messages、secure 两个，图 12.16 是用 more secure 加上|more 这个管道的部分显示结果，从日志中可以看到哪些时候哪些用户从哪些地方登录进系统，这对响应取证非常有用。

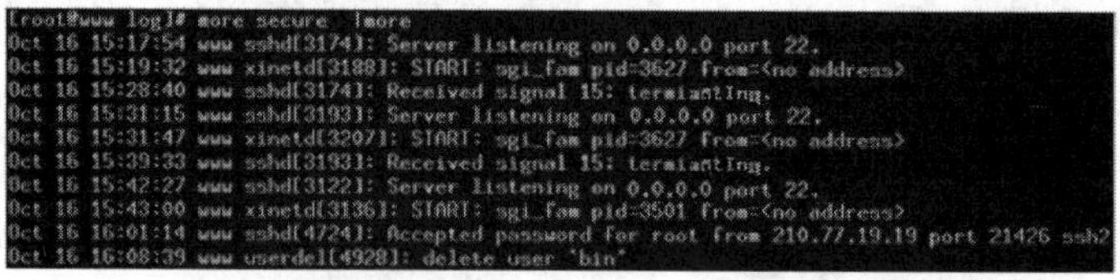

```
[root@www log]# more secure |more
Oct 16 15:17:54 www sshd[3174]: Server listening on 0.0.0.0 port 22.
Oct 16 15:19:32 www xinetd[3188]: START: sgi_fam pid=3627 from=<no address>
Oct 16 15:28:40 www sshd[3174]: Received signal 15: termianting.
Oct 16 15:31:15 www sshd[3193]: Server listening on 0.0.0.0 port 22.
Oct 16 15:31:47 www xinetd[3207]: START: sgi_fam pid=3627 from=<no address>
Oct 16 15:39:33 www sshd[3193]: Received signal 15: termianting.
Oct 16 15:42:27 www sshd[3122]: Server listening on 0.0.0.0 port 22.
Oct 16 15:43:00 www xinetd[3136]: START: sgi_fam pid=3501 from=<no address>
Oct 16 16:01:14 www sshd[4724]: Accepted password for root from 210.77.19.19 port 21426 ssh2
Oct 16 16:08:39 www userdel[4928]: delete user `bin'
```

图 12.16　more secure 显示 secure 的日志

以上是进行应急响应的最重要的一些步骤，当然针对具体的情况需要具体的分析，有时需要对包含用户账户的/etc/passwd 文件进行检查，以查看是否有陌生的账户成为系统用户。也可以使用 md5 软件对系统中的重要命令和配置文件进行检查和定期对比，以发现潜在的入侵和攻击。另外还可以使用 portsentry 这个工具进行检测，portsentry 在被保护的机器上是以 daemon 的形式运行的。在它运行期间，它会监听指定的 TCP/UDP 端口。假如它检测到一个端口扫描行为，它就会根据对方的 IP 地址，阻塞这个扫描主机与机器之间的所有连接。总之 portsentry 是一个反扫描工具。它可以实时发现并分析记录对本机的扫描，它主要做以下工作：

(1) 通过 syslog 做记录；

(2) 将扫描的主机加入 /etc/hosts. deny；

(3) 马上禁止所有通向扫描主机的网络流量；

(4) 过滤掉所有来自扫描主机的网络流量。

portsentry 可以从 http://www. psionic. com/abacus/portsentry 这个网站下载相应文件，当前 portsentry 的最新版本为 1.0 版，下载后，需要进行解压，如下：

```
#gzip -d portsentry-1.0.tar.gz
#tar xvf portsentry-1.0.tar
```

这样会生成一个名为 portsentry-1.0 的目录，进入这个目录，可以看到内有 README. install 等相关文件，为了顺利安装它，主要需要关注两个配置文件：portsentry_config. h 和 portsentry. conf.

"/usr/psionic/portsentry/portsentry. conf"是 portsentry 的主配置文件。可以在这个文件中设置所要监听的端口，以及哪些 IP 地址被拒绝，哪些被忽略等信息。如果了解详细的信息，可以查看"README. install" 文件。

"/usr/psionic/portsentry/portsentry. ignore"文件定义了在执行端口扫描分析时必须要忽略的主机，也就是说即使这些主机进行了扫描活动，portsentry 也不会采取任何行动。

portsentry 有以下 6 种启动方式，如图 12.17 所示：

- portsentry-tcp (basic port-bound TCP mode)
- portsentry-udp (basic port-bound UDP mode)
- portsentry-stcp (Stealth TCP scan detection)
- portsentry-atcp (Advanced TCP stealth scan detection)
- portsentry-sudp ("Stealth" UDP scan detection)
- portsentry-audp (Advanced "Stealth" UDP scan detection)

可以使用下面两种方式启动 portsentry：

- portsentry-atcp (Advanced TCP stealth scan detection)
- portsentry-sudp ("Stealth" UDP scan detection)

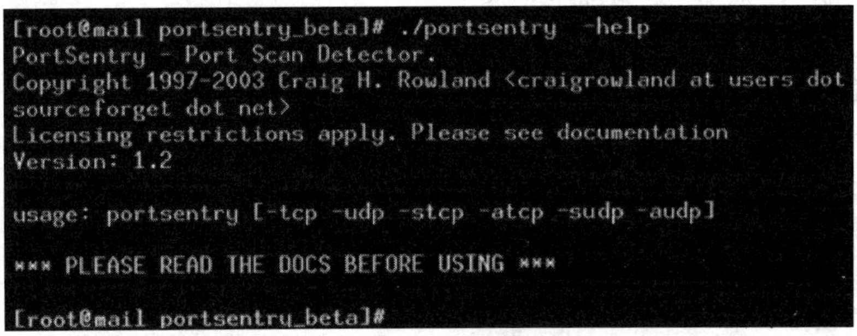

```
[root@mail portsentry_beta]# ./portsentry  -help
PortSentry - Port Scan Detector.
Copyright 1997-2003 Craig H. Rowland <craigrowland at users dot
sourceforget dot net>
Licensing restrictions apply. Please see documentation
Version: 1.2

usage: portsentry [-tcp -udp -stcp -atcp -sudp -audp]

*** PLEASE READ THE DOCS BEFORE USING ***

[root@mail portsentry_beta]#
```

图 12.17　portsentry 的启动模式

然后在/etc/rc.d/rc.local 中加入/usr/local/psionic/portsentry/portsentry-atcp 就可以在每次启动时自动启动 portsentry 了,这样系统就可以自动对一些端口进行检测,如果发现扫描就自动将 IP 加入 /etc/hosts.deny 中,拒绝此 IP 对机器的访问。

12.3.3 Unix 系统应急响应方案

在 Unix 系统下,有许多应急响应的方法和工具,这里由于篇幅关系,就不多介绍了。这一节将介绍关于 Unix 系统问题的查找的方法。下面是一些个人的经验总结,相信对于是否受到入侵的 Unix 或者 Unix-clone(freebsd,openbsd,netbsd,linux,etc)都是有用的。

首先大家可以通过下面的系统命令和配置文件来跟踪入侵者的来源路径:

(1) who——查看谁登录到系统中;

(2) w——查看谁登录到系统中,且在做什么;

(3) last——显示系统曾经被登录的用户和 TTYS;

(4) lastcomm——显示系统过去被运行的命令;

(5) netstat——可以查看现在的网络状态,如 telnet 到机器上来的用户的 IP 地址,还有一些其他的网络状态;

(6) 查看 router 的信息;

(7) /var/log/messages 查看外部用户的登录状况;

(8) 用 finger 查看所有的登录用户;

(9) 查看用户目录下/home/username 下的登录历史文件(.history.rchist,etc)。

12.4 计算机犯罪取证

在应急响应的第 4 个阶段即根除阶段,一个很重要的过程就是犯罪取证,抓获元凶,只有这样才能从根本上铲除对计算机系统的危害。通常进行计算机系统犯罪取证的方法有以下几种。

12.4.1 计算机犯罪取证方法

1. 对比分析技术

将收集的程序、数据、备份等与当前运行的程序、数据进行对比,从中发现篡改的痕迹。

2. 关键字查询技术

对所做的系统硬盘备份,用关键字匹配查询,从中发现问题。

3. 数据恢复技术

计算机犯罪发生后,案犯往往会破坏现场,毁灭证据。因此对破坏和删除的数据要进行有效分析，才能从中发现蛛丝马迹。这种恢复是建立在对磁盘管理系统和文件系统熟知的基础上。

4. 文件指纹特征分析技术

该技术利用磁盘按簇分配的特点，在每一文件尾部会保留一些当时生成该文件的内存数据，这些数据即成为该文件的指纹数据，根据此数据可判断文件最后修改的时间，该技术用于判定作案时间。

5. 残留数据分析技术

文件存储在磁盘后，由于文件实际长度要小于等于实际占用簇的大小，在分配给文件的存储空间中，大于文件长度的区域会保留原来磁盘存储的数据，利用这些数据来分析原来磁盘中存储数据内容

6. 磁盘存储空闲空间的数据分析技术

磁盘在使用过程中，对文件要进行大量增、删、改、复制等操作。传统认识认为进行这些操作时，只对磁盘中存放的原文件进行局部操作。而系统实际上是将文件原来占用的磁盘空间释放掉，使之成为空闲区域，经过上述操作的文件重新向系统申请存储空间，再写入磁盘。这样经过一次操作的数据文件写入磁盘后，在磁盘中就会存在两个文件：一个是操作后实际存在的文件，另一个是修改前的文件，但其占用的空间业已释放，随时可以被新文件覆盖。掌握这一特性，该技术可用于数据恢复，对被删除、修改、复制的文件，可追溯到变化前的状态。

7. 磁盘后备文件、镜像文件、交换文件、临时文件分析技术

在磁盘中，有时软件在运行过程中会产生一些诸如.TMP的临时文件，还有诺顿这种软件可对系统区域的重要内容（如磁盘引导区，FAT表等）形成镜像文件，以及.BAK、交换文件.SWP等。要注意对这些文件结构的分析，掌握其组成结构，这些文件中往往记录一些软件运行状态和结果，以及磁盘的使用情况等，对侦察分析工作会提供帮助。

8. 记录文件的分析技术

目前一些新的系统软件和应用软件中增加了对已操作过的文件有相应的记录。例如，Windows 95中在“开始”下的“文档”菜单中记录了所使用过的文件名，IE及Netscape中有Bookmark记录了浏览过的站点地址。这些文件名和地址可以提供一些线索和证据。

9. 入侵监测分析技术

利用入侵监测工具，对来自网络的各种攻击进行实时监测，发现攻击源头和攻击方法，并予以记录。作为侦破的线索和证据。

10. 陷阱技术

设计陷阱捕获攻击者，如蜜罐技术等。

12.4.2 计算机犯罪取证流程

(1) 保全现场。对系统拍照，包括显示器和设备的后部，并保证电缆清晰可见。

(2) 关闭系统。不要采用其他任何正常退出方式，直接关电源，因为关闭操作系统可

能引发逻辑炸弹,摧毁证据。

(3) 保全系统。移送之前要封存加证据标签并注明,并用封条封存。

(4) 准备系统。断开硬盘的数据线,打开封条,启动系统。

(5) 检查系统。进入 BIOS setup,检查系统当前日期和时间并记录,以便为后面的证据加文件时间戳。

(6) 为调查准备系统。改变启动顺序,从软驱、光驱或干净的硬盘启动,关机。

(7) 连接目标介质。将取证的驱动器装入作为目标盘和启动盘。关闭系统,连接原始硬盘。

(8) 复制介质。再次启动系统,从原始盘向取证盘复制数据。

(9) 保全证据。将系统中所有驱动器拆下,放到一个防静电的袋中,用证据带封存,在带上签名并注明封存日期,放在安全的地方。

思 考 题

1. 简述 Unix 下的应急响应方法。
2. 应急响应的任务和目标有哪些?
3. CERT/CC 主要提供哪些基本服务?
4. 应急响应主要有哪几个阶段?
5. 简述 Windows 下的应急响应方法。
6. 计算机犯罪取证的流程是什么?

第13章 计算机常见安全故障诊断与排除

在使用计算机的时候，常常会遇到一些与安全相关的问题或故障，从而影响对计算机的使用，因此这些安全故障诊断与排除就显得尤为重要了。本章从常用的计算机命令入手，介绍怎样采用一些DOS命令来对信息系统常见的安全故障进行诊断与排除方法，最后还介绍了一些Windows操作系统下常见的安全故障与排除方法。

13.1 常用网络命令

Windows是从简单的DOS字符界面发展过来的。虽然平时在使用Windows操作系统的时候，主要是对图形界面进行操作，但是DOS命令仍然非常有用，特别是在计算机安全故障诊断与排除过程中，这些命令就显得更为重要了。下面介绍这些命令的作用，同时学习如何使用这些命令的技巧。

13.1.1 ping命令

ping是个使用频率极高的命令，用于确定本地主机是否能与另一台主机交换(发送与接收)数据报。根据返回的信息，就可以推断TCP/IP参数是否设置得正确以及运行是否正常。需要注意的是，成功地与另一台主机进行一次或两次数据报交换并不表示TCP/IP配置就是正确的，必须执行大量的本地主机与远程主机的数据报交换，才能确信TCP/IP的正确性。

简单地说，ping就是一个测试程序，如果ping运行正确，大体上就可以排除网络访问层、网卡、MODEM的输入输出线路、电缆和路由器等存在的故障，从而减小了问题的范围。但由于可以自定义所发数据报的大小及无休止的高速发送，ping也被某些别有用心的人作为DDoS的工具。例如，许多大型的网站就是被黑客利用数百台可以高速接入互联网的计算机连续发送大量ping数据报而瘫痪的。

按照缺省设置，Windows上运行的ping命令发送4个ICMP(网间控制报文协议)回送请求，每个32 B数据，如果一切正常，应能得到4个回送应答。ping能够以ms为单位显示发送回送请求到返回回送应答之间的时间量。如果应答时间短,表示数据报不必通过太多的路由器或网络连接速度比较快。ping 还能显示 TTL(Time To Live,存在时间)值,可以通过 TTL 值推算一下数据包已经通过了多少个路由器:源地点 TTL 起始值(就是比返回 TTL 略大的一个 2 的乘方数)减去返回 时 TTL 值。例如,返回 TTL 值为 119,那么可以推算数据报离开源地址的 TTL 起始值为 128,而源地点到目标地点要通过 9 个路由器网段(128—119);如果返回 TTL 值为 246,TTL 起始值就是 256,源地点到目标地点要通过 10 个路由器网段。

1. 通过 ping 检测网络故障的典型次序

正常情况下,当使用 ping 命令来查找问题所在或检验网络运行情况时,需要使用许多 ping 命令,如果所有都运行正确,就可以相信基本的连通性和配置参数没有问题;如果某些 ping 命令出现运行故障,它也可以指明到何处去查找问题。下面就给出一个典型的检测次序及对应的可能故障。

(1) ping 127.0.0.1

这个 ping 命令被送到本地计算机的 IP 软件,该命令永不退出该计算机。如果没有做到这一点,就表示 TCP/IP 的安装或运行存在某些最基本的问题。

(2) ping 本机 IP

这个命令被送到计算机所配置的 IP 地址,计算机始终都应该对该 ping 命令做出应答,如果没有,则表示本地配置或安装存在问题。出现此问题时,局域网用户可以断开网线,然后重新发送该命令。如果网线断开后本命令正确,则表示另一台计算机可能配置了相同的 IP 地址。

(3) ping 局域网内其他 IP

这个命令应该离开使用 ping 命令的这台计算机,经过网卡及网线到达其他计算机,再返回。收到回送应答表明本地网络中的网卡和载体运行正确。但如果收到 0 个回送应答,那么表示子网掩码(进行子网分割时,将 IP 地址的网络部分与主机部分分开的代码)不正确或网卡配置错误或网线有问题。

(4) ping 网关 IP

这个命令如果应答正确,表示局域网中的网关路由器正在运行并能够做出应答。

(5) ping 远程 IP

如果收到 4 个应答,表示成功的使用了默认网关。对于拨号上网用户则表示能够成功的访问因特网(但不排除 ISP 的 DNS 会有问题)。

(6) ping localhost

localhost 是系统的网络保留名,它是 127.0.0.1 的别名,每台计算机都应该能够将该名字转换成该地址。如果没有做到这一点,则表示主机文件(/Windows/host)中存在问题。

(7) ping www.xxx.com(如 www.sina.com.cn 新浪网)

对这个域名执行 ping www.xxx.com 地址,通常是通过 DNS 服务器。如果这里出现故障,则表示 DNS 服务器的 IP 地址配置不正确或 DNS 服务器有故障(对于拨号上网用户,某些 ISP 已经不需要设置 DNS 服务器了)。另外也可以利用该命令实现域名对 IP

地址的转换功能。

如果上面所列出的所有 ping 命令都能正常运行，那么对自己的计算机进行本地和远程通信的功能基本上就可以放心了。但是，这些命令的成功并不表示所有的网络配置都没有问题，例如，某些子网掩码错误就可能无法用这些方法检测到，这时就要想其他方法。

2. ping 命令的常用参数选项

(1) ping IP-t

连续对 IP 地址执行 ping 命令，直到被用户以 Ctrl+C 中断。

(2) ping IP-l 3000

指定 ping 命令中的数据长度为 3 000 B，而不是默认的 32 B。

(3) ping IP-n

执行特定次数的 ping 命令。

13.1.2 ipconfig 命令

ipconfig 实用程序和它的等价图形用户界面——Windows 95/98 中的 WinIPCfg 可用于显示当前的 TCP/IP 配置的设置值。这些信息一般用来检验人工配置的 TCP/IP 设置是否正确。但是，如果计算机和所在的局域网使用了动态主机配置协议(DHCP)，这个程序所显示的信息也许更加实用。这时，ipconfig 可以了解自己的计算机是否成功的租用到一个 IP 地址，如果租用到则可以了解它目前分配到的是什么地址。了解计算机当前的 IP 地址、子网掩码和默认网关实际上是进行测试和故障分析的必要项目。ipconfig 最常用的参数如下：

(1) ipconfig

当使用 ipconfig 时不带任何参数选项，那么它为每个已经配置了的接口显示 IP 地址、子网掩码和默认网关值。

(2) ipconfig /all

当使用 all 选项时，ipconfig 能为 DNS 和 WINS 服务器显示它已配置且所要使用的附加信息(如 IP 地址等)，并且显示内置于本地网卡中的物理地址(MAC)。如果 IP 地址是从 DHCP 服务器租用的，ipconfig 将显示 DHCP 服务器的 IP 地址和租用地址预计失效的日期。

(3) ipconfig /release 和 ipconfig /renew

这是两个附加选项，只能在向 DHCP 服务器租用其 IP 地址的计算机上起作用。如果输入 ipconfig/release，那么所有接口的租用 IP 地址就重新交付给 DHCP 服务器(归还 IP 地址)。如果输入 ipconfig/renew，那么本地计算机便设法与 DHCP 服务器取得联系，并租用一个 IP 地址。大多数情况下网卡将被重新赋予和以前所赋予的相同的 IP 地址。

下面的范例是 ipconfig/all 命令输出，该计算机配置成使用 DHCP 服务器动态配置 TCP/IP，并使用 WINS 和 DNS 服务器解析名称。

```
Windows 2000 IP Configuration
Node Type. . . . . . . . . : Hybrid
```

```
IP Routing Enabled. . . . . : No
WINS Proxy Enabled. . . . . : No
Ethernet adapter Local Area Connection:
Host Name. . . . . . . . . : corp1.microsoft.com
DNS Servers . . . . . . . . : 10.1.0.200
Description. . . . . . . . : 3Com 3C90x Ethernet Adapter
Physical Address. . . . . . : 00-60-08-3E-46-07
DHCP Enabled. . . . . . . . : Yes
Autoconfiguration Enabled. : Yes
IP Address. . . . . . . . . : 192.168.0.112
Subnet Mask. . . . . . . . : 255.255.0.0
Default Gateway. . . . . . : 192.168.0.1
DHCP Server. . . . . . . . : 10.1.0.50
Primary WINS Server. . . . : 10.1.0.101
Secondary WINS Server. . . : 10.1.0.102
Lease Obtained. . . . . . . : Wednesday, September 02, 1998 10：32：13 AM
Lease Expires. . . . . . . : Friday, September 18, 1998 10：32：13 AM
```

如果使用的是 Windows 95/98,那么应该更习惯使用 winipcfg 而不是 ipconfig,因为它是一个图形用户界面,而且所显示的信息与 ipconfig 相同,并且也提供发布和更新动态 IP 地址的选项。

13.1.3 netstat 命令

netstat 用于显示与 IP、TCP、UDP 和 ICMP 协议相关的统计数据,一般用于检验本机各端口的网络连接情况。

如果计算机有时候接受到的数据报会导致出错数据删除或故障,不必感到奇怪,TCP/IP 可以容许这些类型的错误,并能够自动重发数据报。但如果累计的出错情况数目占到所接收的 IP 数据报相当大的百分比,或者它的数目正迅速增加,那么就应该使用 netstat 查一查为什么会出现这些情况了。

1. netstat 的一些常用参数

- netstat-s

本选项能够按照各个协议分别显示其统计数据。如果应用程序(如 Web 浏览器)运行速度比较慢,或者不能显示 Web 页之类的数据,那么就可以用本选项来查看一下所显示的信息。需要仔细查看统计数据的各行,找到出错的关键字,进而确定问题所在。

- netstat-e

本选项用于显示关于以太网的统计数据。它列出的项目包括传送的数据报的总字节数、错误数、删除数、数据报的数量和广播的数量。这些统计数据既有发送的数据报数量,也有接收的数据报数量。这个选项可以用来统计一些基本的网络流量。

• netstat-r

本选项可以显示关于路由表的信息，类似于后面所讲使用 route print 命令时看到的信息。除了显示有效路由外，还显示当前有效的连接。

• netstat-a

本选项显示一个所有的有效连接信息列表，包括已建立的连接(ESTABLISHED)，也包括监听连接请求(LISTENING)的那些连接。

• netstat-n

显示所有已建立的有效连接。

下面是 netstat 的输出示例：

```
C:\>netstat-e
Interface Statistics
Received          Sent
Bytes                     3995837940     47224622
Unicast packets           120099         131015
Non-unicast packets       7579544        3823
Discards                  0              0
Errors                    0              0
Unknown protocols         363054211
C:\>netstat-a
Active Connections
Proto Local Address        Foreign Address               State
TCP   CORP1:1572           172.16.48.10:nbsession        ESTABLISHED
TCP   CORP1:1589           172.16.48.10:nbsession        ESTABLISHED
TCP   CORP1:1606           172.16.105.245:nbsession      ESTABLISHED
TCP   CORP1:1632           172.16.48.213:nbsession       ESTABLISHED
TCP   CORP1:1659           172.16.48.169:nbsession       ESTABLISHED
TCP   CORP1:1714           172.16.48.203:nbsession       ESTABLISHED
TCP   CORP1:1719           172.16.48.36:nbsession        ESTABLISHED
TCP   CORP1:1241           172.16.48.101:nbsession       ESTABLISHED
UDP   CORP1:1025           *:*
UDP   CORP1:snmp           *:*
UDP   CORP1:nbname         *:*
UDP   CORP1:nbdatagram*:*
UDP   CORP1:nbname         *:*
UDP   CORP1:nbdatagram*:*
C:\>netstat-s
IP Statistics
Packets Received                    = 5378528
```

```
Received Header Errors                  = 738854
Received Address Errors                 = 23150
Datagrams Forwarded                     = 0
Unknown Protocols Received              = 0
Received Packets Discarded              = 0
Received Packets Delivered              = 4616524
Output Requests                         = 132702
Routing Discards                        = 157
Discarded Output Packets                = 0
Output Packet No Route                  = 0
Reassembly Required                     = 0
Reassembly Successful                   = 0
Reassembly Failures                     =
Datagrams Successfully Fragmented       = 0
Datagrams Failing Fragmentation         = 0
Fragments Created                       = 0
ICMP Statistics
Received   Sent
Messages                      693          4
Errors                        0            0
Destination Unreachable       685          0
Time Exceeded                 0            0
Parameter Problems            0            0
Source Quenches               0            0
Redirects                     0            0
Echoes                        4            0
Echo Replies                  0            4
Timestamps                    0            0
Timestamp Replies             0            0
Address Masks                 0            0
Address Mask Replies          0            0
TCP Statistics
Active Opens                            = 597
Passive Opens                           = 135
Failed Connection Attempts              = 107
Reset Connections                       = 91
Current Connections                     = 8
Segments Received                       = 106770
```

```
Segments Sent                    = 118431
Segments Retransmitted           = 461
UDP Statistics
Datagrams Received               = 4157136
No Ports                         = 351928
Receive Errors                   = 2
Datagrams Sent                   = 13809
```

2. netstat 的妙用

经常上网的人一般都使用 ICQ 的，不知道有没有被一些讨厌的人骚扰，想投诉却又不知从和下手？其实，只要知道对方的 IP，就可以向他所属的 ISP 投诉了。但怎样才能通过 ICQ 知道对方的 IP 呢？如果对方在设置 ICQ 时选择了不显示 IP 地址，那就无法在信息栏中看到。其实，只要通过 netstat 就可以很方便的做到这一点：当他通过 ICQ 或其他的工具相连时(如给他发一条 ICQ 信息或他发一条信息)，立刻在 DOS 命令提示符下输入 netstat-n 或 netstat-a 就可以看到对方上网时所用的 IP 或 ISP 域名了，甚至连所用 Port 都完全暴露了。当然，看对方的 IP 还可以使用 Sniffer 等软件。

13.1.4 arp 命令

arp 是地址转换协议的意思，它也是一个重要的命令，用于确定对应 IP 地址的网卡物理地址。用 arp 命令，能够查看本地计算机或另一台计算机的 arp 高速缓存中的当前内容。此外，使用 arp 命令，也可以用人工方式输入静态的网卡物理/IP 地址对，可能会使用这种方式为默认网关和本地服务器等常用主机进行这项作，有助于减少网络上的信息量。

按照默认设置，arp 高速缓存中的项目是动态的，每当发送一个指定地点的数据报且高速缓存中不存在当前项目时，arp 会自动添加该项目。一旦高速缓存的项目被输入，它们就已经开始走向失效状态。例如，在 Windows NT/2000 网络中，如果输入项目后不进一步使用，物理/IP 地址对就会在 2 至 10 分钟内失效。因此，如果 arp 高速缓存中项目很少或根本没有时，请不要奇怪，通过另一台计算机或路由器的 ping 命令即可添加。所以，需要通过 arp 命令查看高速缓存中的内容时，请最好先 ping 此台计算机(不能是本机发送 ping 命令)。arp 常用命令参数如下：

(1) arp-a 或 arp-g

用于查看高速缓存中的所有项目。-a 和-g 参数的结果是一样的，多年来-g 一直是 UNIX 平台上用来显示 arp 高速缓存中所有项目的选项，而 Windows 用的是 arp-a(-a 可被视为 all，即全部的意思)，但它也可以接受比较传统的-g 选项。

(2) arp-a IP

如果有多个网卡，那么使用 arp-a 加上接口的 IP 地址，就可以只显示与该接口相关的 arp 缓存项目。

(3) arp-s IP 物理地址

可以向 arp 高速缓存中人工输入一个静态项目。该项目在计算机引导过程中将保持有效状态,或者在出现错误时,人工配置的物理地址将自动更新该项目。

(4) arp-d IP

使用本命令能够人工删除一个静态项目。

例如,在命令提示符下,键入 Arp-a;如果使用过 ping 命令测试并验证从这台计算机到 IP 地址为 10.0.0.99 的主机的连通性,则 arp 缓存显示以下项:

```
Interface:10.0.0.1   on   interface 0x1
Internet Address          Physical Address       Type
10.0.0.99                 00-e0-98-00-7c-dc      dynamic
```

在此例中,缓存项指出位于 10.0.0.99 的远程主机解析成 00-e0-98-00-7c-dc 的媒体访问控制地址,它是在远程计算机的网卡硬件中分配的。媒体访问控制地址是计算机用于与网络上远程 TCP/IP 主机物理通讯的地址。

至此可以用 ipconfig 和 ping 命令来查看自己的网络配置并判断是否正确、可以用 netstat 查看与他人所建立的连接并找出 ICQ 使用者所隐藏的 IP 信息、可以用 arp 查看网卡的 MAC 地址。

13.1.5 net 命令

在操作 Windows 9X/NT/2000/XP/2003 系统的过程中,都会或多或少会遇到这样或那样的问题;特别是网管人员在维护单位的局域网或广域网的时候,如果能掌握一些 Windows 系统的网络命令使用技巧,常常会给工作带来极大的方便,有时能起到事半功倍的效果;本节介绍一些 Net 网络命令在实际操作中的使用技巧,供大家参考。

Net 命令是一个命令行命令,它有很多函数用于实用和核查计算机之间的 NetBIOS 连接,可以查看管理网络环境、服务、用户、登录等信息内容;要想获得 Net 的 HELP 可以(1)在 Windows 下用图形的方式,“开始”→“帮助”→“索引”→输入“Net”;(2)在 COMMAND 下用字符方式:Net/或 Net 或 Net HELP 取得相应的方法的帮助。所有 Net 命令接受选项/yes 和/no(可缩写为/y 和/n)。

下面对 Net 命令的不同参数的使用技巧介绍如下:

1. Net View

作用:显示域列表、计算机列表或指定计算机的共享资源列表。

命令格式:Net view [\computername | /domain[: domainname]]

有关参数说明:

(1) 键入不带参数的 Net view 显示当前域的计算机列表;

(2) \computername 指定要查看其共享资源的计算机;

(3) /domain[: domainname]指定要查看其可用计算机的域。

例如:Net view \GHQ 查看 GHQ 计算机的共享资源列表。

Net view /domain : XYZ 查看 XYZ 域中的机器列表。

2. Net User

作用：添加或更改用户账户或显示用户账户信息。

命令格式：Net user [username [password | *] [options]] [/domain]

有关参数说明：

(1) 键入不带参数的 Net user 查看计算机上的用户账户列表；

(2) username 添加、删除、更改或查看用户账户名；

(3) password 为用户账户分配或更改密码；

(4) 提示输入密码；

(5) /domain 在计算机主域的主域控制器中执行操作。该参数仅在 Windows NT Server 域成员的 Windows NT Workstation 计算机上可用。默认情况下，Windows NT Server 计算机在主域控制器中执行操作。注意：在计算机主域的主域控制器发生该动作。它可能不是登录域。

例如：Net user ghq123 查看用户 GHQ123 的信息。

3. Net Use

作用：连接计算机或断开计算机与共享资源的连接，或显示计算机的连接信息。

命令格式：Net use [devicename | *] [\computername\sharename[\volume]] [password| *][/user:[domainname\]username][[/delete]| [/persistent:{yes | no}]]

有关参数说明：

(1) 键入不带参数的 Net use 列出网络连接；

(2) devicename 指定要连接到的资源名称或要断开的设备名称；

(3) \computername\sharename 服务器及共享资源的名称；

(4) password 访问共享资源的密码；

(5) * 提示键入密码 ；

(6) /user 指定进行连接的另外一个用户；

(7) domainname 指定另一个域 ；

(8) username 指定登录的用户名 ；

(9) /home 将用户连接到其宿主目录；

(10) /delete 取消指定网络连接 ；

(11) /persistent 控制永久网络连接的使用。

例如：Net use F: \GHQ\TEMP 将\GHQ\TEMP 目录建立为 F 盘 Net use F:\GHQ\TEMP /delete 断开连接。

4. Net Time

作用：使计算机的时钟与另一台计算机或域的时间同步。

命令格式：Net time [\computername | /domain[:name]] [/set]

有关参数说明：

(1) \computername 要检查或同步的服务器名；

(2) /domain[:name]指定要与其时间同步的域；

(3) /set 使本计算机时钟与指定计算机或域的时钟同步。

5. Net Start

作用:启动服务,或显示已启动服务的列表。

命令格式:Net start service

6. Net Pause

作用:暂停正在运行的服务。

命令格式:Net pause service

7. Net Continue

作用:重新激活挂起的服务。

命令格式:Net continue service

8. Net Stop

作用:停止 Windows NT/2000/2003 网络服务。

命令格式:Net stop service

下面来介绍上面 4 条命令里服务包含哪些服务:

(1) alerter(警报);

(2) client service for Netware(Netware 客户端服务);

(3) clipbook server(剪贴簿服务器);

(4) computer browser(计算机浏览器);

(5) directory replicator(目录复制器);

(6) ftp publishing service (ftp)(ftp 发行服务);

(7) lpdsvc;

(8) Net logon(网络登录);

(9) Network dde(网络 dde);

(10) Network dde dsdm(网络 dde dsdm);

(11) Network monitor agent(网络监控代理);

(12) ole(对象链接与嵌入);

(13) remote access connection manager(远程访问连接管理器);

(14) remote access isnsap service(远程访问 isnsap 服务);

(15) remote access server(远程访问服务器);

(16) remote procedure call (rpc) locator(远程过程调用定位器);

(17) remote procedure call (rpc) service(远程过程调用服务);

(18) schedule(调度);

(19) server(共享服务);

(20) simple tcp/ip services(简单 TCP/IP 服务);

(21) snmp;

(22) spooler(后台打印程序);

(23) tcp/ip Netbios helper(TCP/IP NETBIOS 辅助工具);

(24) ups;

(25) workstation(工作站);

(26) messenger(信使);

(27) dhcp client。

9. Net Statistics

作用:显示本地工作站或服务器服务的统计记录。

命令格式:Net statistics [workstation | server]

有关参数说明:

(1) 键入不带参数的 Net statistics 列出其统计信息可用的运行服务;

(2) workstation 显示本地工作站服务的统计信息;

(3) server 显示本地服务器服务的统计信息。

例如:Net statistics server | more 显示服务器服务的统计信息。

10. Net Share

作用:创建、删除或显示共享资源。

命令格式:Net share sharename = drive:path [/users:number | /unlimited] [/remark:"text"]

有关参数说明:

(1) 键入不带参数的 Net share 显示本地计算机上所有共享资源的信息;

(2) sharename 是共享资源的网络名称;

(3) drive:path 指定共享目录的绝对路径;

(4) /users:number 设置可同时访问共享资源的最大用户数;

(5) /unlimited 不限制同时访问共享资源的用户数;

(6) /remark:"text "添加关于资源的注释,注释文字用引号引住。

例如:Net share yesky=c:\temp /remark:"my first share"以 yesky 为共享名共享 C:\temp Net share yesky /delete 停止共享 yesky 目录。

11. Net Session

作用:列出或断开本地计算机和与之连接的客户端的会话。

命令格式:Net session [\computername] [/delete]

有关参数说明:

(1) 键入不带参数的 Net session 显示所有与本地计算机的会话的信息;

(2) \computername 标识要列出或断开会话的计算机;

(3) /delete 结束与 \computername 计算机会话并关闭本次会话期间计算机的所有打开文件。如果省略\computername 参数,将取消与本地计算机的所有会话。

例如:Net session \GHQ 要显示计算机名为 GHQ 的客户端会话信息列表。

12. Net Send

作用:向网络的其他用户、计算机或通信名发送消息。

命令格式:Net send {name | * | /domain[:name] | /users} message

有关参数说明:

(1) name 要接收发送消息的用户名、计算机名或通信名;

(2) * 将消息发送到组中所有名称;

(3) /domain[:name]将消息发送到计算机域中的所有名称;

(4) /users 将消息发送到与服务器连接的所有用户;

(5) message 作为消息发送的文本。

例如:Net send /users server will shutdown in 10 minutes. 给所有连接到服务器的用户发送消息。

13. Net Print

作用:显示或控制打印作业及打印队列。

命令格式:Net print [\computername] job# [/hold | /release | /delete]

有关参数说明:

(1) computername 共享打印机队列的计算机名;

(2) sharename 打印队列名称;

(3) job# 在打印机队列中分配给打印作业的标识号;

(4) /hold 使用 job# 时,在打印机队列中使打印作业等待;

(5) /release 释放保留的打印作业;

(6) /delete 从打印机队列中删除打印作业。

例如:Net print \GHQ\HP8000 列出\GHQ 计算机上 HP8000 打印机队列的目录。

14. Net Name

作用:添加或删除消息名(有时也称别名),或显示计算机接收消息的名称列表。

命令格式:Net name [name [/add | /delete]]

有关参数说明:

(1) 键入不带参数的 Net name 列出当前使用的名称;

(2) name 指定接收消息的名称;

(3) /add 将名称添加到计算机中;

(4) /delete 从计算机中删除名称。

15. Net Localgroup

作用:添加、显示或更改本地组。

命令格式:Net localgroup groupname {/add [/comment:"text"] | /delete} [/domain]

有关参数说明:

(1) 键入不带参数的 Net localgroup 显示服务器名称和计算机的本地组名称;

(2) groupname 要添加、扩充或删除的本地组名称;

(3) /comment:"text"为新建或现有组添加注释;

(4) /domain 在当前域的主域控制器中执行操作,否则仅在本地计算机上执行操作;

(5) name [...]列出要添加到本地组或从本地组中删除的一个或多个用户名或组名;

(6) /add 将全局组名或用户名添加到本地组中;

(7) /delete 从本地组中删除组名或用户名。

例如:Net localgroup ggg /add 将名为 ggg 的本地组添加到本地用户账户数据库;

Net localgroup ggg 显示 ggg 本地组中的用户。

16. Net Group

作用：在 Windows NT/2000/2003 Server 域中添加、显示或更改全局组。

命令格式：Net group groupname {/add [/comment:"text"] | /delete} [/domain]

有关参数说明：

(1) 键入不带参数的 Net group 显示服务器名称及服务器的组名称；

(2) groupname 要添加、扩展或删除的组；

(3) /comment:"text"为新建组或现有组添加注释；

(4) /domain 在当前域的主域控制器中执行该操作，否则在本地计算机上执行操作；

(5) username[...]列表显示要添加到组或从组中删除的一个或多个用户；

(6) /add 添加组或在组中添加用户名；

(7) /delete 删除组或从组中删除用户名。

例如：Net group ggg GHQ1 GHQ2 /add 将现有用户账户 GHQ1 和 GHQ2 添加到本地计算机的 ggg 组。

17. Net File

作用：显示某服务器上所有打开的共享文件名及锁定文件数。

命令格式：Net file [id [/close]]

有关参数说明：

(1) 键入不带参数的 Net file 获得服务器上打开文件的列表；

(2) id 文件标识号；

(3) /close 关闭打开的文件并释放锁定记录。

18. Net Config

作用：显示当前运行的可配置服务，或显示并更改某项服务的设置。

命令格式：Net config [service [options]]

有关参数说明：

(1) 键入不带参数的 Net config 显示可配置服务的列表；

(2) service 通过 Net config 命令进行配置的服务(server 或 workstation)；

(3) options 服务的特定选项。

19. Net Computer

作用：从域数据库中添加或删除计算机。

命令格式：Net computer \computername {/add | /del}

有关参数说明：

(1) \computername 指定要添加到域或从域中删除的计算机；

(2) /add 将指定计算机添加到域；

(3) /del 将指定计算机从域中删除。

例如：Net computer \js /add 将计算机 js 添加到登录域。

20. Net Accounts

作用：更新用户账户数据库、更改密码及所有账户的登录要求。

命令格 式：Net accounts [/forcelogoff:{minutes | no}] [/minpwlen:length]

[/maxpwage:{days | unlimited}][/minpwage:days][/uniquepw:number][/domain]

有关参数说明:

(1) 键入不带参数的 Net accounts 显示当前密码设置、登录时限及域信息;

(2) /forcelogoff:{minutes | no}设置当用户账户或有效登录时间过期时;

(3) /minpwlen:length 设置用户账户密码的最少字符数;

(4) /maxpwage:{days | unlimited}设置用户账户密码有效的最大天数;

(5) /minpwage:days 设置用户必须保持原密码的最小天数;

(6) /uniquepw:number 要求用户更改密码时,必须在经过 number 次后才能重复使用与之相同的密码;

(7) /domain 在当前域的主域控制器上执行该操作;

(8) /sync 当用于主域控制器时,该命令使域中所有备份域控制器同步。

例如:Net accounts /minpwlen:8 将用户账户密码的最少字符数设置为 8。

当然 Net 命令具体在 Win98/NT/2000/XP/2003 环境中使用,可能会存在一些差异,请大家参考有关的资料说明。

下面是一个将 Net、ping 和 ipconfig 命令组合起来使用,测试局域网的连通性,判定远程计算机 Microsoft 网络服务的文件和打印机有无共享的实际例子。仅供读者在学习操作 Net 网络命令做参考,具体步骤如下:

(1) 首先要使用 ping 命令测试 TCP/IP 的连接性,然后用 ipconfig 命令的显示,以确保网卡不处于"媒体已断开"状态。

(2) 打开 DOS 命令提示符,然后使用 IP 地址对所需主机进行 ping 命令测试。

如果 ping 命令失败,出现"Request timed out"消息,请验证主机 IP 地址是否正确,主机是否运行,以及该计算机和主机之间的所有网关(路由器)是否运行。

(3) 要使用 ping 命令测试主机名称解析功能,请使用主机名称 ping 所需的主机。

如果 ping 命令失败,出现"Unable to resolve target system name"消息,请验证主机名称是否正确,以及主机名称是否能被 DNS 服务器解析。

要使用 Net view 命令测试 TCP/IP 连接,请打开命令提示符,然后键入 Net view\计算机名称。Net view 命令将通过建立临时连接,列出使用 Windows XP/NT/2000/2003 的计算机上的文件和打印共享。如果在指定的计算机上没有文件或打印共享,Net view 命令将显示"There are no entries in the list"消息。

如果 Net view 命令失败,出现"System error 53 has occurred"消息,请验证计算机名称是否正确,使用 Windows XP/NT/2000/2003 的计算机是否运行,以及该计算机和使用 Windows XP/NT/2000/2003 的计算机之间的所有网关(路由器)是否运行。

如果 Net view 命令失败,出现"System error 5 has occurred. Access is denied."消息,请验证登录所用的账户是否具有查看远程计算机上共享的权限。

要进一步解决连通性问题,请执行以下操作:

(1) 使用 ping 命令 ping 计算机名称。

如果 ping 命令失败,出现"Unable to resolve target system name"消息,则计算机名称无法解析为 IP 地址。

(2) 使用 Net view 命令和运行 Windows XP/NT/2000/2003 的计算机的 IP 地址，如下所示：

Net view \IP 地址；如果 Net view 命令成功，那么计算机名称 解析成错误的 IP 地址。

如果 Net view 命令失败，出现"System error 53 has occurred"消息，则说明远程计算机可能没有运行 Microsoft 网络服务的文件和打印机共享。

13.1.6 at 命令

at 命令是 Windows 系列操作系统中内置的命令，它也可以媲美 Windows 中的"计划任务"，而且在计划的安排、任务的管理、工作事务的处理方面，at 命令具有更强大更神通的功能。at 命令可在指定时间和日期、在指定计算机上运行命令和程序。

可以在"开始"→"运行"出现的 DOS 提示符下面输入 at 命令，下面就来看看 at 命令的一些实例分析。

1. 定时关机

命令：at 21：00 ShutDown-S-T30

该命令运行后，到了 21：00 点，计算机会出现"系统关机"对话框，并默认 30 s 延时自动关机。

2. 定时提醒

命令：at 12：00 Net Send 10.10.36.122"与朋友约会的时间到了，快点准备出发吧！"

其中 Net Send 是 Windows 内部程序，可以发送消息到网络上的其他用户、计算机。10.10.36.122 是本机计算机的 IP 地址。这个功能在 Windows 中也称作"信使服务"。

3. 自动运行批处理文件

如果公司的数据很重要，要求在指定的日期/时间进行备份，那么运行：

命令：at 1：00AM /Every Saturday My_BackUp. bat

这样，在每个 Saturday(周六)的早上 1：00，计算机定时启动 My_BackUp. bat 批处理文件。My_BackUp. bat 是一个自行编制的批处理文件，它包含能对系统进行数据完全备份的多条命令。

4. 取消已经安排的计划

命令：at 5 /delete

有时候，已经安排好的计划可能临时变动，这样可以及时地用上述命令删除该计划(5 为指派给已计划命令的标识编号)，当然，删除该计划后，可以重新安排。

at 命令是一个 windows 2000/xp/nt 当中的一个命令，然而在入侵当中是一个不可缺少的一项服务，它可以让程序中有一个程序在一定的时间里自动执行，从而操控计算机。下面说一下它的用法。

at 命令安排在特定日期和时间运行命令和程序。要使用 at 命令，计划服务必须已在运行中。下面是使用这项功能的解释：

at [\\computername] [[id] [/DELETE] | /DELETE [/YES]]

at [\\computername] time [/INTERACTIVE]

[/EVERY:date[,...] | /NEXT:date[,...]] "command"

(1) \\computername　指定远程计算机。如果省略这个参数，会计划在本地计算机上运行命令。

(2) id　指定给已计划命令的识别号。

(3) /delete　删除某个已计划的命令。如果省略 id，计算机上所有已计划的命令都会被删除。

(4) /yes　不需要进一步确认时，跟删除所有作业的命令一起使用。

(5) time　指定运行命令的时间。

(6) /interactive　允许作业在运行时，与当时登录的用户桌面进行交互。

(7) /every:date[,...]每个月或每个星期在指定的日期运行命令。如果省略日期，则默认为在每月的本日运行。

(8) /next:date[,...] 指定在下一个指定日期(如，下周四)运行命令。如果省略日期，则默认为在每月的本日运行。

(9) "command"　准备运行的 Windows NT 命令或批处理程序。

下面给出几个关于 at 命令的实际用法。在下面的示例中假设 viliosn.exe 是一个程序。

(1) 如果想让启动对方在指定时间里的某个程序，可在命令行里输入

at \\127.0.0.1 23:00 c:\winnt\system32/viliosn.exe

提示：新加了一份作业，作业 id=1。

(2) 让对方的计算机在每周一和周二的 23:00 启动某个程序。那么可以输入

at \\127.0.0.1 23:00 /every:一,二 c:\winnt\system32\viliosn.exe

提示：新加了一份作业，作业 id=2。

(3) 删除对方计算机上作业 id 为 1 的任务

at \\127.0.0.1 1 /delete /yes

(4) 删除所有的任务

at \\127.0.0.1 /delete

提示："是否要删除所有的操作?"然后输入"Y"。

13.1.7 tracert 命令

如果有网络连通性问题，可以使用 tracert 命令来检查到达的目标 IP 地址的路径并记录结果。tracert 命令显示用于将数据包从计算机传递到目标位置的一组 IP 路由器，以及每个跃点所需的时间。如果数据包不能传递到目标，tracert 命令将显示成功转发数据包的最后一个路由器。当数据报从计算机经过多个网关传送到目的地时，tracert 命令可以用来跟踪数据报使用的路由(路径)。该实用程序跟踪的路径是源计算机到目的地的一条路径，不能保证或认为数据报总遵循这个路径。如果配置使用 DNS，那么常常会从所产生的应答中得到城市、地址和常见通信公司的名字。tracert 是一个运行得比较慢的

命令(如果指定的目标地址比较远),每个路由器大约需要给它 15 s。

tracert 的使用很简单,只需要在 tracert 后面跟一个 IP 地址或 URL,tracert 会进行相应的域名转换的。

tracert 最常见的用法:

tracert IP address[-d] 该命令返回到达 IP 地址所经过的路由器列表。通过使用-d 选项,将更快地显示路由器路径,因为 tracert 不会尝试解析路径中路由器的名称。

tracert 一般用来检测故障的位置,可以用 tracert IP 检测出在哪个环节上出了问题。

13.1.8 route 命令

大多数主机一般都是驻留在只连接一台路由器的网段上。由于只有一台路由器,因此不存在使用哪一台路由器将数据报发表到远程计算机上去的问题,该路由器的 IP 地址可作为该网段上所有计算机的默认网关来输入。

但是,当网络上拥有两个或多个路由器时,就不一定想只依赖默认网关了。实际上可能想让某些远程 IP 地址通过某个特定的路由器来传递,而其他的远程 IP 则通过另一个路由器来传递。

在这种情况下,需要相应的路由信息,这些信息储存在路由表中,每个主机和每个路由器都配有自己独一无二的路由表。大多数路由器使用专门的路由协议来交换和动态更新路由器之间的路由表。但在有些情况下,必须人工将项目添加到路由器和主机上的路由表中。route 就是用来显示、人工添加和修改路由表项目的。一般使用 route 命令的参数:

(1) route print

本命令用于显示路由表中的当前项目,在单路由器网段上的输出;由于用 IP 地址配置了网卡,因此所有的这些项目都是自动添加的。

(2) route add

使用本命令,可以将信路由项目添加给路由表。例如,如果要设定一个到目的网络 209.98.32.33 的路由,其间要经过 5 个路由器网段,首先要经过本地网络上的一个路由器,IP 为 202.96.123.5,子网掩码为 255.255.255.224,那么 应该输入以下命令:

```
route add 209.98.32.33 mask 255.255.255.224 202.96.123.5 metric 5
```

(3) route change

可以使用本命令来修改数据的传输路由,不过,不能使用本命令来改变数据的目的地。下面这个例子可以将数据的路由改到另一个路由上,它采用一条包含 3 个网段的更直的路径:

```
route add 209.98.32.33 mask 255.255.255.224 202.96.123.250 metric 3
```

(4) route delete

使用本命令可以从路由表中删除路由。例如:

```
route delete 209.98.32.33
```

13.1.9 nbtstat 命令

使用 nbtstat 命令释放和刷新 NetBIOS 名称。NBTStat(TCP/IP 上的 NetBIOS 统计数据)实用程序用于提供关于关于 NetBIOS 的统计数据。运用 NetBIOS,可以查看本地计算机或远程计算机上的 NetBIOS 名字表格。Nbstat 命令常用的参数:

(1) nbtstat-n

显示寄存在本地的名字和服务程序。

(2) nbtstat-c

本命令用于显示 NetBIOS 名字高速缓存的内容。NetBIOS 名字高速缓存用于存放与本计算机最近进行通信的其他计算机的 NetBIOS 名字和 IP 地址对。

(3) nbtstat-r

本命令用于清除和重新加载 NetBIOS 名字高速缓存。

(4) nbtstat-a IP

通过 IP 显示另一台计算机的物理地址和名字列表,所显示的内容就像对方计算机自己运行 nbtstat-n 一样。

(5) nbtstat-s IP

显示实用其 IP 地址的另一台计算机的 NetBIOS 连接表。

例如:在命令提示符下,键入 nbtstat-RR 释放和刷新过程的进度以命令行输出的形式显示。该信息表明当前注册在该计算机的 WINS 中的所有本地 NetBIOS 名称是否已经使用 WINS 服务器释放和续订了注册。

13.2 Runauto 病毒文件夹不能删除问题

经常在计算机硬盘里会发现名为“runauto..”的一个文件夹,在正常模式或安全模式下都无法删除,粉碎也不可以。

其实这个文件夹是在 MS-DOS 下建立的,其真实名称应为“runauto...\”,最后面多了一个反斜杠“\”。

删除办法:以 D 盘为例,在桌面点击“开始”→“运行”,输入“cmd”,再输入“D:”输入“rd/s/q runauto...\”。就可以了。

13.3 Windows XP 内存出错的排除

在使用 Windows XP 计算机里面应用程序的时候,经常会出现程序错误或内存错误等现象。例如,有时玩联众游戏的时候,会出现如图 13.1 所示的界面。再如,有时在

Windows XP 下使用金山词霸 2005 的时候，会出现内容错误。

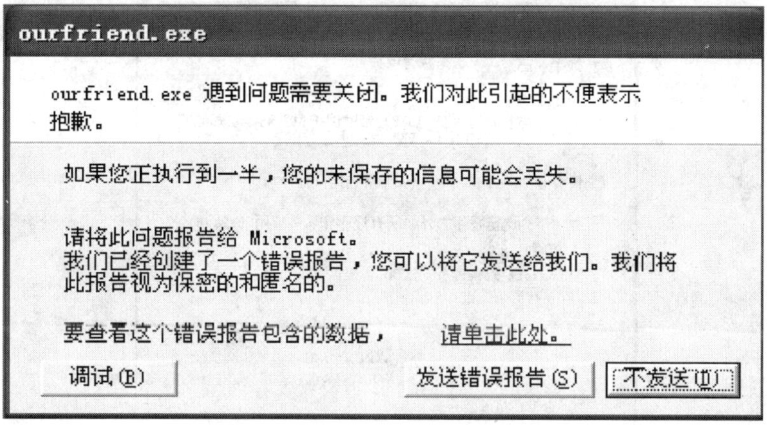

图 13.1　程序出错

出现这种错误的时候，有可能是 Windows XP 下的“内存 DEP 保护”所引起的。Windows XP 下的内存 DEP 保护是为了防止内存缓冲溢出等现象而设置的。

解决办法为在桌面上点击“开始”，右击“我的电脑”，选择“属性”。这时出现如图13.2所示的界面。

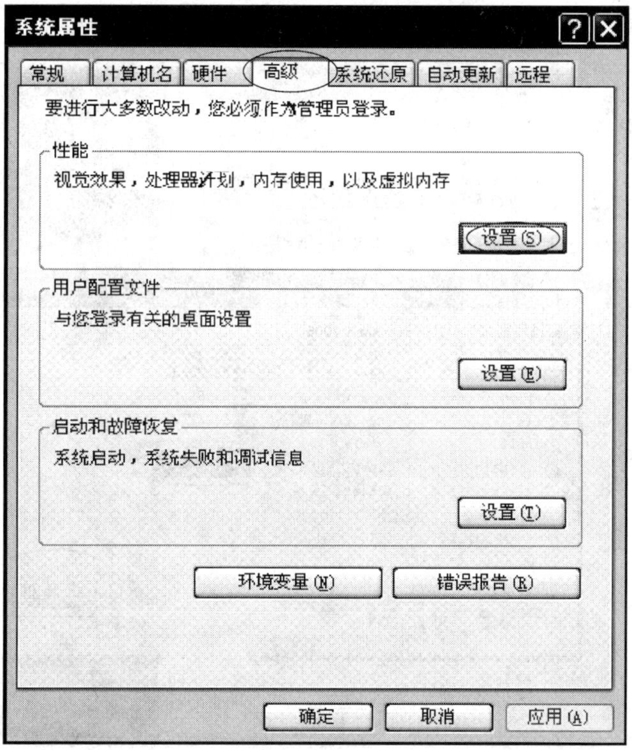

图 13.2　系统属性

选择高级标签,再单击“设置”。出现如图 13.3 所示的界面。

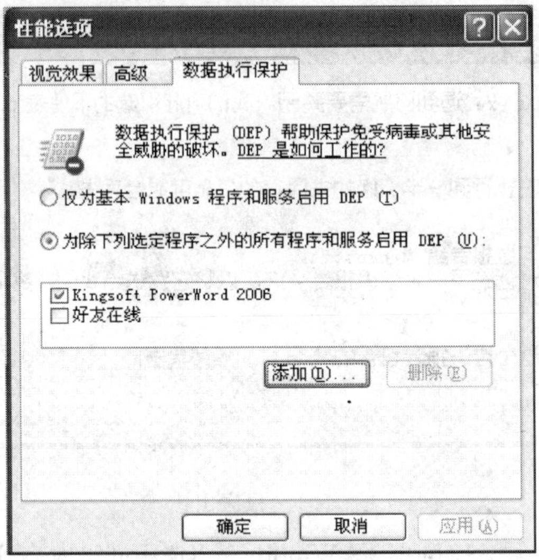

图 13.3　数据执行保护

在这个界面里单击“添加”,只要将相应问题程序的可执行文件加到 DEP 列表里面就行了。如图 13.4 所示的界面,是将“金山词霸”的可执行文件加 DEP 里面。至此,问题就解决了,以后这个程序应该不会再出现运行问题了。

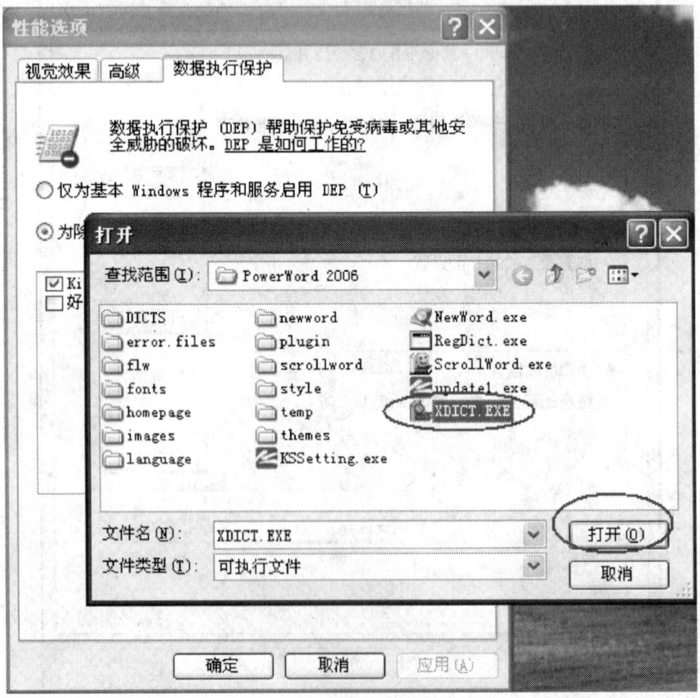

图 13.4　添加文件到 DEP

13.4 IE 5.0 不能升级到 IE 6.0 问题

在使用 Windows 2000 操作系统下某些软件的时候，经常系统提示需要 IE 6.0 以上版本的浏览器才能正常运行。而许多时候，在安全 IE 6.0 的时候，安装不上。系统提示“以前的安装有尚未完成的操作，需要重新启动。建议在运行 Internet Explorer 安装程序之前重新启动计算机。现在安装程序将关闭。”如图 13.5 所示。但是当重新启动计算机以后，系统依然会出现如图 13.5 所示的界面，IE 6.0 依然无法安装。

图 13.5 IE 6.0 不能正常安装

这个问题的解决分两步，第一步打开“控制面版”→“管理工具”→“服务”，找到“Windows Installer”服务禁用它，如图 13.6 所示。

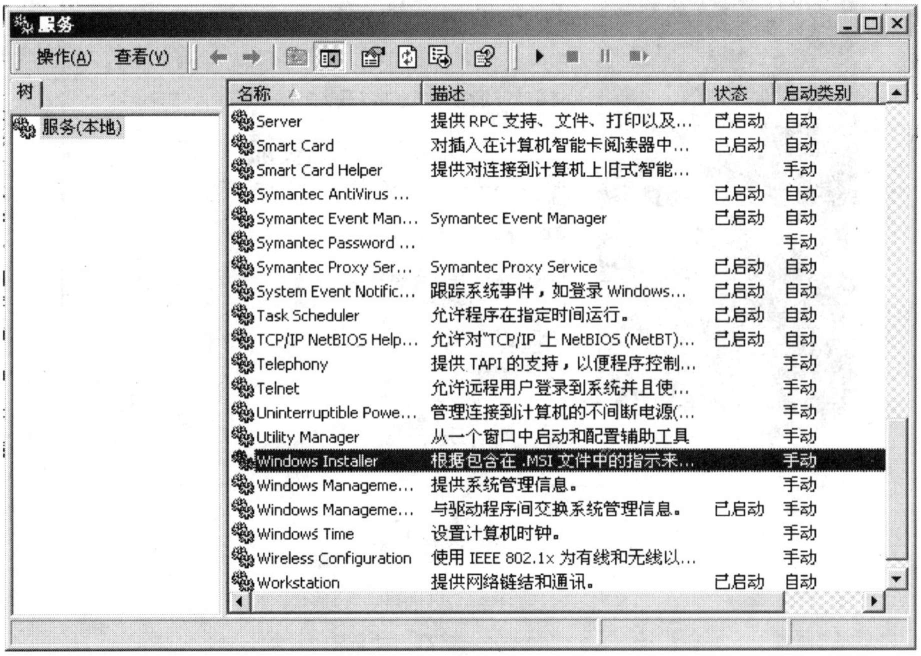

图 13.6 禁用 Windows Installer

第二步，删除注册表 HKEY_LOCAL_MACHINE\SYSTEM\ControlSet001\Control\Session Manager 下的 PendingFileRenameOperations 项。如图 13.7 所示。

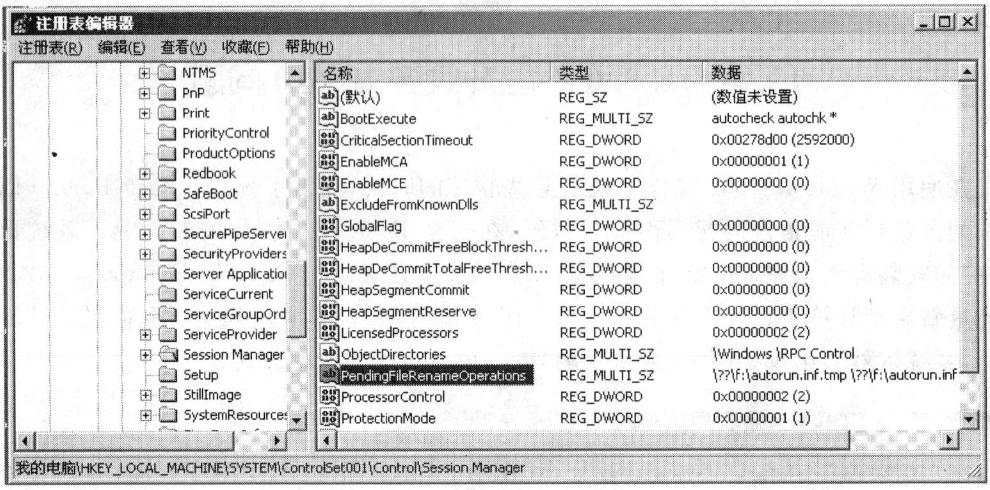

图 13.7　删除 PendingFileRenameOperations 项

重新启动计算机,再安装 IE 6.0 就会出现如图 13.8 所示的界面,表示可以安装了。安装完后,重新启动计算机,就能使用 IE 6.0 了,至此问题就解决了。

图 13.8　安装 IE6.0

13.5　U 盘病毒及其解决方案

U 盘是目前使用最为广泛的移动存储器,它有体积小、重量轻、容量大、携带方便等优点。但是目前 U 盘也是传播病毒的主要途径之一,有人统计发现 U 盘有病毒的比例高达90%。本节来讲述U盘病毒及其解决方案。

13.5.1 autorun.inf 文件病毒及解决方案

1. 问题分析

目前几乎所有U盘类的病毒的最大特征都是利用autorun.inf这个来入侵的，而事实上autorun.inf相当于一个传染途径，经过这个途径入侵的病毒，理论上是“任何”病毒。因此大家可以在网上发现，当搜索到autorun.inf之后，附带的病毒往往有不同的名称，正是这个道理。就好像身体上有个创口，有可能进入的细菌就不止一种，在不同环境下进入的细菌可以不同，甚至可能是AIDS病毒。这个autorun.inf就是窗口。因此目前无法单纯说U盘病毒就是什么病毒，也因此导致在查杀上会存在混乱，因为U盘病毒不止一种或几十种，详细的数字应该没人去统计。

autorun.inf这个文件是很早就存在的，在Windows XP以前的其他windows系统(如Windows 98/2000等)，需要让光盘、U盘插入到机器自动运行的话，就要靠autorun.inf。这个文件是保存在驱动器的根目录下的，是一个隐藏的系统文件。它保存着一些简单的命令，告诉系统这个新插入的光盘或硬件应该自动启动什么程序，也可以告诉系统让系统将它的盘符图标改成某个路径下的icon。所以，这本身是一个常规且合理的文件和技术。

但上面反复提到“自动”就是关键。病毒作者可以利用这一点，让移动设备在用户系统完全不知情的情况下，“自动”执行任何命令或应用程序。因此，通过这个autorun.inf文件，可以放置正常的启动程序，如经常使用的各种教学光盘，一插入计算机就自动安装或自动演示；也可以通过此种方式，放置任何可能的恶意内容。

有了启动方法，病毒作者肯定需要将病毒主体放进光盘或者U盘里才能让其运行的，但是堂而皇之的放在U盘里肯定会被用户发现而删除(即使不知道其是病毒，不是自己的不知名文件也会删除吧，所以，病毒肯定会隐藏起来存放在一般情况下看不到的地方。

一种是假回收站方式：病毒通常在U盘中建立一个“RECYCLER”的文件夹，然后把病毒藏在里面很深的目录中，一般人以为这就是回收站了，而事实上，回收站的名称是“Recycled”，而且两者的图标是不同的，如图13.9所示。

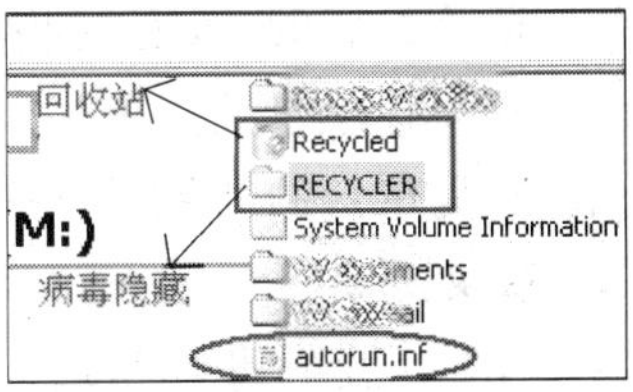

图13.9 RECYCLER文件

另一种是假冒杀毒软件方式：病毒在U盘中放置一个程序，改名“RavMonE.exe”，这很容易让人以为是瑞星的程序，其实是病毒。

也许有人会问，为什么在有的计算机上能看到上面的文件，有的计算机看不到呢？这是因为通常的系统安装，默认是会隐藏一些文件夹和文件的，病毒就会将自己改造成系统文件夹、隐藏文件等，一般情况下当然就看不到了。可以按照下面的方法看到隐藏的文件。打开“我的电脑”，在菜单栏上单击“工具”→“文件夹选项”，出现一个对话框，选择“查看"标签,然后将"隐藏受保护的操作系统文件(推荐)"选项前面的"√"去掉,再将"显示所有文件和文件夹"选项选上,如图 13.10 所示。

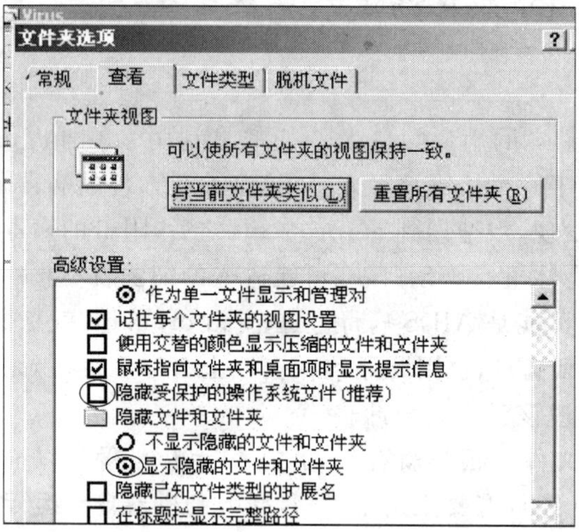

图 13.10　RECYCLER 文件

如果 U 盘带有上述病毒,还会有一个现象,当单击 U 盘时,会多了一些东西,如图 13.11 所示。

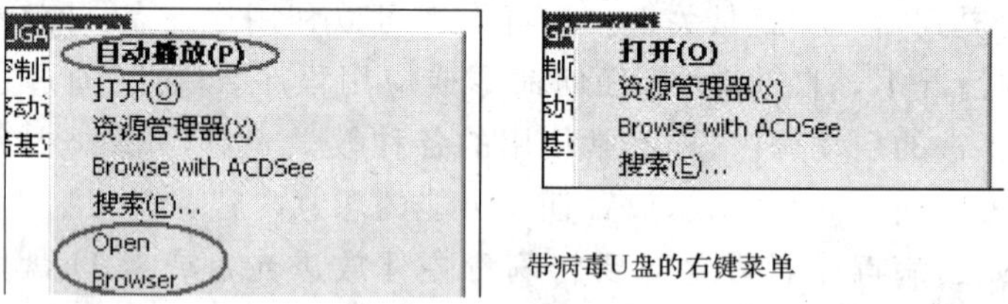

图 13.11　U 盘属性

图 13.11 左侧是带病毒的 U 盘,右键菜单多了"自动播放"、"Open"、"Browser"等项目;右侧是杀毒后的,没有这些项目。

这里注明一下:凡是带 autorun. inf 的移动媒体,包括光盘,右键都会出现"自动播放"的菜单,这是正常的功能。

2. 解决方案

目前的 U 盘病毒都是通过 autorun. inf 来进入的。autorun. inf 本身是正常的文件,但可被利用作其他恶意的操作。不同的人可通过 autorun. inf 放置不同的病毒,因此无法简单说是什么病毒,可以是一切病毒、木马、黑客程序等。一般情况下,U 盘不应该有 autorun. inf 文件。对于 autorun. inf 病毒的解决方案如下:

(1) 如果发现 U 盘有 autorun. inf,且不是你自己创建生成的,请删除它,并且尽快查毒。

(2) 如果有貌似回收站、瑞星文件等文件,而你又能通过对比硬盘上的回收站名称、正版的瑞星名称,同时确认该内容不是你创建生成的,请删除它。

(3) 一般建议插入U盘时,不要双击U盘,另外有一个更好的技巧:插入U盘前,按住Shift键,然后插入U盘,建议按键的时间长一点。插入后,用右键点击U盘,选择“资源管理器”来打开U盘。

13.5.2 RavMon.exe病毒及解决办法

1. 病毒描述

经常有人发现自己的U盘有病毒,杀毒软件报出一个RavMonE.exe病毒文件,这个也是经典的一个U盘病毒了。

RavmonE.exe病毒运行后,会出现同名的一个进程,该程序貌似没有显著危害性。程序大小为3.5 M,一般会占用19～20 M左右资源,在Windows目录内隐藏为系统文件,且自动添加到系统启动项内。其生成的Log文件常含有不同的六位数字,估计可能有窃取账户密码之类的危害吧。

2. 解决方法:

(1) 打开任务管理器(ctrl+alt+del或者任务栏右键点击也可),终止所有ravmone.exe的进程。

(2) 进入c:\windows,删除其中的ravmone.exe。

(3) 打开系统注册表依次点开HK_Loacal_Machine\software\Microsoft\windows\CurrentVersion\Run\,在右边可以看到一项数值是c:\windows\ravmone.exe的,把它删除掉。

(4) 完成后,重新启动计算机,病毒就被清除了。

13.5.3 杀掉U盘中的病毒的方法

对移动存储设备,如果中毒,则把文件夹选项中“隐藏受保护的操作系统文件”删掉,选择“显示所有文件和文件夹”,单击“确定”,然后在移动存储设备中会看到如下几个文件,autorun.inf,msvcr71.dl, ravmone.exe,都删除掉,还有一个后缀为tmp的文件,也可以删除,完成后,病毒就清除了。

但对于上面的处理U盘中的病毒的方法,对于autorun.inf,msvcr71.dl,RavMonE.exe这3个文件,直接删可能会删不掉。要到进程管理器那里,先结束RavMonE.exe进程,再删除这3个文件。如果还不行就到安全模式里删,这样就一定行。

思 考 题

1. 如何使用ping命令判断对方操作系统的类型?
2. 如何通过ping命令判断对方计算机到自己的计算机经过了几个路由器网段?
3. 如何用ipconfig命令显示自己计算机的IP地址?

4. 如何使用 netstat 命令查看自己计算机的连接情况?
5. 如何使用 arp 命令查看高速缓存中的所有项目?
6. 如何使用 Net 命令查看自己计算机中的共享?
7. 如何使用 tracert 查看网络连通性问题?
8. 如何使用 route 命令显示路由表中的当前项目?
9. 如何杀掉 U 盘中的病毒?

第14章 信息安全整体解决方案

近几年来，随着计算机网络异常迅猛的发展，特别是因特网的不断推广应用，信息安全越来越成为人们所关注的全球性热点之一。网络在各个领域的渗透，使个人和企业将越来越多地把活动放到网络上，网络在人们日常工作中的地位越来越重要，因此网络信息安全问题就显得尤为关键。为了解决这一问题，就需要企业制定出一套完整的信息安全解决方案来，这也是本章要讲述的内容。

14.1 信息安全整体解决方案概述

如何保障信息和网络的安全使用，如何制定并实施合适的信息安全规则，已成为了摆在每一个企业面前亟待解决的问题。信息安全整体解决方案必须遵循全面性、实用性、标准性、一致性、扩展性、易学和易用性的基本原则。

14.2 制定信息安全整体解决方案

对于一名从事信息安全的人来说，信息安全整体解决方案必须有一个整体、动态、实用的安全概念。要在整个方案设计当中，有一种总体把握的能力，不能只关注自己熟悉的某一领域，而对其他领域毫不关心，甚至不理解，这样写不出一份好的安全方案。因为写出来的方案，就是要针对用户所遇到的问题，运用产品和技术解决问题。安全设计人员要有丰富的设计经验，对安全管理、技术了解得很深，对企业安全实际需求熟悉，对企业人员的安全水平了解得很深，写出来的方案才能满足用户的需求。

总的来说，信息安全整体解决方案可以认为是一张施工的图纸，图纸内容架构的好坏，直接影响到工程的质量。

14.2.1 应遵循的原则

在对企业的信息安全整体解决方案进行设计、规划时,应遵循以下原则:

1. 综合性、整体性原则

应用系统工程的观点、方法,分析网络的安全及具体措施。安全措施主要包括行政法律手段、各种管理制度(人员审查、工作流程、维护保障制度等)以及专业措施(识别技术、存取控制、密码、低辐射、容错、防病毒、采用高安全产品等)。一个较好的安全措施往往是多种方法适当综合的应用结果。一个计算机网络,包括个人、设备、软件、数据等。这些环节在网络中的地位和影响作用,也只有从系统综合整体的角度去看待、分析,才能取得有效、可行的措施。即计算机网络安全应遵循整体安全性原则,根据规定的安全策略制定出合理的网络安全体系结构。

2. 需求、风险、代价平衡的原则

对任一网络,绝对安全难以达到,也不一定是必要的。对一个网络进行实际额研究(包括任务、性能、结构、可靠性、可维护性等),并对网络面临的威胁及可能承担的风险进行定性与定量相结合的分析,然后制定规范和措施,确定本系统的安全策略。

3. 一致性原则

一致性原则主要是指网络安全问题应与整个网络的工作周期(或生命周期)同时存在,制定的安全体系结构必须与网络的安全需求相一致。安全的网络系统设计(包括初步或详细设计)及实施计划、网络验证、验收、运行等,都要有安全的内容及措施,实际上,在网络建设的开始就考虑网络安全对策,比在网络建设好后再考虑安全措施,不但容易,且花费也小得多。

4. 易操作性原则

安全措施需要人为去完成,如果措施过于复杂,对人的要求过高,本身就降低了安全性。其次,措施的采用不能影响系统的正常运行。

5. 分步实施原则

由于网络系统及其应用扩展范围广阔,随着网络规模的扩大及应用的增加,网络脆弱性也会不断增加。一劳永逸地解决网络安全问题是不现实的。同时由于实施信息安全措施需相当的费用支出。因此分步实施,既可满足网络系统及信息安全的基本需求,亦可节省费用开支。

6. 多重保护原则

任何安全措施都不是绝对安全的,都可能被攻破。但是建立一个多重保护系统,各层保护相互补充,当一层保护被攻破时,其他层保护仍可保护信息的安全。

可评价性原则:如何预先评价一个安全设计并验证其网络的安全性,这需要通过国家有关网络信息安全测评认证机构的评估来实现。

14.2.2 注意事项

一份信息安全方案需要从以下一些方面来把握。

（1）体现唯一性，由于安全的复杂性和特殊性，唯一性是评估安全方案最重要的一个标准。实际中，每一个特定网络都是唯一的，需要根据实际情况来处理。

（2）对安全技术和安全风险有一个综合把握和理解，包括现在和将来可能出现的所有情况。

（3）对用户的网络系统可能遇到的安全风险和安全威胁，结合现有的安全技术和安全风险，要有一个合适、中肯的评估，不能夸大，也不能缩小。

（4）对症下药，用相应的安全产品、安全技术和管理手段，降低用户的网络系统当前可能遇到的风险和威胁，消除风险和威胁的根源，增强整个网络系统抵抗风险和威胁的能力，增强系统本身的免疫力。

（5）方案中要体现出对用户的服务支持。这是很重要的一部分。因为产品和技术，都将会体现在服务中，服务来保证质量、服务来提高质量。

（6）在设计方案的时候，要明白网络系统安全是一个动态的、整体的、专业的工程，不能一步到位解决用户所有的问题。要从整体上来把握，特别是不能出现“瓶颈”问题。以前有人在给一家互联网公司做安全的时候，用的是公司原有的10 M防火墙，但是却建议公司租用光纤来对外服务。这就没有必要了。因为公司所有的流量都必须经过防火墙，而防火墙只有10 M，所以没有必要花那么多钱来租用光纤。或者租用光纤的同时换一个千兆防火墙也行。

（7）方案出来后，要不断的和用户进行沟通，能够及时的得到他们对网络系统在安全方面的要求、期望和所遇到的问题。

（8）方案中所涉及的产品和技术，都要经得起验证、推敲和实施，要有理论根据，也要有实际基础。

（9）做方案的时候，要充分考虑公司已经有的安全技术与设备。如果已经有的安全设备能用上的话，就尽量不要购买新的安全设备。

（10）考虑性价比的问题。从公司在安全方面的投资情况以及产品的数量与性能方面来做一个最优的方案。有时可能会有好几种方案可以选择（因为往往没有哪一个方案是最优秀），这时最好由公司的高层来决定哪一个方案更好一些。

（11）给公司说出，那些技术与设备是必须的。可以分级来，比如一级是最紧迫的，二级其次等。

（12）要符合国内外一些标准的安全系统准则。在后面的14.3节当中已经给出了一些目前国内外主要的符合安全标准的安全系统，可以参考。

（13）“三分技术，七分管理”，在方案中要突出管理的重要性。这一点，可以通过对员工进行安全培训等来实现。

14.2.3 具体内容

总体上说，一份安全解决方案的框架涉及以下一些方面，可以根据用户的实际需求取舍其中的某些方面。

（1）安全风险分析：对于已经有的系统进行风险的分析，看看哪些地方需要加强安全。

(2) 安全投资：考虑公司对安全的投资资金有多少。

(3) 信息系统的安全原则：做安全时的原则是什么。

(4) 信息安全框架：做出一个整体的安全框架。

(5) 安全产品选择：对安全框架中的产品做一个选择。

(6) 安全管理策略：制定出安全的管理策略。

(7) 风险评估：对做好的系统要定期进行风险评估。

(8) 安全服务：要做好安全的服务。

(9) 安全培训：对员工要进行安全培训。

(10) 安全管理人员或团队：确定企业里的安全管理员或管理团队。

在考虑信息安全时，把安全体系划分为一个多层面的结构，每个层面都是一个安全层次。根据网络的应用现状情况和网络的结构，我们把信息安全问题定位在以下五个层次。分别如下：

层次 1：物理层安全

物理层安全主要从以下 3 个方面来考虑：机房建设安全、环境安全和物理安全控制。

层次 2：网络层安全

网络层的安全问题主要体现在网络设备及信息的安全性。包括网络层身份认证，网络资源的访问控制，数据传输的保密与完整性，远程接入的安全，域名系统的安全，路由系统的安全，入侵检测的手段等。

层次 3：系统层安全

系统层的安全问题来自网络内使用的操作系统。系统层的安全性问题表现在两个方面：一是操作系统本身的不安全；二是对操作系统的安全配置问题。

层次 4：应用层安全

应用层的安全考虑所采用的应用软件和业务数据的安全性，包括数据库软件、Web 服务、电子邮件系统等。此外，还包括病毒对系统的威胁。

层次 5：管理层安全

管理层安全包括安全技术和设备的管理、安全管理制度、部门与人员的组织规则等。管理的制度化程度极大地影响着整个证券网络的安全，严格的安全管理制度、明确的部门安全职责划分、合理的人员角色定义都可以在很大程度上降低其他层次的安全漏洞。

14.2.4 实例

根据前面所介绍的内容，作者制定了一个某公司信息安全整体解决方案，在附录 1 中，供大家参考。

14.3 符合安全标准的安全系统

要保证安全建设的先进性、完整性、全面性。安全设计必须遵循国内国际相关的安全标准。目前已经比较出名的安全标准有如下：

1. 中国计算机信息系统安全保护等级划分准则(GB17859)

1999年中国发布计算机信息系统安全保护等级划分。本标准规定了计算机系统安全保护能力的5个等级，即：

第1级：用户自主保护级；

第2级：系统审计保护级；

第3级：安全标记保护级；

第4级：结构化保护级；

第5级：访问验证保护级。

2. 系统安全工程成熟度模型(SSE-CMM)

它是系统安全工程能力成熟模型，它描述了一个组织的安全工程过程必须包含的本质特征，这些特征是完善的安全工程保证。它汇集了工业界常见的实施方法，是安全工程实施的标准度量标准。

3. 信息保障技术框架(IATF 3.0)

4. 站点安全手册(RFC2196)

5. 信息安全管理(BS7799/ISO17799/ISO27001)

BS7799广泛地涵盖了所有的安全议题，是一个非常详尽的信息安全标准。它主要包含一些安全管理的注意事项和安全制度。这与“管理为本”原则相符。

6. 信息技术安全管理指南(ISO13335)

7. 信息技术安全性能用评估准则(ISO15408/GB18336)

8. 德国 BSI IT Baseline Protection Manual

思考题

1. 制定信息安全整体解决方案时，应该注意哪些内容？
2. 信息安全整体解决方案应该从哪5个层次来考虑？
3. 请为你自己的公司或单位制定出一套信息安全解决方案。

附　录

附录1

北京某公司信息安全整体解决方案

第1章　概　述

北京某网络技术有限公司信息系统安全架构体系主要由三大部分组成，即组织体系、管理体系和技术体系。其中组织体系中包括机构建设和人员管理。管理体系中包括制度管理、资产管理、物理管理、技术管理和风险管理。技术体系包括安全评估、安全防护、入侵检测和应急恢复等。如附图1.1所示。

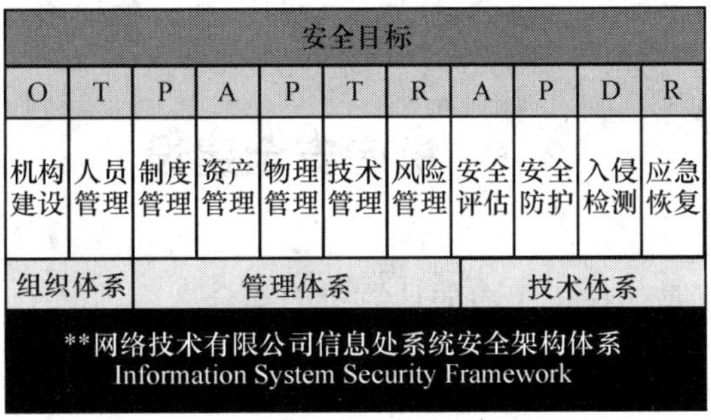

附图1.1　某网络技术有限公司安全架构

具体的安全应用分为三步走。先有安全体系方案，再制定安全策略，最后再给出具体的安全实施方案和安全的管理制度。如附图1.2所示。

在考虑具体的网络信息体系安全时，把安全体系划分为一个多层面的结构，每个层面都是一个安全层次。根据网络的应用现状情况和网络的结构，把信息安全问题定位在以下5个层次：

(1) 物理层安全；

(2) 系统层安全;

(3) 网络层安全;

(4) 应用层安全;

(5) 管理层安全。

后面分别对以上5个层次的安全做了详细介绍。但这里只是一个初步的想法,具体的实施还要结合具体情况。

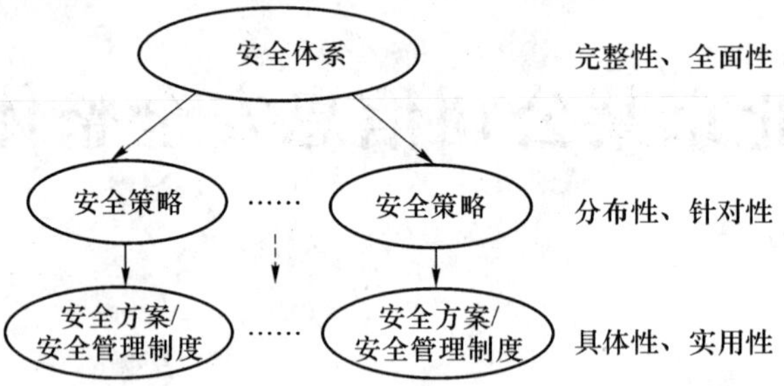

附图 1.2 安全体系的应用

第2章 物理层安全

物理层的安全分为机房安全建设、环境安全和物理安全控制。

2.1 机房安全建设

机房安全建设主要是保护机房内的计算机的安全。

2.1.1 保安

保安可以保证在公司下班后,依然有人看管机房。防止下班后公司财物丢失。给公司造成损失。

- 目前状态:公司 B1 办工地点 24 小时有保安值班。
- 给公司的安全执行建议:希望其他地方 6B、6H 和 7A 也可以考虑增加保安。
- 具体执行时间:由于费用等问题,具体执行时间请公司高层商量后决定。
- 执行人:待定。

- 执行紧迫度：三级。

2.1.2 门禁

安装门禁可以防止陌生人在没有经过允许的情况下进入公司。并且门禁可以是带考勤的，这样就不用公司现在的考勤卡了。

- 目前状态：公司目前4个办工地点都没有门禁，这样陌生人很容易在没有经过允许的情况下进入公司。
- 给公司的安全执行建议：希望公司的4个地方6B、B1、6H和7A可以考虑增设带考勤卡的门禁。
- 具体执行时间：由于费用等问题，具体执行时间请公司高层商量后决定。
- 执行人：待定。
- 执行紧迫度：三级。

2.1.3 温度湿度监测报警器

温度湿度监测报警器，可以在机房温度和湿度高于某一值时报警。以防止火灾等灾害的发生。

- 目前状态：公司机房B1只有温度计，但不能报警。如果因为机房温度过高或湿度过大，而服务器出问题，将会给公司造成损失。

公司除B1外，其他地方因为有空调，可以不用温度湿度监测报警器。

- 给公司的安全执行建议：给B1购置一台温度湿度时报警。
- 具体执行时间：由于费用等问题，具体执行时间请公司高层商量后决定。
- 执行人：待定。
- 执行紧迫度：三级。

2.1.4 灭火器

建议公司自己购置几个灭火器，每一个地方放置一个（比如B1，6H，6B，7A等）。以便于在公司发生火灾的情况下，进行救治。

- 目前状态：公司4个办工地点都没有灭火器。
- 给公司的安全执行建议：最少购置4个灭火器放在公司的4个地方。
- 具体执行时间：由于费用等问题，具体执行时间请公司高层商量后决定。
- 执行人：待定。
- 执行紧迫度：三级。

2.2 环境安全

2.2.1 监控

机房安装监控主要是为了保护机房内设备的安全,并且在出现安全事件后,可以通过监控找出问题的源头。比如有陌生人进行公司就可以通过监控看到;如果公司内部有人动了机器上的封条,则可以通过监控看到。

另外,监控对于那些“小人”还有一个震慑作用。

- 目前状态:公司在 B1、6H 和 6B 都安装了监控,但是 7A 没有。
- 给公司的安全执行建议:建议给 7A 也安装上监控。
- 具体执行时间:由于费用等问题,具体执行时间请公司高层商量后决定。
- 执行人:待定。
- 执行紧迫度:三级。

2.2.2 身份卡

可以考虑每个员工进入公司时,有一个身份卡,这样出了安全问题后,容易找到具体实施的人。

- 目前状态:公司员工没有身份卡。
- 给公司的安全执行建议:给每位员工配置身份卡,并且和门禁绑定。
- 具体执行时间:由于费用等问题,具体执行时间请公司高层商量后决定。
- 执行人:待定。
- 执行紧迫度:三级。

2.3 物理安全控制

物理安全隔离是最安全的方法,分为以下两个方面:

2.3.1 内外网物理隔离

公司内部的研发网与外面的因特网是完全从物理上隔离的(没有网线直接相连)。这样从物理上隔离可以防止公司的核心代码被见外网上黑客盗用,也可以防止公司内部人员将公司代码“偷”出去,也最大限度上防止了来自外部恶意的入侵行为(如网上的病毒等),如附图 1.3 所示。

但是这样做了，研发人员不能很方便的上因特网来查找资料，势必会对研发效率产生影响。这一问题应该如何解决呢？以附图1.3所示，某公司研发部为例，来说明如何解决这一问题。这里给出两种解决方法，如下：

(1) 设置专门的上网区域(在研发区以外)，叫它上网缓冲区。这个上网缓冲区，可以自由上因特网来查找资料。供需要上因特网的研发员工上网。但是上网缓冲区与研发区是物理隔离的，没有任何形式的连接。

(2) 给重要员工配置笔记本，通过无线方式上因特网来查找资料。

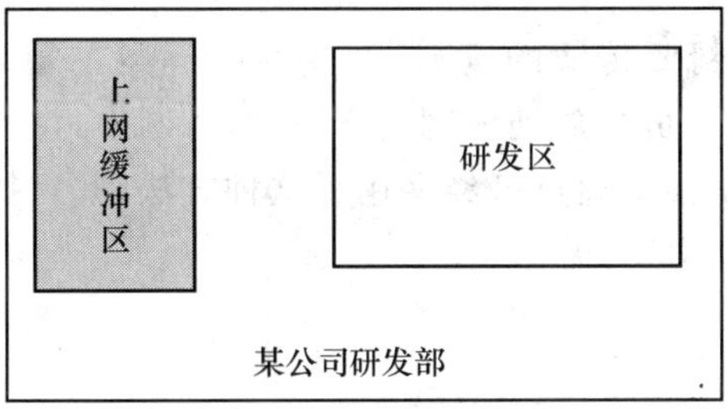

附图1.3　公司研发部示意图

- 目前状态：公司B1办工地点的研发网已经实现了物理隔离。
- 给公司的安全执行建议：其他地方如果涉及公司核心机密的也可以考虑采用物理隔离技术。
- 具体执行时间：具体执行时间请公司高层商量后决定。
- 执行人：待定。
- 执行紧迫度：一级。

2.3.2　传输介质的控制

研发区与因特网是物理隔离的，所以为了进一步的安全考虑，控制研发区里的传输介质就显得尤其重要了。在研发区里，对于传输介质的控制，采用的是一个多层次，多方面的控制措施。这样可以最大限度上防止公司核心成果的外漏。特别是公司内部人员将公司机密泄露。

(1) 禁止公司员工将自己的笔记本电脑、U盘和MP3等传输介质带入公司，一经发现，严肃处理。如果非人为使用U盘等传输介质来传输文件，则必须要通过公司的专门人员一同完成(比如公司安全管理员)。禁止公司员工将公司的笔记本电脑带回家。

(2) 对于研发网机器上的U盘接口、串口、并口等采用带有公司公章的封条封上。封条封的时候要注意，要选择那种一碰就容易破的纸。并且在封之前，最好再给里面塞满纸。这样做的话，试想如果有人想要往里插线的话，还要将里面的纸取出。这时外面的封条早都破了。

(3) 将研发网机器内部U盘接口、串口和并口等的接口线拔掉。

(4) 将机箱上锁。

(5) 从机器 BIOS 设置里面将 U 盘接口,串口和并口等去掉。

(6) 如果员工要从内部向外部,或多外部向内容复制资料,则必须通过专门的安全管理人员。

(7) 最好不用文件删除技术,而用文件粉碎或擦除技术。

(8) 将计算机上的 IP 地址与 MAC 地址绑定,这一点可以通过交换机来实现。除此之外,还要将计算机上的网线用带有公司公章的封条封上,以防止非法人员将网线拔掉,而插入别的计算机。

(9) 所有从内网到外网要传输的资料,都要经过部门主管人员的审批,并且杀病毒后,才可以交给管理员,管理员再放到内网的 FTP 服务器上,供需要的人员下载。

- 目前状态:公司 B1 办工地点已经采用了这种方法,并且执行效果良好。
- 给公司的安全执行建议:无。
- 具体执行时间:无。
- 执行人:小王。
- 执行紧迫度:二级。

第 3 章 系统层安全

系统层的安全问题来自网络内使用的操作系统。系统层的安全性问题表现在两个方面:操作系统本身的不安全和对操作系统的安全配置问题。主要内容可以参见第 7 章和第 8 章的内容,这里就不再赘述。

第 4 章 网络层安全

网络层的安全问题主要体现在网络设备及信息的安全性。包括网络层身份认证,网络资源的访问控制,数据传输的保密性与完整性,远程接入的安全,域名系统的安全,路由系统的安全,入侵检测的手段等。

4.1　防火墙

防火墙所起的作用主要有以下 5 点：

(1) 因特网防火墙允许网络管理员定义一个中心“扼制点”来防止非法用户，如黑客、网络破坏者等进入内部网络。禁止存在安全脆弱性的服务进出网络，并抗击来自各种路线的攻击。因特网防火墙能够简化安全管理，网络安全性是在防火墙系统上得到加固，而不是分布在内部网络的所有主机上。

(2) 在防火墙上可以很方便的监视网络的安全性，并产生报警。应该注意的是：对一个内部网络已经连接到因特网上的机构来说，重要的问题并不是网络是否会受到攻击，而是何时会受到攻击。网络管理员必须审计并记录所有通过防火墙的重要信息。如果网络管理员不能及时响应报警并审查常规记录，防火墙就形同虚设。在这种情况下，网络管理员永远不会知道防火墙是否受到攻击。

(3) 因特网防火墙可以作为部署 NAT(Network Address Translator，网络地址变换)的逻辑地址。因此防火墙可以用来缓解地址空间短缺的问题，并消除机构在变换 ISP 时带来的重新编址的麻烦(静态映射)。

(4) 因特网防火墙是审计和记录因特网使用量的一个最佳地方。网络管理员可以在此向管理部门提供因特网连接的费用情况，查出潜在的带宽瓶颈的位置，并能够根据机构的核算模式提供部门级的记费。

(5) 因特网防火墙也可以成为向客户发布信息的地点。因特网防火墙作为部署 WWW 服务器和 FTP 服务器的地点非常理想。还可以对防火墙进行配置，允许因特网访问上述服务，而禁止外部对受保护的内部网络上其他系统的访问。

购买防火墙时，可以根据公司的实际网络环境需要以及资金等因素选择适当的类型。

(1)国外推荐：Cisco、Netscreen 等公司的系列防火墙。但是价格高。

(2)国内推荐：天融信、东软、联想等公司的防火墙。

- 目前状态：公司 B1 服务器没有购置防火墙(现有的只是借来的)。
- 给公司的安全执行建议：希望公司在 B1 服务器那里购置防火墙。
- 具体执行时间：由于费用等问题，具体执行时间请公司高层商量后决定。
- 执行人：待定。
- 执行紧迫度：二级。

4.2　入侵检测

入侵检测系统 IDS，分为基于网络的入侵检测系统和基于主机的入侵检测系统。对于基于网络的入侵检测系统，它是并联在网络当中的。推荐公司购买北京启明星辰信息技术有限公司的入侵检测产品。如附图 1.4 所示。

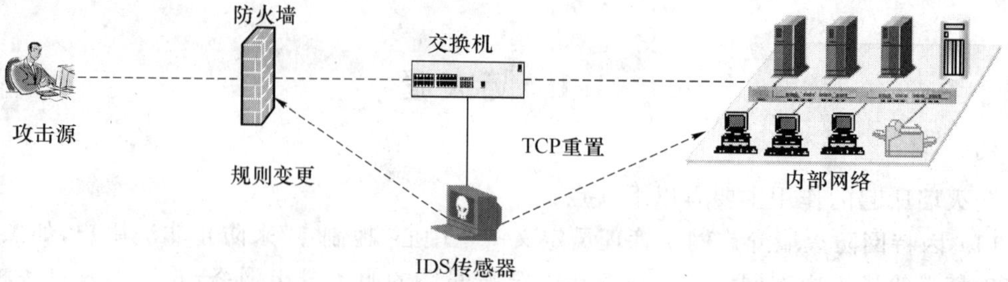

附图 1.4　IDS 示意图

- 目前状态:公司 B1 服务器没有购置入侵检测产品。
- 给公司的安全执行建议:希望公司在 B1 服务器那里购置入侵检测产品。
- 具体执行时间:由于费用等问题,具体执行时间请公司高层商量后决定。
- 执行人:待定。
- 执行紧迫度:二级。

4.3　入侵防御系统

它是串联在网络当中的,对于网络的性能有一定的影响,但是可以和防火墙联动,自己阻断恶意攻击。如附图 1.5 所示。

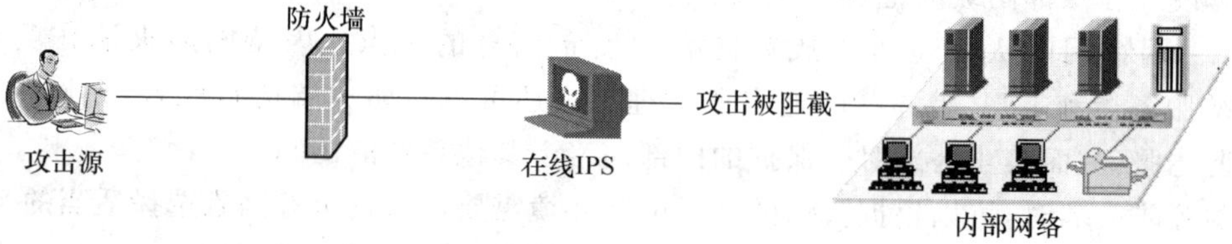

附图 1.5　IPS

目前国内还没有比较好的 IPS 产品。

- 目前状态:公司 B1 服务器没有购置入侵防御产品。
- 给公司的安全执行建议:希望公司在 B1 服务器那里购置入侵防御产品。
- 具体执行时间:由于费用等问题,具体执行时间请公司高层商量后决定。
- 执行人:待定。
- 执行紧迫度:二级。

4.4　VPN 技术

如何解决逻辑上属于内部主机,而地理上不属于内部主机的这部分机器的连接问题呢?或是公司不同部门之间的安全通信问题,当然这里最好的就是用 VPN 技术。可以根据公司具体的需要，选择以下几种 VPN 技术。

- 传统 VPN。
- 基于 PPTP/L2TP 的 VPN(VPDN)。
- 基于 MPLS 的 VPN。
- 基于 IPSec 的 VPN。
- 基于 SOCKS V5 的 VPN。
- 目前状态：目前公司没有 VPN 网关等技术。
- 给公司的安全执行建议：由于公司目前四个办工地点没有连成一起，所以不建议暂时不做 VPN。
- 具体执行时间：以后需要时再做。
- 执行人：待定。
- 执行紧迫度：三级。

4.5 防 DDoS 攻击产品

它串联在网络当中，用来防止 DDoS 攻击。目前国内还处于起步阶段。也有一些公司出了一些产品，但是其实用性还有待进一步的考证。

- 目前状态：公司 B1 服务器没有防 DDoS 产品，虽然防火墙具有一定的防 DDoS 攻击能力，但是不是专用设备。
- 给公司的安全执行建议：希望公司在 B1 购买防 DDoS 产品。建议公司购买 Netscaler 9800 性能优化设备，可以防止 DDoS 攻击，可以负载均衡等。
- 具体执行时间：由于费用等问题，具体执行时间请公司高层商量后决定。
- 执行人：待定。
- 执行紧迫度：二级

4.6 网络蜜罐技术

入侵检测系统能够对网络和系统的活动情况进行监视，及时发现并报告异常现象。但是，入侵检测系统在使用中存在着难以检测新类型黑客攻击方法可能漏报和误报的问题。

蜜罐使这些问题有望得到进一步的解决，通过观察和记录黑客在蜜罐上的活动，人们可以了解黑客的动向、黑客使用的攻击方法等有用信息。如果将蜜罐采集的信息与 IDS 采集的信息联系起来，则有可能减少 IDS 的漏报和误报，并能用于进一步改进 IDS 的设计，增强 IDS 的检测能力。

- 目前状态：公司 B1 服务器没有蜜罐系统。
- 给公司的安全执行建议：希望公司在 B1 服务器上安装蜜罐系统。网上有许多这样的免费系统，但是需要在仿真环境下调试成功后，再移植到真实的环境当中。

- 具体执行时间:由公司高层商量后决定。
- 执行人:待定。
- 执行紧迫度:三级。

第5章 应用层安全

应用层的安全考虑所采用的应用软件和业务数据的安全性,包括数据库软件、Web服务、电子邮件系统等,此外,还包括病毒对系统的威胁。

5.1 防病毒

可以在服务器上安装诺顿企业级的防病毒软件。

- 目前状态:目前公司的机器基本上都已经安装上了诺顿防火墙。但是都是单机版本的,占用很大的内存。
- 给公司的安全执行建议:建议购买网络版本的诺顿防病毒产品。
- 具体执行时间:由于费用等问题,具体执行时间请公司高层商量后决定。
- 执行人:待定。
- 执行紧迫度:一级。

5.2 网站应用系统的安全

(1) URL 加密(需要研究)

主要研究怎么才能把地址栏中的 URL 加密,而且进入下一页面时又能将所有的参数取出来?这样也可以防止别人采用爬虫技术来对网站进行抓取。

(2) 网页内容加密防复制(需要研究)

主要研究对网页内容的加密技术,如果别人采用复制的方法来获取网页内容的话,他得到的将是一堆乱码。

- 目前状态:公司产品中没有对 URL 和网页进行加密。
- 给公司的安全执行建议:公司找外面的公司进行外包。
- 具体执行时间:由于费用等问题,具体执行时间请公司高层商量后决定。
- 执行人:待定。
- 执行紧迫度:一级。

5.3 数据库系统安全

这一部分内容需要研究。主要研究数据库(主要是 Oracle)的安全增强技术,针对关键字段加密需求,研制一套加密模块对敏感数据快速加解密,不影响上层应用程序的调用,与现有的认证、授权与审计平台系统相结合,使仅具有合法权限的用户方可加解密。研究内容如下。

(1) 超级用户管理员(DBA)对数据库内容不可理解。

(2) 研究如何防范外部攻击,对关键敏感数据字段进行加密,以防止黑客攻击或硬盘丢失造成的数据泄密。

(3) 研究数据库加密技术,支持加密记录的增、删和改。

(4) 研究数据库自动同步机制。

(5) 研究数据库的加密解密与认证、授权和审计平台的结合技术。

研究的主要技术指标如下:

(1) 对加密后的关键字段仍然可以进行 SQL 检索。

(2) 能够利用 Oracle 数据库系统中的视图机制,实现对应用程序透明。

(3) 加密模块需要嵌入在数据库系统中的数据存储层。

- 目前状态:公司目前没有对 Oracle 数据库内容进行加密。
- 给公司的安全执行建议:公司找外面的公司进行外包。
- 具体执行时间:由于费用等问题,具体执行时间请公司高层商量后决定。
- 执行人:待定。
- 执行紧迫度:一级。

5.4 应用级防火墙

应用级防火墙可以在应用层对数据包进行安全防护。包括查看数据包的内容。

- 目前状态:公司目前没有应用级防火墙。
- 给公司的安全执行建议:购买大东应用防火墙。
- 具体执行时间:由于费用等问题,具体执行时间请公司高层商量后决定。
- 执行人:待定。
- 执行紧迫度:二级。

5.5 E-mail 的安全问题

公司所有人的 E-mail 涉及公司机密的都要进行加密。加密后再传送。加密的方法可以采用 PGP 技术,或 Outlook、Foxmail 自带的安全技术。

- 目前状态:公司目前没有对 E-mail 进行加密。
- 给公司的安全执行建议:对于机密文件进行加密传输。传输的方法需要安全培训。
- 具体执行时间:具体执行时间请公司高层商量后决定。
- 执行人:待定。
- 执行紧迫度:三级。

第 6 章　管理层安全

管理层安全包括安全技术和设备的管理、安全管理制度、部门与人员的组织规则等。管理的制度化程度极大地影响着整个证券网络的安全,严格的安全管理制度、明确的部门安全职责划分、合理的人员角色定义都可以在很大程度上降低其他层次的安全漏洞。

6.1　安全评估

安全评估主要通过漏洞扫描、风险评估和系统脆弱性评估来找出系统所存在的安全问题,并将这些安全问题解决了,从而使得系统更加安全。

6.1.1　漏洞扫描

一般来说,基于网络的漏洞扫描工具可以看作为一种漏洞信息收集工具,它根据不同漏洞的特性,构造网络数据包,发给网络中的一个或多个目标机,以判断某个特定的漏洞是否存在。如附图 1.6 所示。

发现漏洞后,再将解决这个漏洞的方法告诉给用户。这里可以采用一些免费的漏洞扫描软件,如 SSS 等扫描出操作系统中所存在的漏洞,并进行改正。

- 目前状态:公司 B1 服务器没有进行安全的扫描和评估工作。
- 给公司的安全执行建议:希望公司有专门的安全人员来做这项工作。
- 具体执行时间:待定。
- 执行人:待定。
- 执行紧迫度:三级。

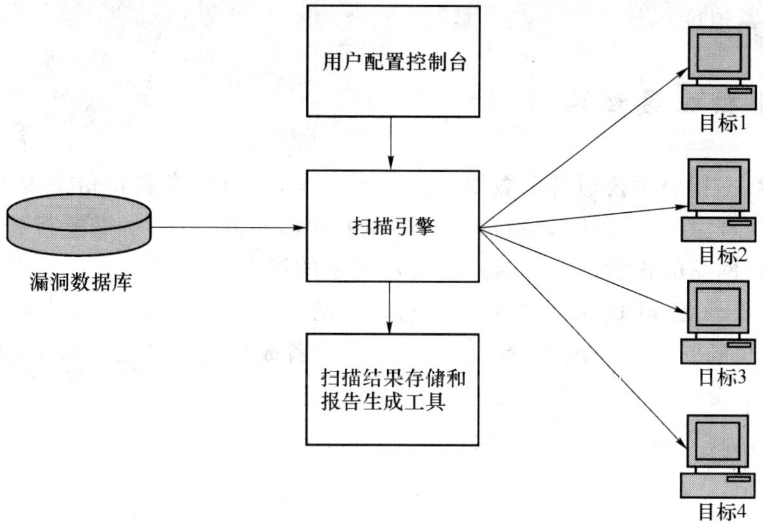

附图 1.6 漏洞扫描器

6.1.2 安全评估

定期对某公司整体安全体系进行一个评价，找出原因，解决问题。

- 目前状态：由于公司整体安全设备技术等没有实施，所以公司没有进行安全评估。
- 给公司的安全执行建议：外包，公司可以外包给专门的安全公司来做这件事。
- 具体执行时间：等整体安全部署完后再做。
- 执行人：待定。
- 执行紧迫度：三级。

6.2 应急恢复

应急恢复要制定出某公司全面的应急恢复体制。

6.2.1 紧急响应计划

这里需要制定出公司全面的紧急响应计划，比如果公司的网站受到攻击，网页被恶意篡改和公司网络出现故障等。在这种情况下应该怎么处理。

- 目前状态：公司 B1 服务器没有应急机制。
- 给公司的安全执行建议：希望公司给出应急机制，比如有备份的服务器，以防止公司服务器因为攻击或硬件问题等原因而不能工作。
- 具体执行时间：由公司高层商量后决定。
- 执行人：待定。

• 执行紧迫度：三级。

6.2.2 数据恢复技术

公司的数据特别是公司自己数据库里面的数据，要时时准备备份。因为一旦公司的服务器因为硬件原因，或是因为病毒和攻击等因素而不能工作，就需要将数据进行恢复。不能影响公司网站的正常运行。否则给公司带来的损失将非常大。

• 目前状态：公司 B1 服务器数据是有备份的。
• 给公司的安全执行建议：有数据库备份，冷备或热备。对运行来说，进行热备。但是考虑资金等问题，建议先定期采取冷备份。
• 具体执行时间：无。
• 执行人：待定。
• 执行紧迫度：三级。

6.2.3 线路恢复技术

公司网络线路出现故障的情况下，一定要有一套恢复机制。保证公司网络线路在出现故障的情况下能够迅速恢复。

• 目前状态：公司 B1 没有线路恢复机制。
• 给公司的安全执行建议：希望线路有备份。
• 具体执行时间：由于费用等问题，具体执行时间请公司高层商量后决定。
• 执行人：待定。
• 执行紧迫度：三级。

6.3 安全培训

(1) 培训对象：对于所有新入职的员工，要进行计算机安全方面的培训。使得他们了解安全方面的最基本的常识，以便于在以后的工作当中减少安全方面的事故。

(2) 培训内容：如附录 2 所示。其内容可以根据实际需要进行增删。

(3) 培训时间：一般正常需要 4 天，可以根据实际的需要进行增删。

(4) 培训老师：北京邮电大学信息安全中心李剑老师。

• 目前状态：公司目前对员工进行安全培训，所以员工普遍安全意识比较差。
• 给公司的安全执行建议：希望对现在的所有员工以及新进来的员工进行安全培训。培训内容见附录。
• 具体执行时间：等公司测试完后再培训。
• 执行人：李剑。
• 执行紧迫度：三级。

6.4 安全运行维护

有了以上的安全技术和设备后，需要专门的人员来做安全的运行维护工作。

- 目前状态：公司目前没有安全运行维护人员。
- 给公司的安全执行建议：希望有专门的人员来做安全运行维护工作。
- 具体执行时间：由于费用等问题，具体执行时间请公司高层商量后决定。
- 执行人：可以外包形式。
- 执行紧迫度：二级。

说明

(1) 建议公司最好做一套系统仿真实验环境，仿真在B1房间的真实环境。这样的话当有新的技术或安全（如蜜罐）等项目要放到真实的实验环境中去的时候，可以先在仿真实验环境中来做，一旦仿真实验成功再移植到真实的环境当中。考虑到费用问题，仿真用的机器可以用一般的PC机，而不用真实的IBM服务器。

(2) 执行紧迫度：一级表示当前必须要执行的，二级其次，三级最小。

附录2

某公司员工安全培训课程内容

附表 2.1　某公司员工安全培训课程内容

第一天上午	网络安全基础	1. 信息安全的定义 2. 网络面临的常见安全威胁 3. 网络安全案例分析 4. BS 7799(ISO 17799)安全标准 5. 安全系统设计的基本理念 6. 信息与网络安全组件 7. 安全策略的制定与实施 8. 常用安全工具的使用	演示与实验:①系统漏洞检查工具实验;②服务端口检查工具实验;③异常进程查看与异常进程清除实验;④文件恢复工具;⑤Sniffer 网络监听工具实验;⑥远程登录工具实验;⑦IP 地址欺骗实验
第一天下午	网络服务安全与安全体系设计	1. E-mail 的安全问题、安全电子邮件与垃圾邮件防范及其配置 2. Telnet 的安全问题 3. SSH 安全协议 4. FTP 的安全问题 5. WWW 服务安全及常见攻击方式 6. Web 服务器的安全防护 7. DNS 服务的安全及防护 8. SNMP 的安全 9. 安全技术综述 10. 网络安全体系设计案例	演示与实验:①反垃圾邮件工具演示;②SSH 安全登录工具演示;③ Web 攻击演示;④ Web 口令攻击演示;⑤SNMP 攻击演示;⑥SolarWindows 安全工具演示;⑦PGP 安全邮件系统
第二天上午	密码技术原理及其安全试验	1. 密码学基本概念 2. 对称密码技术 3. 公钥密码技术 4. 数字签名技术 5. HASH 函数及其应用 6. 消息认证技术 7. 数字证书与 PKI 技术 8. SSL 协议分析 9. 密码与 PKI 技术的应用	演示与实验:①OutLook 加密电子邮件和数字签名邮件的配置;②PGP 安全加密工具实验;③SSL 安全 Web 站点的配置实验;④可视化数字签章系统实验;⑤Windows 操作系统下 EFS 加密文件系统与密钥恢复实验

续表

第二天下午	防火墙与 VPN 技术	1. 防火墙的基本原理 2. 包过滤技术 3. 应用层代理技术 4. 全状态检测技术 5. 深度包检测技术 6. 自适应代理技术 7. 防火墙的体系结构设计 8. 防火墙的选型 9. 典型防火墙配置 10. VPN 技术比较 11. IPSec 协议分析 12. IPSecVPN 的部署	演示与实验:①包过滤防火墙的配置;②代理服务器防火墙的配置;③配置基于 Windows 的 VPN
第三天上午	黑客攻击 与防范	1. 攻击的一般步骤 2. 典型的攻击方式 3. 各种网络踩点方式分析 4. 各种网络攻击具体方式 5. 拒绝服务攻击及其防范 6. 木马攻击与防范 7. 网络攻击的综合防范 8. 网络系统安全扫描	演示与实验:①远程密码破解;②网络扫描工具进行网络检测与分析;③用 SessionWall 监视主机活动;④使用 Sniffer 嗅探工具进行网络数据监听分析;⑤实施 SYNFlood 攻击;⑥木马工具的使用与清除;⑦个人防火墙的应用
第三天下午	病毒防范与 入侵检测技术	1. 计算机病毒概述 2. 病毒机制与组成结构 3. 病毒攻击的防范与清除 4. IDS 基本原理 5. IDS 的模型 6. IDS 的检测方法 7. IDS 产品的部署	演示与实验:①网络版防病毒系统演示;②病毒感染与手动清除试验;③Snort 入侵检测系统的安装与配置;④蜜罐技术试验
第四天上午	Windows 系统安全	1. 操作系统安全基础 2. Windows 2000/2003 安全结构 3. Windows 2000//200 文件系统安全 4. Windows 2000/2003 账户安全 5. Windows2000/2003 账户安全审计 6. Active Directory 安全性考察 7. Windows 2000/2003 的证书服务 8. Windows 系统的服务和常用命令的安全	演示与实验:①操作系统的安全命令演示;②操作系统安全模板及其应用;③ Windows 2000/2003 的证书服务配置;④基于智能卡的操作系统安全登录;⑤操作系统加固系列配置实验;⑥配置注册表保护操作系统的安全
第四天下午		1. Linux/Unix 操作系统的安全管理、Linux/Unix 的安全机制和系统安全配置 2. 全面深入的了解各种安全工具 3. 业务连续性和冗余备份恢复计划 4. 北邮信息安全中心参观	演示与实验:①操作系统的安全命令演示;② Linux/Unix 下的安全工具演示

附录3

BS 7799-1的内容

附表3.1列举了BS 7799-1对信息安全管理10个方面的内容阐述(各条目前面的编号代表其在标准文件中的章节号)。

附表3.1 BS 7799-1的内容

管理领域	控制目标	控制措施
3. 安全策略	3.1 信息安全策略 为信息安全提供管理指示与支持	3.1.1 信息安全策略文件
		3.1.2 复查和评估
4. 组织安全	4.1 信息安全基础设施 管理组织内部的信息安全	4.1.1 建立信息安全管理委员会
		4.1.2 组织内部的信息安全协调机制
		4.1.3 落实信息安全责任
		4.1.4 信息处理设施的授权程序
		4.1.5 听取信息安全专家的建议
		4.1.6 组织间的协作
		4.1.7 独立的信息安全评审
	4.2 第三方访问的安全 维护被第三方访问的组织的信息处理设施和信息资产的安全	4.2.1 识别来自第三方访问的风险
		4.2.2 第三方合同中的安全要求
	4.3 外包 当信息处理外包给其他组织负责时,维护信息的安全	4.3.1 外包合同中的安全要求
5. 资产分类和控制	5.1 资产责任 保持对组织资产的恰当的保护	5.1.1 资产清单
	5.2 信息分类 确保信息资产得到适当级别的保护	5.2.1 分类指南
		5.2.2 信息标注与处理
6. 人员安全	6.1 岗位安全责任和人员录用安全要求 减少人为错误、偷窃、欺诈或误用设施带来的风险	6.1.1 岗位安全责任
		6.1.2 人员选拔审查和原则
		6.1.3 保密协议
		6.1.4 聘用合同和条款

续表

管理领域	控制目标	控制措施
6. 人员安全	6.2 用户培训 确保用户意识到信息安全威胁及利害关系，并在其正常工作中支持组织的安全策略	6.2.1 信息安全教育与培训
	6.3 对安全事件和故障的响应 减少来自安全事件和故障的损失，监督并从事件中吸取教训	6.3.1 报告安全事件
		6.3.2 报告安全隐患
		6.3.3 报告软件故障
		6.3.4 总结事件教训
		6.3.5 建立惩戒机制
7. 物理与环境安全	7.1 安全区域 防止进入并非授权访问、破坏和干扰业务运行的安全区边界	7.1.1 物理安全边界
		7.1.2 物理出入口控制
		7.1.3 保护办公场所、房间和设施
		7.1.4 安全区域工作守则
		7.1.5 对交接区域进行隔离
	7.2 设备安全 防止资产的丢失、损害和破坏，防止业务活动被中断	7.2.1 设备的安置与保护
		7.2.2 供电
		7.2.3 电缆安全
		7.2.4 设备维护
		7.2.5 安全区外的设备的安全
		7.2.6 设备报废或重用时的安全
	7.3 一般性控制 防止危害或窃取信息及信息处理设施	7.3.1 屏幕和桌面清理策略
		7.3.2 资产的转移
8. 通信与操作管理	8.1 操作程序和责任 确保正确并安全地操作信息处理设施	8.1.1 操作程序的文档化
		8.1.2 操作的变更控制
		8.1.3 事件管理程序
		8.1.4 责任分离
		8.1.5 开发和运营设施的分离
		8.1.6 外部设施管理
	8.2 系统规划及验收 减少系统故障带来的风险	8.2.1 容量规划
		8.2.2 系统验收
	8.3 防范恶意软件 保护软件和信息的完整性	8.3.1 恶意软件的防范措施
	8.4 内务管理 维护信息处理和通信服务的完整性和可用性	8.4.1 信息备份
		8.4.2 操作日志
		8.4.3 出错日志
	8.5 网络管理 确保对网络中信息和支持性基础设施的安全保护	8.5.1 网络控制

续 表

管理领域	控制目标	控制措施
8. 通信与操作管理	8.6 介质处理与安全 防止损害资产和中断业务活动	8.6.1 可移动计算机介质的管理
		8.6.2 介质的处置
		8.6.3 信息处理程序
		8.6.4 系统文件的安全
	8.7 信息和软件的交换 防止机构之间交换的信息丢失、遭受篡改和误用	8.7.1 信息和软件交换协议
		8.7.2 传输介质时的安全
		8.7.3 电子商务安全
		8.7.4 电子邮件安全
		8.7.5 电子办公系统的安全
		8.7.6 公开发布系统
		8.7.7 其他形式的信息交换
9. 访问控制	9.1 访问控制的业务需求 控制对信息的访问。应该根据业务要求和安全需求对信息访问与业务流程加以控制,还应该考虑信息传播和授权的策略	9.1.1 访问控制策略
	9.2 用户访问管理 防止非授权访问信息系统	9.2.1 用户注册
		9.2.2 特权管理
		9.2.3 用户口令管理
		9.2.4 用户访问权限的复审
	9.3 用户责任 防止非授权的用户访问	9.3.1 口令使用
		9.3.2 无人值守的用户设备
	9.4 网络访问控制 保护网络服务。对内外网络的服务访问都要进行控制	9.4.1 网络服务使用策略
		9.4.2 强制路径
		9.4.3 对外部连接用户进行身份认证
		9.4.4 节点认证
		9.4.5 远程诊断端口的保护
		9.4.6 网络隔离
		9.4.7 对网络连接能力加以控制
		9.4.8 网络路由控制
		9.4.9 网络服务的安全
	9.5 操作系统访问控制 防止非授权的计算机访问。应该使用操作系统级别的安全设施限制对计算机资源的访问	9.5.1 自动终端身份识别
		9.5.2 终端登录程序
		9.5.3 用户身份识别与认证
		9.5.4 口令管理系统
		9.5.5 系统工具的使用
		9.5.6 强制报警
		9.5.7 终端超时
		9.5.8 限制连接时间

续表

管理领域	控制目标	控制措施
9. 访问控制	9.6 应用访问控制 防止非授权访问信息系统中的信息	9.6.1 信息访问限制
		9.6.2 敏感系统的隔离
	9.7 监视系统访问和使用 检测非授权的活动。应该对系统进行监控，检测与访问控制策略不符的情况，将可以监控的事件记录下来，在出现安全事故时作为证据使用	9.7.1 事件日志
		9.7.2 对系统的使用进行监视
		9.7.3 时钟同步
	9.8 移动计算和通信 确保使用移动计算和通信设施时的信息安全	9.8.1 移动计算
		9.8.2 远程工作
10. 系统开发与维护	10.1 系统的安全需求 确保安全内建于信息系统中	10.1.1 安全需求分析与规范
	10.2 应用系统的安全 防止丢失、篡改和误用信息系统中的用户数据	10.2.1 输入数据的验证
		10.2.2 内部处理控制
		10.2.3 消息认证
		10.2.4 输出数据的验证
	10.3 密码控制 保护信息的保密性、真实性或完整性	10.3.1 密码控制使用策略
		10.3.2 加密
		10.3.3 数字签名
		10.3.4 抗抵赖性服务
		10.3.5 密钥管理
	10.4 系统文件的安全 确保 IT 项目和支持活动得以安全地进行	10.4.1 对运行软件的控制
		10.4.2 系统测试数据的保护
		10.4.3 对源代码的访问控制
	10.5 开发和支持过程的安全 维护应用系统软件和信息的安全	10.5.1 变更控制程序
		10.5.2 操作系统变更的技术评审
		10.5.3 软件包变更的限制
		10.5.4 隐蔽通道和特洛伊木马
		10.5.5 外包的软件开发
11. 业务连续性管理	11.1 业务连续性管理的各个方面 减少业务活动的中断，保护关键业务过程不受重大事故或灾害的影响	11.1.1 业务连续性管理过程
		11.1.2 业务连续性和影响分析
		11.1.3 编写并实施连续性计划
		11.1.4 业务连续性计划框架
		11.1.5 测试、维护和再评审业务连续性计划

续表

管理领域	控制目标	控制措施
12. 符合性	12.1 符合法律要求 避免违反任何刑法、民法、法规或者合同义务，以及任何安全要求	12.1.1 识别适用的法律
		12.1.2 知识产权(IPR)
		12.1.3 保护组织记录
		12.1.4 数据保护和个人信息的隐私
		12.1.5 防止对信息处理设施的滥用
		12.1.6 加密控制的规定
		12.1.7 证据收集
	12.2 对安全策略和技术符合性的评审 确保系统遵循了组织的安全策略和标准	12.2.1 符合安全策略
		12.2.2 技术符合性检查
	12.3 系统审核的考虑 发挥系统审计过程的最大效用，并把干扰降到最低	12.3.1 对系统审计过程加以控制
		12.3.2 对系统审计工具的保护

附录 4

BS 7799-2 的内容

附表 4.1 以标准原文目录格式，列举说明了 BS 7799-2 的主要内容(各条目前面的编号代表其在标准文件中的章节号)。

附表 4.1 BS 7799-2 的内容

一级目录	次级目录	内 容
前言		发布者，目的，对旧版本的更新，其他说明
0. 简介	0.1 概要	本标准对组织的价值所在
	0.2 过程方法	对过程方法进行解释，引入 PDCA 模型
	0.3 与其他管理体系的兼容	强调与 ISO9001 和 ISO14001 的一致性
1. 范围	1.1 概要	本标准规定了 ISMS 建设的要求及根据需要实施安全控制的要求
	1.2 应用	本标准适用于所有的组织。控制选择与否应根据风险评估和适用法规需求
2. 标准引用		引用 ISO9001、ISO17799 和 ISO Guide 73:2002
3. 术语和定义		CIA，信息安全，ISMS，风险评估与管理等
4. 信息安全管理体系	4.1 一般要求	在组织全面的业务活动和风险环境中，应该开发、实施、维护并持续改进一个文档化的 ISMS
	4.2 建立并管理 ISMS	4.2.1 建立 ISMS(Plan) • 定义 ISMS 的范围 • 定义 ISMS 策略 • 定义系统的风险评估途径 • 识别风险 • 评估风险 • 识别并评价风险处理措施 • 选择用于风险处理的控制目标和控制 • 准备适用性声明(SoA) • 取得管理层对残留风险的承认，并授权实施和操作 ISMS

续 表

一级目录	次级目录	内　容
4. 信息安全管理体系		4.2.2 实施和操作 ISMS(Do) • 制定风险处理计划 • 实施风险处理计划 • 实施所选的控制措施以满足控制目标 • 实施培训和意识程序 • 管理操作 • 管理资源(参见 5.2) • 实施能够激发安全事件检测和响应的程序和控制
		4.2.3 监视和复查 ISMS(Check) • 执行监视程序和控制 • 对 ISMS 的效力进行定期复审 • 复审残留风险和可接受风险的水平 • 按照预定计划进行内部 ISMS 审计 • 定期对 ISMS 进行管理复审 • 记录活动和事件可能对 ISMS 的效力或执行力度造成影响
		4.2.4 维护并改进 ISMS(Act) • 对 ISMS 实施可识别的改进 • 采取恰当的纠正和预防措施 • 与所有利益伙伴沟通 • 确保改进成果满足其预期目标
	4.3 文件要求	4.3.1 概要—说明 ISMS 应该包含的文件 4.3.2 对文件的控制—ISMS 所要求的文件应该 妥善保护和控制 4.3.3 对记录的控制—应该建立并维护记录
5. 管理层责任	5.1 管理层责任	说明管理层在 ISMS 建设过程中应该承担的责任
	5.2 对资源的管理	5.2.1 资源提供—组织应该确定并提供 ISMS 相关所有活动必要的资源
		5.2.2 培训、意识和能力—通过培训,组织应该确保所有在 ISMS 中承担责任的人能够胜任其职
6. ISMS 管理复审	6.1 概要	管理层应该对组织的 ISMS 定期进行复审,确保其持续适宜、充分和有效
	6.2 复审输入	复审时需要的输入资料,包括内审结果
	6.3 复审输出	复审成果,应该包含任何决策及相关行动
	6.4 内部 ISMS 审计	组织应该通过定期的内部审计来确定 ISMS 的控制目标、控制、过程和程序满足相关要求

续表

一级目录	次级目录	内　容
7. ISMS 改进	7.1 持续改进	组织应该借助信息安全策略、安全目标、审计结果、受监视的事件分析、纠正性和预防性措施、管理复审来持续改进 ISMS 的效力
	7.2 纠正措施	组织应该采取措施，消除并实施和操作 ISMS 相关的不一致因素，避免其再次出现
	7.3 预防措施	为了防止将来出现不一致，应该确定防护措施 所采取的预防措施应与潜在问题的影响相适宜
附录 A 控制目标和控制	A.1 简介 A.2 实施细则指南 A.3 安全策略 A.4 组织安全 A.5 资产分类和控制 A.6 人员安全 A.7 物理和环境安全 A.8 通信和操作管理 A.9 访问控制 A.10 系统开发和维护 A.11 业务连续性管理 A.12 符合性	A.3 到 A.12 所列的控制目标和控制，是直接从 ISO/IEC 17799：2000 正文 3 到 12 那里引用过来的 此处列举的控制目标和控制，应该被 4.2.1 规定的 ISMS 过程所选择
附录 B 标准使用指南	B.1 综述	对 PDCA 模型的解释
	B.2 计划阶段(Plan)	详细描述计划阶段要做的工作，包括制定策略、范围确定、风险评估、风险处理计划等
	B.3 实施阶段(Do)	详细描述实施阶段要做的工作，包括培训和意识、风险处理
	B.4 检查阶段(Check)	详细描述检查阶段要做的工作，包括例行检查、自检程序、从他处了解、ISMS 内审、管理复审、趋势分析等
	B.5 措施阶段(Action)	详细描述措施阶段要做的工作，包括对不符合项的定义、纠正和预防措施、OECD 原则与 BS 7799-2：2002 的对比
附录 C BS EN ISO 9001：2000，BS EN ISO 14001：1996 和 BS 7799-2：2002 之间的一致性		以列表方式展示 BS 7799-2 与 ISO9001、ISO14001 目录(内容)的一致性
附录 D 内部编号的变化		以列表方式展示 BS 7799-2：2002 对 BS 7799-2：1999 的更新和改进

附录5

常用信息安全网站

1. 中国黑客联盟
http://www.chinahacker.com
2. 天天安全网
http://www.ttian.net
3. 中国网络信息安全
http://www.china-infosec.org.cn
4. 绿色兵团
http://isbase.net
5. 蓝盾安全在线
http://www.bluedon.com
6. 安全焦点
http://www.xfocus.net
7. 南域剑盟
http://www.98exe.com
8. 阳光狮人
http://www.sun-lion.com
9. 小榕软件
http://www.netxeyes.com
10. 20CN 网络安全小组
http://www.20cn.net
11. 天网安全阵线
http://www.sky.net
12. 黑客防线
http://www.hacker.com.cn
13. 桂林老兵站
http://www.gxgl.com
14. 中国红客培训中心
http://www.h2k2.com
15. 中国网络安全评估中心
http://www.cnns.net
16. 爱国者黑客
http://www.3800hk.com
17. 绿盟科技

http://www.nsfocus.com
18. 黑软基地
http://www.hackvip.com
19. 中国信息安全网
http://www.infosec.gov.cn
20. 补天网
http://www.patching.net
21. 看雪学苑
http://www.pediy.com
22. 21世纪安全网
http://www.21safe.com
23. 20NT网络安全小组
http://www.20nt.net
24. 黑客之家
http://www.hackzj.com
25. 红色黑客联盟
http://www.7747.net
26. 黑客城
http://www.hack3.com
27. 天极网安全之路
http://www.yesky.com/76284116735098880/index.shtml
28. 黑白网络
http://www.heibai.net
29. 网吧黑客
http://www.cy07.com
30. 中国红客联盟
http://www.chinahonker.com/index.htm
31. 红色特卫队
http://www.tbhacker.com
32. 小凤居
http://www.chinesehack.org
33. 中国青年黑客联盟
http://www.54hack.org
34. 黑客领域
http://www.hackfield.com
35. 西部网安
http://www.westsafe.net
36. 安全天使
http://www.4ngel.net
37. 武汉黑客联盟
http://hacker365.com
38. 中国安全在线
http://www.cnsafer.com
39. 岁月联盟
http://www.syue.com

40. 网络安全驿站
http://www.51cnet.com
41. 安全中国
http://www.anqn.com/
42. 中国砍客联盟
http://www.kker.cn
43. 华西黑客联盟
http://www.hx99.net
44. 华军软件—网络安全工具
http://www.onlinedown.net/sort/39_1.htm
45. 校园黑客联盟
http://vip8.org
46. 戴威尔安全
http://www.enet.org.cn
47. 中华安全网
http://www.safechina.net
48. 天极网络安全
http://soft.yesky.com/security
49. 无忧黑客网
http://www.cqtywl.com
50. NCPH 工作室
http://www.ncph.net
51. 第八军团
http://www.juntuan.net
52. 黑客手册
http://www.nohack.cn
53. 网络安全基本
http://www.mayia.com
54. 赏金猎手
http://www.cnhacks.com
55. 中国防黑网
http://www.fanghei.com
56. 中国浪客联盟
http://www.qqhacker.com/index.asp
57. 中国 X 黑客小组
http://www.cnxhacker.com
58. 红客联盟
http://www.cnhonker.com
59. 中华网络安全联盟
http://www.xren.net
60. 情感网络联盟
http://666w.com
61. 黑客档案
http://www.hackerxfiles.net
62. 中国计算机安全网

http://www.infosec.org.cn
63. 中国网侠联盟
http://www.hackhome.com
64. 火狐技术联盟
http://www.wrsky.com
65. 黑色警戒线
http://www.hsjjx.com
66. 木马帝国
http://www.mmbest.com
67. 中国鹰派联盟网
http://www.chinawill.com
68. 软件屋-网络安全之站
http://www.softhouse.com.cn/download/index.jsp
69. 情长在线
http://www.fineacer.org
70. eNet学院-安全中心
http://www.enet.com.cn/eschool/anquan.shtml
71. 黑客安全网
http://www.hacker81.net
72. 时代中安
http://www.hackervip.com
73. 黑客基地
http://www.hackbase.com
74. 黑色海岸线
http://www.thysea.com
75. 草盟网络
http://www.caomeng.com
76. 红客防线
http://www.qinghacker.com
77. 中国漏洞网
http://www.loudong.com
78. 华夏黑客同盟
http://www.77169.com
79. 影子鹰安全网络
http://www.cnhacker.cn
80. 邪恶八进制
http://www.eviloctal.com
81. 芝麻黑客
http://www.zmhacker.com
82. 龙联盟安全站
http://www.13age.com
83. 骇客基地
http://www.hookbase.com
84. 新世纪网安基地
http://www.520hack.com

85. 银色巢穴
http://www.yscx.net
86. 黑客动画吧
http://www.hack58.com
87. 成都黑客在线
http://www.cduhacker.com
88. 黑软集中营
http://www.hackdisk.com
89. 山东黑客联盟
http://www.sdhacker.com
90. 明小子个人主页
http://www.hackdiy.com
91. 寂寞黑客联盟
http://www.my-520.com
92. 黑客网站之家 1
http://www.mcshea.cn/road999_51_net-.files/road999.51.htm
93. 黑客网站之家 2
http://top.ik8.com
94. 黑客网站之家 3
http://www.enmark.cn
95. 中国安全在线
http://sw209.tiaozheng.com/
96. 黑客领域
http://www.hackfield.com/
97. 华东黑客联盟
http://www.3hack.com/index.html
98. 黑客之家
http://www.mcshea.cn/

参考文献

[1] 李剑. 信息安全专业英语. 北京:北京邮电大学出版社,2007.
[2] 李剑. 信息安全导论. 北京:北京邮电大学出版社,2007.
[3] 李剑. C++语言面向对象的程序设计. 北京:机械工业出版社,2003.
[4] 牛少彰,李剑,等. 信息安全概论(第2版). 北京:北京邮电大学出版社,2007.
[5] 林家儒,李剑,等. 信息技术. 北京:红旗出版社,2006.
[6] 崔宝江,周亚健,等. 信息安全实验指导. 北京:国防工业出版社,2005.
[7] 梁铭会,等.网络与信息安全.北京:海潮出版社,2006.
[8] 宫涛,等.黑客攻防案例100%.济南:山东电子音像出版社,2005.
[9] 张涛,等.网络安全管理技术专家门诊.北京:清华大学出版社,2005.
[10] 徐国爱,等.网络安全.北京:北京邮电大学出版社,2005.
[11] 罗守山,等.入侵检测.北京:北京邮电大学出版社,2005.
[12] 杨义先,等.入侵检测理论与技术. 北京:高等教育出版社,2007.
[13] 李德全,等.信息系统安全事件响应.北京:科学出版社,2005.